Teubner-Reihe Wirtschaftsinformatik

A. Oberweis / H. M. Sneed (Hrsg.)

Software-Management '99

Teubner-Reihe Wirtschaftsinformatik

Herausgegeben von

Prof. Dr. Dieter Ehrenberg, Leipzig
Prof. Dr. Dietrich Seibt, Köln
Prof. Dr. Wolffried Stucky, Karlsruhe

Die „Teubner-Reihe Wirtschaftsinformatik" widmet sich den Kernbereichen und den aktuellen Gebieten der Wirtschaftsinformatik.

In der Reihe werden einerseits Lehrbücher für Studierende der Wirtschaftsinformatik und der Betriebswirtschaftslehre mit dem Schwerpunktfach Wirtschaftsinformatik in Grund- und Hauptstudium veröffentlicht. Andererseits werden Forschungs- und Konferenzberichte, herausragende Dissertationen und Habilitationen sowie Erfahrungsberichte und Handlungsempfehlungen für die Unternehmens- und Verwaltungspraxis publiziert.

Software-Management '99

Fachtagung der Gesellschaft für Informatik e.V. (GI), Oktober 1999 in München

Herausgegeben von

Prof. Dr. Andreas Oberweis
Johann Wolfgang Goethe-Universität
Frankfurt am Main
und Harry M. Sneed
SES Ottobrunn

B.G.Teubner Stuttgart · Leipzig 1999

Prof. Dr. Andreas Oberweis

Geboren 1962 in Trier. Von 1980 bis 1984 Studium des Wirtschaftsingenieurwesens an der Universität Karlsruhe. Wissenschaftlicher Mitarbeiter an der Universität Karlsruhe (1985), an der Technischen Hochschule Darmstadt (1986–1987) und an der Universität Mannheim (1987–1990). Juli 1990 Promotion an der Universität Mannheim mit einer Arbeit über Zeitstrukturen in Informationssystemen. Wissenschaftlicher Assistent am Institut für Angewandte Informatik und Formale Beschreibungsverfahren der Universität Karlsruhe (1990–1995). Februar 1995 Habilitation für das Fach Angewandte Informatik ebendort. Seit 1995 Inhaber eines Lehrstuhls für Wirtschaftsinformatik an der Johann Wolfgang Goethe-Universität Frankfurt am Main.

Harry M. Sneed

Geboren 1940 in Mississippi (USA). Studierte an der Universität Maryland (USA), wo er 1969 sein Master Degree in Public Administration erwarb. Von 1969 bis 1971 als Programmierer/Systemspezialist bei der US-Navy. Von 1971 bis 1979 zunächst beim Hochschulinformationssystem in Hannover, dann bei Siemens in München als Systementwickler. 1980 gründete und leitete er die Firma SES Software-Engineering Service in Ottobrunn/München, die er seit 1993 als Technischer Direktor unterstützt. Von 1987 bis 1990 leitete er zudem das Software-Entwicklungslabor in Budapest. Autor von sieben Büchern zu diversen Themen des Software-Engineering und mehr als achtzig wissenschaftlichen Fachbeiträgen zu den Themen Software-Test, -Wartung, -Reengineering, -Metriken und -Management.

ISBN-13: 978-3-519-00259-8 e-ISBN-13: 978-3-322-84793-5
DOI: 10.1007/978-3-322-84793-5

Die Deutsche Bibliothek – CIP-Einheitsaufnahme

Ein Titelsatz für diese Publikation ist bei
Der Deutschen Bibliothek erhältlich

Vorwort

Das Software-Management als gemeinsames Teilgebiet von Software Engineering und Wirtschaftsinformatik umfaßt alle Management-Aktivitäten für die Software-Entwicklung und den Software-Einsatz.

Zu diesem Thema veranstaltet der Fachausschuß "Management der Anwendungsentwicklung und Wartung" in der Gesellschaft für Informatik e.V. nach 1997 zum zweiten Mal eine Fachtagung. Der vorliegende Sammelband enthält eine Auswahl von Beiträgen dieser Tagung und bietet Interessenten aus Praxis und Wissenschaft einen Überblick über wichtige aktuelle Entwicklungen im Bereich Software-Management. Behandelt werden unter anderem

- Vorgehensmodelle für die Software-Entwicklung,
- komponentenorientierte Software-Entwicklung,
- Aspekte der Objektorientierung,
- Fragen des Projektmanagements,
- Verfahren zur Qualitätssicherung,
- Konzepte für das Vertragsmanagement und -controlling.

Neben Wissenschaftlern, die neue Methoden vorstellen und diskutieren, kommen auch Praktiker zu Wort, die über Erfahrungen aus Entwicklungsprojekten berichten.

Für die Tagung sind beim Programmkomitee insgesamt 30 Beiträge eingereicht worden. Jeder Beitrag ist von 3 Mitgliedern des Programmkomitees gelesen und begutachtet worden. Schließlich sind 13 Langbeiträge und 6 Kurzbeiträge für das Tagungsprogramm ausgewählt worden. Zusätzlich umfaßt das Tagungsprogramm 3 eingeladene Beiträge von namhaften Experten zu aktuellen Fragestellungen des Software-Management:

- Dr. Wolfgang Heilmann:
  Telemanagement – Thesen zur Führung der Teleprozesse
- Dr. Reinhold Thurner:
  IT-Reengineering – Grundlage für Business Reengineering
- Rechtsanwalt Prof. Dr. Michael Bartsch:
  Qualitätssicherung für Software durch Vertragsgestaltung und Vertragsmanagement

Für die sorgfältige Beitragsbegutachtung und die Programmzusammenstellung möchten wir an dieser Stelle allen Mitgliedern des Programmkomitees herzlich danken:

J. Borchers (Case Consult Wiesbaden)
Prof. Dr. G. Chroust (Uni Linz)
Prof. Dr. S. Eicker (Uni-GH Essen)
K.B. Elbrechter (Commerzbank Frankfurt)
Prof. Dr. P. Elzer (TU Clausthal)
H.-J. Etzel (E&M GmbH, Eschborn)
Prof. Dr. U. Frank (Uni Koblenz-Landau)
C. Gentner (PROMATIS GmbH, Karlsbad)
Prof. Dr. V. Gruhn (Uni Dortmund)
Prof. Dr. H. Heilmann (Uni Stuttgart)
Prof. Dr. W. Hesse (Uni Marburg)
Prof. Dr. K. Hildebrand (FH Ludwigshafen)
Dr. H. Hummel (IABG Ottobrunn)
G. Kerber (Fraunhofer-IAO, Stuttgart)
H.-B. Kittlaus (SIZ GmbH, Bonn)
Dr. R. Kneuper (TLC, Frankfurt/Main)
Prof. Dr. G. Knolmayer (Uni Bern)
Prof. Dr. K. Kurbel (Uni Frankfurt/Oder)
Prof. Dr. H.C. Mayr (Uni Klagenfurt)
Prof. Dr. G. Müller (Uni Frankfurt/Main)
G. Müller-Luschnat (FAST e.V. München)
Dr. W.D. Nagl (Oracle München)
Prof. Dr. E. Ortner (TU Darmstadt)
Dr. K. Pohl (RWTH Aachen)
Dr. R. Richter (Uni Karlsruhe)
Prof. Dr. T. Spitta (Uni Bielefeld)
Prof. Dr. E. Stickel (Uni Frankfurt/Oder)
Prof. Dr. W. Stucky (Uni Karlsruhe)
Prof. Dr. R. Studer (Uni Karlsruhe)
H. Thoma (Novartis Services AG, Basel)
Prof. Dr. G. Vossen (Uni Münster)

Bei Wolf-Rüdiger Gawron (Grasbrunn) danken wir für die Unterstützung der Tagung durch das German Chapter of the ACM. Danken möchten wir auch Oliver Foshag (SES München) sowie Katja Gernsheimer und Volker Guth (J.W. Goethe-Universität Frankfurt/Main) für ihre tatkräftige Mitarbeit bei der Vorbereitung und Durchführung der Konferenz.

Frankfurt am Main, Arget/Sauerlach

im Oktober 1999

Andreas Oberweis

Harry M. Sneed

Inhalt

IT-Reengineering – Grundlage für Business Reengineering

Reinhold Thurner

Abstract

Um Business Reengineering erfolgreich durchführen zu können muss auch dem IT-Reengineering Aufmerksamkeit geschenkt werden. Die Frage, wie alte Technologien abgelöst, bestehende Infrastrukturen renoviert und neue Funktionen integriert werden sollen, lässt sich weder aussitzen noch mit einer globalen "Bombenabwurfmethode" lösen. Das Reengineering der Daten, der Anwendungssoftware und ihre Migration auf State-of-the-Art Plattformen und Technologien ist ein wesentliches Element einer business-orientierten Informatik-Strategie.

1 Herausforderung

Business Reengineering hat einen festen Platz im Sprachgebrauch des modernen Management gefunden. Den Herausforderungen der Globalisierung der Weltwirtschaft, der immer kürzeren Innovations- und Produktzyklen und dem sich verändernden Käuferverhalten kann nicht mehr mit Business as Usual begegnet werden. Profitable Geschäftsfelder können über Nacht verschwinden und neue können über Nacht entstehen. Wie Herr Maucher einmal sagte: Nicht die Grossen fressen die Kleinen, sondern die Schnellen fressen die Langsamen.

1.1 Business Reengineering

Business Reengineering befasst sich primär mit der Geschäftsstrategie durch Ausrichtung des Unternehmens auf die Kernkompetenzen und der Umsetzung der

Strategie durch die Gestaltung der Geschäftsprozesse und die Gestaltung der Unternehmensstruktur - Osterloh "Triage der Verantwortungsbereiche" [OF96]. Der Informatik kommt dabei die Rolle einer Infrastruktur zu, die die informationstechnische Basis bildet und eine papierlose, ominpräsente Datenverfügbarkeit und durchgängige Kommunikation sicherstellen soll. Für diesen Umgestaltungsprozess sind selbst die radikalen Befürworter des Vorgehens von dem alten "Bombenabwurfansatz" abgerückt und sehen auch die Umgestaltung als einen Prozess, der zwar mit Nachdruck aber überdacht durchgeführt werden muss.

1.2 Die Rolle der Informatik im Unternehmen

Die Informatik des Unternehmens wird in diesen Diskussionen je nach Sichtweise und Branche als wesentlicher Faktor für diesen Prozess angesehen oder aber als Sachmittel (Büroklammern, Kopierer, Computer) abgetan. In den informatiklastigen Branchen – z.B. der gesamten Dienstleistungsbranche, Transport, Verwaltung – aber muss ernsthaft das Problem des Reengineering der Informatik angegangen werden. Diese Aufgabe ist aber schwierig geworden. Es ist schwieriger als früher, sich einem Umfeld zunehmender Komplexität und fehlender verlässlicher Opinion Leader eine Meinung zu bilden und proaktiv den interdependenten Prozess von Geschäftsgestaltung und IT-Gestaltung zu steuern.

Das Innovationstempo hat in der Informatik in den letzten Jahren zugenommen und die Informationstechnologie hat sich diskontinuierlich und in grossen Sprüngen weiter entwickelt. Noch vor wenigen Jahren wurde z.B. das Internet auch von solchen, die es hätten wissen müssen, als ein Tummelplatz für Freaks abgetan - und innerhalb kürzester Zeit hat sich das Netz der Netze explosionsartig verbreitet und ist die Grundlage für globale, auch unternehmensübergreifende Kommunikation und Electronic Commerce geworden.

Die Zeit für die Umsetzung neuer Technologien in der Informatik ist kurz geworden, will man einen echten Nutzen und Konkurrenzvorteil aus einer neuen Technologie ziehen. Diese rasche und sprunghafte Entwicklung hat auch in der betrieblichen Informatik ihren Niederschlag gefunden. Die Ablösung und Reorientierung kann nicht dem gewöhnlichen Lauf der Geschichte überlassen oder auf die nächste grössere Umstellung vertagt werden. Der Druck, der auf der täglichen Arbeit lastet, lässt dort nur wenig Spielraum für ernsthaftes Reengineering, Wartung orientiert sich wegen des Zeit- und Kostendrucks am Prinzip der geringsten Veränderung. Die Frage aber, wie die Anforderungen des Business Reengineering einerseits und die Innovationen der Informationstechnologie andererseits absorbiert werden können, steht an.

2 Technologisches Projektportfolio

In vielen Firmen besteht heute ein latenter Konflikt zwischen Informatik und Fachabteilungen hinsichtlich der durchzuführenden Projekte. Die Fachabteilung dringt auf neue Systeme und neue Funktionalität, die Informatik möchte neue technische Lösungen als Plattformen einführen, um effizienter arbeiten zu können. Wegen der kurzen Lebenszyklen und der raschen Entwicklung ist eine grosse technologische Bandbreite von Systemen im Einsatz.

Um sich hier einen Überblick über den Stand der Systeme und die anstehenden Aufgaben zu verschafften, wird ein technologisches Projektportfolio erarbeitet. Die Anwendungssysteme werden entsprechend ihrem Aktualitätsgrad im Business, ihrem technologischen Informatikstandard und ihrer Bedeutung in einem Portfolio erfasst. Daraus können vier Bereiche gebildet werden: Entsorgungsbereich, Reengineering Bereich, Optimierungsbereich und Innovationsbereich. Dies verhindert die beiden möglichen Fehlentwicklungen - die rein technologische, die zwar neue IT-Technologien bereitstellt, aber keine Businessverbesserungen bewirkt, und die antitechnologische, die versucht neue Businessprozesse ohne das notwendige technische Fundament zu etablieren.

2.1 Entsorgungsbereich

Hier geht es um die aktive Entsorgung von Systemen, die keinen angemessenen

Mehrwert mehr schaffen und ihr Ersatz durch ein völlig neues System. Solche Systeme, die irgendwo in einer Ecke ein unbeachtetes Leben fristen und nur Kosten verursachen und Kapazitäten binden - einschliesslich aller Wartungskosten, können oft mit geringem Aufwand zu einer erheblichen Entschlackung der IT und zu Kosteneinsparungen führen. Vorsicht ist allerdings hier am Platz: Zu ersetzen sind nicht nur die Hardware, die Basissoftware und die Anwendungsprogramme - zu ersetzen sind auch die Daten, und für diese ist häufig ein mühsamer und riskanter Migrationsschritt erforderlich.

2.2 Optimierungsbereich

In diesem Bereich wird ohne Veränderung der Grundstruktur die Optimierung der kleinen Schritte nach dem Prinzip der Qualitätssicherung und schrittweisen Verbesserung betrieben. Auf diesem Bereich lastet das grosse Volumen der Produktion.

2.3 Innovationsbereich

Im Innovationsbereich geht es darum, Inhouse Erfahrung mit neuen Technologien zu schaffen und ihre Zweckmässigkeit und Vorteile im Unternehmen abzuklären. Dieser Bereich wird auch eng mit der Businessinnovation zusammenarbeiten, um zu abgestimmten Lösungen zu kommen. Je besser dieser Bereich beherrscht wird, um so rascher und problemloser können Firmen neue Technologien absorbieren und für ihre Zwecke nutzbar machen.

2.4 Reengineering-Bereich

Im Reengineering-Bereich geht es darum, unter Beibehaltung wertvoller Substanz zu neuen Lösungen - sowohl im technischen Bereich als auch im Business zu kommen. Dies schliesst häufig den Ersatz obsoleter Hardware, meist die Migration auf eine aktualisierte Basissoftware und die Restrukturierung und Erweiterung der Anwendungssoftware und der Daten ein. Während die ersten beiden Punkte -

Hardware und Basissoftware - relativ wenig Kopfzerbrechen verursachen, ist das Reengineering der Anwendungssoftware und der Daten eine recht anspruchsvolle Aufgabe.

3 Reengineering in der Informatik

3.1 Die alten Lösungsansätze haben ausgedient

In der Vergangenheit war die reine Technologie der eigentliche Treiber der Veränderung. Neue Hardware hatte automatisch die Ablösung der alten Software zur Folge. Die Kosten konnten damals jedoch noch leicht im Hardwarebudget untergebracht werden. Die Zeiten haben sich geändert. Hardwarefamilien, Emulationen etc. ermöglichen es heute, die alte Software weiter zu betreiben und Software lässt sich nicht mehr in einem grossen Hardwarebudget verbergen.

3.2 Lösungsansätze für das Reengineering

Jedes Unternehmen, in dem eine gewachsene Informatikinfrastruktur existiert, muss sich der Aufgabe eines proaktiven und geplanten Technologiemanagement stellen, das bei laufendem Betrieb dem "Planned Organisational Change" den "Planned Technological Change" unterlegt.

Grundlage für dieses Vorgehen ist die Entwicklung einer Informatikarchitektur, die als globaler Bebauungsplan dient und das Zusammenspiel mit den betrieblichen Reengineering Vorhaben sicherstellt.

Die Erarbeitung einer solchen Architektur ist aber im allgemeinen das kleinere Problem. Schwierigkeiten ergeben sich bei der Entscheidung über den zu wählenden Ansatz und bei Umsetzung der Architektur.

3.2.1 Reengineering durch Wartung

Eine Wunschvorstellung ist das evolutionäre Reengineering, das sozusagen en passant mit der Wartung erfolgt und damit die Risiken minimiert. Die Praxis hat diese Vorstellung leider nur zu oft widerlegt. Die Motivation und der Zeitdruck der Wartungsaufgaben lässt ein solches Vorgehen kaum zu. Die Zielsetzung der Stabilitätserhaltung lässt sich nur in besonderen Ausnahmefällen mit einer grundsätzlichen Renovation von Systemen kombinieren.

3.2.2 Der Top-Down-Ansatz

Beim Top-Down-Ansatz soll in einem ersten Schritt auf grosser Breite die Infrastruktur – Hardware, Basissoftware, System Management Umgebung, Middleware und Application Services bereit gestellt werden. Auf dieser Plattform sollen anschliessend die zentralen Dienste – wie Partner, Produkt etc. gebaut werden. Im dritten Schritt sollen die prozessunterstützenden Dienste entwickelt werden, die dann von der Vollständigkeit der Plattform profitieren können und die alten Anwendungen ersetzen. So attraktiv dies auf den ersten Blick erscheinen mag, so gross ist aber auch das Risiko, an den Faktoren "Zeit" und "Durchhaltevermögen" zu scheitern. Dauert es zu lange bis konkrete Ergebnisse auf dem Tisch liegen, wird das Projekt abgebrochen. Auch birgt diese Lösung die Gefahr, dass das gesamte Knowhow Potential der bestehenden Systeme verloren geht.

3.2.3 Parallele Einführung neuer Anwendungssysteme

Um rasch zu Ergebnissen zu kommen, wird häufig das Vorgehen gewählt, neue Geschäftsanforderungen durch neue Systeme zu unterstützen und diese parallel mit den Altsystemen zu betreiben. Dies hat den unbestrittenen Vorteil, rasch Ergebnisse liefern zu können, insbesondere dann, wenn ein konkret fokussiertes Problem zur Lösung ansteht. Es wäre jedoch ein Fehler, es dabei zu belassen und nicht ebenso energisch an die Ablösung der Altsysteme – einschliesslich der Datenmigration – zu gehen. Denn damit verstrickt sich das Unternehmen in der zunehmenden Komplexität der Systemvielfalt und leidet an Ineffizienz. Diese Erfahrung mussten viele der grossen Merger machen, denen es nicht gelungen ist, die Informatik der zusammengeführten Firmen zu harmonisieren. Bei nur allzu vielen Unternehmen ist im Zusammenhang mit dem Jahr-2000 Problem erst richtig klar geworden, auf welchen Altlasten sie sitzen und von welchen Altlasten ihr Geschäft abhängig ist.

3.3 Reengineering der IT-Prozesse

Die Überlegungen, die für das Reengineering der Business-Prozesse gelten, sind auch auf die IT-Prozesse anzuwenden. Auch hier soll ein Optimum für die Erreichung der widersprüchlichen Ziele - Wertschöpfung, Sicherheit, Zuverlässigkeit, Kosten, Innovation etc. gefunden werden. Ein IT-Betriebskonzept, wie dies z.B. von [ITIL] der IT-Infrastructure Library dargestellt wird, soll die betrieblichen Funktionen in Prozessgruppen - Service Planning, Service Support und Service Provision - gliedern und durchgängige Prozesse etablieren, um ihre interne Effizienz und Steuerbarkeit zu verbessern und Transparenz in der Serviceerbringung für die Kunden und die Betreiber zu schaffen.

Auf der operativen Ebene soll das Erbringen der Serviceleistung für die Kunden - definiert durch Service-Level-Agreements - optimiert werden.

Das Change Management soll die Flexibilität des Systems gewährleisten, d.h. Änderungen, Erweiterungen der Hard- und Software möglichst rasch und ohne Beeinträchtigung der Serviceerbringung sicherstellen.

Auf der Ebene der langfristigen strategischen Planung soll die sinnvolle Absorption von Innovationen und strukturellen Veränderungen erreicht werden.

3.3.1 Reengineering der operativen IT-Prozesse

Die Informatik unterstützt im allgemeinen die (asynchrone) Batchverarbeitung und die (synchrone) Transaktionsverarbeitung, d.h. Verarbeitungen die - in der Regel - alle 24 Stunden oder innerhalb von Sekunden stattfinden. Die Transaktionsverarbeitung wird durch den Anwender, die Batchverarbeitung durch JOB-Scripts eines Steuerungssystems gesteuert. Zur Unterstützung der Businessprozesse wird neu ein Verarbeitungsmodus benötigt, der es erlaubt Ketten von Verarbeitungen mit einer flexiblen Zeitsteuerung zu bilden.

Transaktions- und Batchsysteme koordinieren ihre Zusammenarbeit, indem die Transaktionsysteme Daten in Datenbanken hinterlassen, die von den Batchsystemen abgearbeitet werden. Die Datenbanken enthalten daher neben den applikatorisch persistenten Daten auch eine Vielzahl technischer Daten, die dieser Datenübergabe dienen. Dies und die Aufteilung von Funktionen zwischen der Transaktionsverarbeitung und der Batchverarbeitung führt zu zusätzlicher Komplexität der Systeme.

Ein Prozesskonzept, das auf dem Austausch von Messages basiert kann zu einer wesentlichen Systemvereinfachung und Systemflexibilisierung führen. Dies insbesondere dann, wenn das Message-Konzept zu einer vollständigen Entkopplung der Services eingesetzt wird. Hier werden Dokumente (vorzugsweise im XML-Format) nach dem Publish and Subscribe-Mechanismus an einen Messagebroker übergeben, resp. vom Messagebroker abgegeben. Damit wird eine Entkopplung der Prozesse erreicht - und dies sowohl für die Steuerung als auch für die Daten. Die Koordination erfolgt über die XML-Schemata für die Daten und durch die Steuerung des Messagebrokers.

3.3.2 Reengineering des Change Managements / der Entwicklungsprozesse

In den meisten Systemen besteht sozusagen ein implizites Modell für die Aufgabenteilung bei der Durchführung von Veränderungen an den Systemen zwischen Anwender und Anwendungsentwickler: Änderungen an den Daten ist Sache der Benutzer, Änderungen an den Programmen ist Aufgabe der Softwareentwickler. Diese Vorstellung ist allerdings zu einfach und wird vielfach und punktuell durchbrochen. Für Änderungen an den Berechtigungsprofilen z.B. sind Administratoren zuständig. Die Batchablaufsteuerung liegt in den Händen von Operations. Bei Standardsoftware wird das Verhalten der Systeme nicht von klassischen Entwicklern durch Änderung an der Software vorgenommen sondern von Organisatoren mit Hilfe von Tabelleneinträgen. In vielen Systemen verfügt der Anwender über Funktionen, die es ihm ermöglichen, Batchabläufe mit Parametern zu ergänzen und zu starten.

Diese punktuelle Zuordnung von Funktionen sollte man einer grundsätzlichen Überprüfung bei der Gestaltung der Software unterziehen. Dies bedeutet die Abkehr von der Vorstellung "Software wird für eine definierte festgelegte Aufgabe entwickelt" zugunsten von "Software wird als Infrastruktur für das Erbringen von Diensten entwickelt, deren definitive Ausgestaltung ad hoc mit Hilfe geeigneter Werkzeuge von zuständigen Personen vorgenommen werden kann". So kann z.B. bei den meisten Internet-Portalen der Benutzer den Aufbau seiner Homepage selbst konfigurieren - m.a.W. die Definition und Anpassung der Benutzeroberfläche wird aus der Entwicklung an den Arbeitsplatz des Benutzers verlagert.

Eine wichtige Aufgabe der Analyse lautet demnach, "welche Funktionen der Software sollen von wem mit welchen Hilfsmitteln konfiguriert werden können". Als Beispiel bietet sich hier sicher die Benutzeroberfläche und die Outputgestaltung an, Funktionen, die sich heute ohnehin kaum mehr trennen lassen. Wenn man z.B. die klassischen Vorstellungen von "internem Output", also Output für die betriebsinternen Prozesse mit den Konzepten des "Enterprise Report Managment" [ACTU] vergleicht, sieht man hier eine deutliche Verschiebung von eigentlichen Entwicklungs- und Changeaufgaben vom Entwickler zum Organisator oder Endbenutzer. Mit dieser Restrukturierung der Aufgaben kann die Zeitspanne von Anforderung bis Verfügbarkeit der Lösung (Change Latency) drastisch verkürzt werden und die Kosten können entsprechend eingespart werden. Dass sich dies nicht auf die Gestaltung der Benutzeroberfläche beschränken muss ist klar: Anwender können durchaus auch Verarbeitungsregeln konfigurieren - als Regeln eines Regelinterpreters oder von Entscheidungstabellen - und damit das Systemverhalten rasch an unterschiedliche Bedürfnisse anpassen. Dies führt aber zu neuen Entwicklungsmodellen und neuen Anforderungen an die Entwicklung und an die Bereitstellung von Werkzeugen durch die Entwicklung. Solche Werkzeuge werden benötigt zur Unterstützung der Changeprozesse der Anwender, sowohl bei der Definition als auch beim Testen der Veränderungen.

3.3.3 Reengineering der Innovationsprozesse - Management of Change

Grundsätzliche Veränderungen und Innovationen stossen heute bei den meisten

Firmen auf grosse organisatorische, menschliche und technische Probleme. Allzusehr sind Menschen und Systeme auf statische Ein-Lösungs-Modelle ausgerichtet. Die Kürze der Lebenszyklen sowohl der technischen Infrastruktur als auch der Lösungskonzepte verlangt aber nach mehr Flexibilität nicht nur der Lösungen selbst sondern auch der Grundstrukturen, auf denen die Lösungen basieren.

Diese Flexibilität durch ein proaktives Management des Wandels erreicht werden, bei dem bewusst auf die parallele Existenz mehrerer Technologien gesetzt wird: Die Produktionstechnologie, die die Grundlage der aktuellen Wertschöpfung ist, die Innovation, die neue Verfahren und Techniken analysiert, erprobt und für die Einführung vorbereitet und die Entsorgung, die systematisch an der Entfernung von überholten Komponenten arbeitet. Dieses gesteuerte Nebeneinander und Miteinander von Technologien, die Erkenntnis, der beschränkten Lebensdauer von Technologien verhindert eine "Übernutzung" einer Technologie und reduziert die Kosten und den Zeitverlust von Veränderungen. Voraussetzung ist aber, dass die Innovationsprozesse verstanden und gesteuert werden und - anders als bisher - nur unter grossen organisatorischen und technischen Friktionen zustande kommen.

3.4 Reengineering der Produkte und Komponenten

Ähnlich dem Umbau grosser Gebäudekomplexe (Bahnhof, Flughafen oder ganze Stadtgebiete) geht es bei einem strukturierten Reengineering darum, Systemteile gezielt zu reengineeren oder zu ersetzen und eine Optimierung der widersprechenden Ziele – Zeit, Kosten, Funktionalität, Innovation, Risiko etc. - zu finden. Eine Projektrisikoabwägung wird dabei meistens zu einer Lösung führen, bei der Schritt um Schritt technologische Veränderungen von konkretem Nutzen für das Geschäft begleitet sind und auf diese Weise breite Unterstützung geniessen.

3.4.1 Reengineering der Anwendungssoftware

Heute sitzen die meisten Firmen auf grossen Beständen von Anwendungssoftware, die ihre zentralen Datenbestände managen und ihre eigentlichen Kernkompetenzen unterstützen. Die Software ist in der Regel in einer 3. oder 4. Generationssprache geschrieben und sitzt auf alten Datenhaltungssystemen. Die Systeme haben häufig durch lange Wartungsperioden nach dem Prinzip der geringsten Veränderung erheblich an Struktur und Durchsichtigkeit eingebüsst und sind sehr gross und komplex. Für eine manuelle Überarbeitung und Migration fehlt es an der Kapazität, dem notwendigen Knowhow, der notwendigen Zeit und auch dem Budget: Wer will schon Geld in die Hand nehmen, nur damit eine funktionierende Software auf einer neuen Plattform im wesentlichen die gleichen Dienste bietet.

Der Anspruch an das Reengineering ist hier, neben der technischen Migration auf eine neue Plattform oder die aktuellen Sprachversionen der Programmiersprachen, vor allem auch die Möglichkeit der Integration neuer Funktionalität zu schaffen.

3.4.2 Reengineering der Benutzeroberfläche ("Webification")

Die Ablösung der bestehenden Benutzeroberflächen auf Basis der Webtechnologie verselbständigt Benutzerdienste und stellt wie [BVO99] zeigt, dem Benutzer einen erweiterten und benutzerfreundlicheren Zugriff zu den Daten zur Verfügung. Diese "Portalidee" ist weit mehr als ein "Tapezieren alter Anwendungen", wenn wie dort vorgeschlagen, alle für die Bearbeitung notwendigen Daten aus unterschiedlichen Quellen herangezogen und für den Benutzer bereitgestellt werden.

Darüber hinaus bietet dieser Ansatz auch die Möglichkeit, die Schnittstellen z.B. auf der Basis von XML zu bereinigen und so die Altsysteme zu isolieren. Ein konkretes Beispiel dafür ist das Home Banking System einer Schweizer Bank, wo auf den bestehenden Legacy-Transaktionen aufgesetzt die Messages nach dem Standard von OFX (Open Financial Exchange) generiert werden. Dieser Schritt, konsequent zu Ende gedacht, führt zu einer Abkapselung der Altsysteme über normierte XML-Schnittstellen und damit auch zur Ersetzbarkeit der Altsysteme. Dieser Ansatz ist natürlich nicht zu verwechseln mit einem reinen Screen-Scraping bei dem proprietäre Schnittstellen verewigt und das System weiter verkompliziert wird – ungeachtet der kurzfristigen Vorteile einer besseren Benutzeroberfläche.

Bei dokumentenlastigen Systemen (z.B. Versicherung) gelten im Prinzip die gleichen Überlegungen auch für die Dokumentenerstellung.

3.4.3 Reengineering der Dateninfrastruktur und der Daten

Die meisten Wartungsmassnahmen an Softwaresysteme vermeiden sorgfältig das kritischste Element - die Daten - auf Stand zu bringen. Die Daten - der Werkstoff der Informatiksysteme - befinden sich vor allem in älteren Systemen strukturell in einem sehr schlechten Zustand. Dies ist darauf zurückzuführen, dass der breite Einsatz moderner Methoden der Datenmodellierung und des Datendesign noch nicht sehr lange zurück reicht.

Der übergreifende Charakter der Daten in integrierten Systemen führt dazu, dass lokale Änderungen gar nicht mehr möglich sind und sich eine Datenbereinigung rasch zu einem Problem mit immer weiteren Kreisen auswächst. Wenn aber neue Funktionalitäten in ein System eingebunden werden sollen, dann stösst man vor allem im Bereich der Daten an Grenzen, die sich mit Lokalreparaturen nicht mehr überschreiten lassen.

3.4.4 Ersatz der Plattform

Hardware- und Systemsoftware-Plattformen veralten immer rascher. Der parallele Betrieb einer grossen Anzahl unterschiedlicher Plattformen verursacht hohe Betriebskosten und stellt wegen der Engpässe an verfügbarem qualifizierten Personal auch ein hohes Betriebsrisiko dar. Einerseits sind immer weniger Mitarbeiter für die alte Plattform verfügbar und Mitarbeiter, die die notwendigen Kenntnisse besitzen, um die Brücke zwischen mehreren Plattformen zu schlagen, sind besonders selten.

Eine gewisse Heterogenität der Plattformen (Host, UNIX, NT, Arbeitsplatz) muss zwangsläufig in Kauf genommen werden, weil die rein physische und häufig auch wirtschaftliche Lebensdauer der Systeme länger ist als die technische und die Software einer Ablösung entgegensteht. Andererseits darf diese Heterogenität aber auch nicht überborden, weil die Sicherung der Interoperabilität zwischen diesen Systemen immer komplizierter und aufwendiger wird. Hier gilt es die Balance zwischen technischem Fortschritt, Betriebskosten, Beschaffungskosten und Risiko zu halten durch ein aktives Lifecycle-Management, d.h. eine Migrations- und Ersatzpolitik vor allem für Datenhaltungssysteme, TP-Steuerung, User-Interfaces und Steuerungssysteme. Nur so können die Vorteile der neuen Systeme hinsichtlich Flexibilität, Kosten, Zuverlässigkeit und Skalierbarkeit genutzt werden.

4 Technische Herausforderung

Ein Softwaresystem besteht in der Regel aus hunderten von Programmen und tausenden einzelnen Datenelementen, die durch Millionen von Beziehungen miteinander verbunden sind. Viele Systeme sind in ihrer Komplexität durchaus vergleichbar mit einem Jumbo, der aus über 1 Million Einzelteile besteht, oder einem Mikroprozessor, der aus Millionen aktiver Schaltelemente besteht. Der Versuch solche Systeme sozusagen auf dem Reissbrett zu bearbeiten, also rein manuelle Methoden anzuwenden, muss scheitern. Hier ist die Technik gefordert, mit maschinellen Mitteln die Komplexität und das Massenproblem zu meistern. Ohne eine solche Technik sind die Vorhaben von vornherein zum Scheitern verurteilt.

Ein software-gestütztes Reengineering von Programmen und Daten stützt sich auf folgende Kernelemente ab:

- einen Analysator (Parser), der die Software in ihrer Gesamtheit und feinsten Granularität untersucht und in ihre elementaren Bausteine zerlegt,
- ein Repository, also eine Datenbank, in der die gewonnenen Komponenten und Strukturen verwaltet werden und für Abfragen und Recherchen zur Verfügung steht,
- ein Regelsystem, das die notwendigen Transformationen der Komponenten und Beziehungen auf Typenebene beschreibt,
- ein Codegenerator, der die Software auf Grund der Transformationsregeln aus dem Repository neu generiert,
- ein Datenübersetzer, der die Datenbestände kongruent mit der Transformation der Programme übersetzt und die neuen Datenbestände erzeugt.

Im Rahmen der Jahr-2000-Umstellung wurden auf dem Markt zahllose Systeme angeboten, die sich in der Regel auf die Analyse der Programme und das Erzeugen von Fehlerlisten beschränken. Der Erfolg war deshalb auch nur sehr beschränkt und die Budgets, die für die Jahr-2000 Migration aufgewendet wurden sprechen eine beredte Sprache. Andererseits wurden sehr erfolgreiche Projekte mit dem End-to-End-Ansatz durchgeführt.

4.1 Projekterfahrung mit Nixdorf 8860-Migrationen

Die UBS AG [UBS] setzte seit den frühen 80er Jahren die Systeme der Nixdorf 8860 ein, auf denen Tausende von Programmen laufen, die in einer proprietären Parametersprache und Assembler programmiert sind. Für den Ersatz dieser Systeme wurde das Reengineering Werkzeug einer belgischen Firma (Denkart) eingesetzt. Die gesamte Software wurde von dem Denkart-System in C umgewandelt und läuft jetzt auf Sun Solaris Rechnern.

Die Interunfall Allgemeine Versicherung [INT] führte parallel ein ähnliches Migrationsprojekt von 8860 auf Windows und OS/2 durch und ersetzte innerhalb von ca. 18 Monaten die gesamte Hardware durch PC-Netzwerke.

Beide Reengineering Migrationen sind ohne manuelle Veränderung der Software durchgeführt und erfolgreich abgeschlossen worden.

4.2 Projekterfahrung mit Datenbankmigration / Y2K und Euro

Die Winterthur Versicherung [WINT] stand vor der Entscheidung eine umfangreiche Applikationen bestehend aus ca. 1500 PL1-Programmen, und ca. 6500 Copy/Include Books, basierend auf hierarchischen Datenbanken (IMS) abzulösen. Es stand eine technische Migration auf DB2, das Jahr-2000-Problem und die Integration des Euro an. Eine manuelle Umstellung wäre schon aus zeitlichen Gründen nicht machbar gewesen. Man entschloss sich zu einem Reengineering der Software und der Daten mit Hilfe des [DASE] DASE-Systems und konnte das Projekt mit einem Aufwand von 125 Mannmonaten innerhalb von knapp 15 Monaten abschliessen. Auf Grund dieser Erfahrung laufen jetzt weitere Projekte im Konzern. Eine einfache Rechnung zeigt, dass für die gesamte Migration knapp 5 Sekunden pro Statement zur Verfügung standen, eine Zahl die bei einem manuellen Vorgehen mindestens um den Faktor 50 höher liegt.

4.3 IT-Reengineering – die valable Option

Wie diese Beispiele zeigen, gibt es neben dem Ansatz, Systeme zu Tode zu nutzen und dann in wiederholten Kraftakten zu ersetzen durchaus auch die Möglichkeit, den Lebenszyklus von Systemen dauerhaft zu verlängern. Damit steht dem IT-Manager ein Verfahren zur Verfügung, auf das er vor allem für Kernsysteme und wichtige Unternehmensdaten zurückgreifen kann.

5 Projektportfolio-Management nach Business Value

Angesichts knapper Ressourcen, knapper Expertise und einem wachsenden Backlog von Projektanforderungen geht es darum, eine Strategie zu entwickeln, die in der Kombination das optimale Ergebnis sicherstellt. Die im Technologie-Portfolio erfassten Systeme werden nach verschiedenen relevanten Kriterien beurteilt. Dazu gehören die möglichen Einsparungen, die Kosten, die strategische Bedeutung, die aufgelaufene Wartezeit etc. Nach dieser Wertanalyse kommt man zu einem Projektportfolio der durchzuführenden Projekte nach Priorität und kann auf Grund der verfügbaren Kapazitäten und Budgets die entsprechenden Projekte freigeben.

Die Informatik ist mehr als andere Branchen von Schlagworten und Euphoriewellen (Hypes) geprägt, die jeweils für sich in Anspruch nehmen die "ultimative Lösung" aller Probleme für ein Unternehmen zu sein. Es ist sehr unwahrscheinlich, dass es eine solche Lösung je geben wird und unsere Erfahrungen zeigen nur zu oft, dass die Patentlösung von heute das Legacy-Problem von morgen ist. Angesichts des schnellen Wandels in der Wirtschaft, des Entstehens und Verschwindens von Anforderungen und der schnellen Innovationszyklen in der Informatik ist nicht davon auszugehen, dass sich daran viel ändern wird.

Was mit Sicherheit bleibt ist das Problem, die wirklichen Werte eines Unternehmens, die Kernkompetenzen, Kernprozesse und Daten über mehrere Technologien hinweg zu erhalten. Die strategische Steuerung von IT-Investitionen und die IT-Reengineering-Kompetenz im Unternehmen wird dafür wertvolle Dienste leisten.

Literatur

[ACTU] Actuate Corp, http://www.actuate.com

[BVO99] Volker Bach, Petra Vogler, Hubert Österle: Business Knowledge Management, Springer 1999

[DASE] Dase Holding AG, http://www.sws.de

[INTER] Unveröffentlichte Projektberichte Interunfall Versicherung Wien

[ITIL] IT-Infrastructure Library, System Management Series, CCTA UK, Her Majesty's Stationary Office Publication Center, Tel UK 0171-873 0011, Siehe auch http://www.pdatrain.com.sg/booksfor.htm

[OF96] M. Osterloh, J. Frost: Prozessmanagement als Kernkompetenz, Gabler Verlag 1996

[UBS] Unveröffentliche Projektberichte der UBS AG

[WINT] Unveröffentlichte Projektberichte Winterthur Versicherung, Winterthur

Wissenstransfer in der Softwareentwicklung - Eine ökonomische Analyse

Ralph Trittmann, Werner Mellis

Abstract

Derzeit wird (erneut) diskutiert, die Softwareentwicklung durch einen systematischen Umgang mit der Unternehmensressource Wissen zu verbessern. Dabei dominieren datenbankorientierte Ansätze, die wie das Konzept der Experience Factory primär auf einen schriftlichen Transfer von (Erfahrungs-)Wissen ausgelegt sind. Dieser Beitrag führt mit einer Aufwandsbetrachtung ein ökonomisches Kriterium in die Gestaltungsüberlegungen zum Wissenstransfer ein. Es wird aufgezeigt, daß vor allem der Wissensbedarf bestimmt, ob die schriftliche oder die mündliche Form des Wissenstransfers unter dem Gesichtspunkt des Aufwands vorzuziehen ist. Mit dem Element der Nachfragesteuerung wird zudem erläutert, wie datenbankorientierte Ansätze durch die Einbeziehung des Wissensbedarfs sinnvoll ergänzt werden können. Durch diese Verbindung können die grundsätzlichen Vorteile des schriftlichen Wissenstransfers genutzt und der erforderliche Aufwand beherrscht werden.

1 Einleitung

Die derzeitige Situation des Software-Managements läßt sich anhand zweier Auffälligkeiten charakterisieren. Einerseits stellen sich neue Herausforderungen infolge zunehmender Instabilitäten, mit denen sich zahlreiche Softwareunternehmen konfrontiert sehen. Diese gehen vor allem auf permanente technologische Veränderungen, unvorhersehbares Verhalten der Wettbewerber und sich rasch verändernde Kundenanforderungen zurück [And96, Art96]. Andererseits scheinen nach wie vor die gleichen Probleme aktuell zu sein, die bereits vor mehr als zwei Jahrzehnten den Begriff der "Softwarekrise" geprägt haben. So berichten auch jüngere Studien, daß die Softwareentwicklung häufig durch Überschreitungen von Budgets und Liefertерminen, geringe Produktqualität und unzufriedene Kunden gekennzeichnet ist [Gib94, Jon96].

Im Zuge des aktuellen Managementtrends "Wissensmanagement" wird derzeit (erneut) diskutiert, neuen Herausforderungen und bestehenden Problemen durch einen systematischen Umgang mit der Unternehmensressource Wissen zu begegnen. Grundlegende Voraussetzung, um einerseits neues Wissen generieren und andererseits vorhandenes Wissen unternehmensweit nutzen zu können, ist dabei eine angemessene Gestaltung des Wissenstransfers. Ganz allgemein zielt der Transfer von Wissen darauf ab, jedem Mitarbeiter eines Unternehmens das von ihm benötigte Wissen zur Verfügung zu stellen [LBW93].

Einer der bekanntesten Ansätze zur Vermittlung von (Erfahrungs-)Wissen in der Softwareentwicklung ist das Konzept der "Experience Factory". Eine Kombination von technischen und organisatorischen Maßnahmen soll ermöglichen, Erfahrungen mittels einer "experience base" wiederzuverwenden [BaC95, BCR94]. Das Gegenstück zu diesem primär schriftlichen Transfer besteht in der mündlichen Weitergabe von Erfahrungen, die derzeit als sogenannte "personalization strategy" [HNT99] diskutiert wird. Diese beiden grundsätzlichen Formen des Wissenstransfers weisen unterschiedliche Vor- und Nachteile auf. Bisher fehlen jedoch Kriterien, die eine Entscheidung über die situationsadäquate Gestaltung des Wissenstransfers erlauben würden.

Das Ziel dieses Beitrags ist es, durch eine Aufwandsbetrachtung die für ein Unternehmen angemessene Gestaltung des Wissenstransfers zu unterstützen. Dazu sollen zunächst unterschiedliche Formen von (Erfahrungs-)Wissen bezüglich der Schwierigkeit ihrer Dokumentation abgegrenzt werden, um so die Aufwandssituation schriftlicher und mündlicher Vermittlung vergleichen zu können. Es soll weiterhin dargestellt werden, welche der beiden Transferformen unter welchen Bedingungen vorzuziehen ist. Abschließend soll aufgezeigt werden, daß Ansätze primär schriftlicher Vermittlung - wie die Experience Factory - durch eine Nachfragesteuerung sinnvoll ergänzt werden können.

2 Transfer von Wissen in der Softwareentwicklung

In der Literatur existiert keine einheitliche Definition zum Begriff des Wissens. Einigkeit besteht immerhin darüber, daß es sich bei dem "Wissenstyp" Erfahrungen um diejenigen Kenntnisse und Fähigkeiten handelt, die auf durchgeführten Tätigkeiten basieren [Pet98, Sch96]. Im Hinblick auf die Softwareentwicklung kann sich Erfahrungswissen demgemäß beispielsweise auf die Anwendung von Analyse- und Designmethoden, die Gestaltung des Testprozesses oder den Umgang mit Entwicklungswerkzeugen beziehen. Die Nutzung solcher in früheren Projekten erworbenen Erfahrungen bietet eine vielversprechende Möglichkeit, um Projekterfolge zu wiederholen und begangene Fehler zukünftig zu vermeiden. Dazu ist es erforderlich, vorhandenes Erfahrungswissen denjenigen Mitarbeitern zugänglich zu machen, die vor einer der vielfältigen Gestaltungsaufgaben eines neuen Softwareentwicklungsprojekts stehen. Die besondere Herausforderung für die Gestaltung des Wissenstransfers besteht dabei darin, daß es sich nicht um eine einfache Vervielfältigung von theoretischem Lehrbuchwissen handelt, sondern um die Übertragung von Erfahrungen aus der unmittelbaren Praxis der Softwareentwicklung.

2.1 Das Konzept der Experience Factory

Einer der bekanntesten Ansätze zur systematischen Nutzung von Erfahrungswissen in der Softwareentwicklung ist das Konzept der ‚Experience Factory'. Bei der Experience Factory handelt es sich um eine logische und/oder physische Organisationseinheit, die von der Projektorganisation der Softwareentwicklung getrennt ist [BaC95, BCR94]. Sie soll die Wiederverwendung von Erfahrungen institutionalisieren. Dabei bezieht sich die Wiederverwendung auf alle Formen von Erfahrungen, die in Verbindung mit den verschiedenen Aufgaben der Softwareentwicklung stehen [BCR94, GRR96].

Die Projektorganisationen versorgen die Experience Factory mit Informationen aus den durchgeführten Entwicklungsprojekten. Die wesentlichen Aufgaben der Experience Factory bestehen darin, die eingehenden Informationen zu analysieren, aufzubereiten und sie in Form von "Erfahrungspaketen" mittels einer projektunabhängigen Erfahrungsdatenbank zur Verfügung zu stellen [GRR96]. Der Grund für die zumindest logische Trennung von Projektorganisation und Experience Factory besteht in dem grundsätzlichen Konflikt zwischen den "lokalen" projektbezogenen Zielen der Softwareentwicklung und dem "globalen" Ziel der Wiederverwendung [ABT98].

Das Konzept der Experience Factory ist Teil des sogenannten "Quality Improvement Paradigm" (QIP), einem Ansatz zur kontinuierlichen Verbesserung der Softwarequalität. Eingebettet in die Vorgehensweise des QIP betrachten die Verfasser das Konzept der Experience Factory als eine vielversprechende Möglichkeit, um Software hoher Qualität zu möglichst geringen Kosten zu entwickeln [BaC95, GRR96]. Zur Realisierung des Konzepts wurde (und wird) eine Vielzahl technischer Maßnahmen ausgearbeitet. Dazu zählen beispielsweise die Modellierung des Anwendungskontextes von Erfahrungswissen [Bir97] oder die Entwicklung offener und flexibler Suchtechniken [ABGT98].

Die Mehrzahl veröffentlichter Berichte über die Realisierung einer Experience Factory stammt aus der universitären Anwendung oder aus universitätsnahen Forschungseinrichtungen [BCMPPW92, FMV98]. Die publizierten positiven Ergebnisse können demzufolge nicht unmittelbar auf die Realisierung in einem Wirtschaftsunternehmen übertragen werden. Die wenigen Anwendungsberichte aus der industriellen Praxis sind ebenfalls positiv geprägt. Sie verdeutlichen aber auch, daß es sich bei dem Aufbau einer Experience Factory um eine Langzeitinvestition handelt, deren Kosten/Nutzen-Verhältnis derzeit noch unklar ist [HoK97, HSW98].

2.2 Wissenstransfer und die Experience Factory

Bei dem Transfer von (Erfahrungs-)Wissen handelt es sich ganz allgemein um einen Kommunikationsprozeß. Anhand des verwendeten Kommunikationsmediums lassen sich die beiden grundsätzliche Formen des schriftlichen und des mündlichen Transfers unterscheiden. Dabei sollen die verschiedenen technischen Unterstützungsmöglichkeiten jeweils einer dieser beiden Formen zugerechnet werden. Demgemäß beinhaltet die schriftliche Form beispielsweise auch den Transfer mittels Datenbanken und vernetzter Computersysteme, während das sogenannte "Video-Conferencing" der mündlichen Vermittlung zugeordnet wird.

Das Konzept der Experience Factory ist offenbar auf einen schriftlichen Transfer von Erfahrungswissen ausgelegt. In einer Experience Factory werden die Erfahrungen aus Entwicklungsprojekten so aufbereitet, daß sie in einer Datenbank abgelegt werden können. Mitarbeiter aus anderen Projekten können dieses Wissen über Datenbankzugriffe nutzen. Vereinfacht dargestellt werden die Erfahrungen eines "Wissensträgers" also schriftlich an einen Nutzer transferiert. Gegenüber der mündlichen Weitergabe ist die schriftliche Wissensvermittlung mit einer Reihe von Vorteilen verbunden. So können z. B. erfahrene Mitarbeiter von häufigen Anfragen entlastet und vorhandene Erfahrungen einer beliebigen Anzahl von Mitarbeitern zur Verfügung gestellt werden. Schriftlich aufbereitetes Wissen verbleibt zudem auch bei einem Ausscheiden des Experten im Unternehmen.

In der Literatur finden sich jedoch Aussagen, daß Wissen zum Teil nur mit erheblichen Aufwand personenunabhängig vermittelt werden kann. Wie v. Hippel betont, ist Information "costly to aquire, transfer and use" [vHi94] und prägt das Schlagwort von der "Stickiness of Information". Es scheint also angebracht, die Gestaltung des Wissenstransfers explizit unter Aufwandsgesichtspunkten zu betrachten. Dies ist um so mehr geboten, als die derzeitige Dominanz datenbankorientierter Ansätze fast vergessen läßt, daß auch die mündliche Wissensvermittlung mit Vorzügen verbunden ist. So erlaubt die Flexibilität mündlicher Vermittlung beispielsweise die Unterstützung kreativer Arbeits- und kollektiver Problemlösungsprozesse zur Entwicklung innovativer Produkte.

3 Dokumentierbarkeit von Erfahrungswissen

Vor dem Hintergrund der hier betrachteten Softwareentwicklung entsteht Erfahrungswissen durch die Tätigkeiten von Mitarbeitern in Entwicklungsprojekten. Erfahrungen sind somit zunächst an einzelne Personen gebunden. Um die Vorteile des schriftlichen Transfers nutzen zu können, ist es erforderlich, die Erfahrung von dem jeweiligen Träger des Wissens zu lösen. Dieser im folgenden als "Experte" bezeichnete Mitarbeiter muß seine Erfahrungen dazu so aufbereiten, daß andere Mitarbeiter dieses Wissen unabhängig von ihm verwenden können. Gemäß verschiedenen Studien [Szu94, vHi94] sind manche Formen von Erfahrungswissen leichter personenunabhängig zu dokumentieren als andere. Bestimmte Eigenschaften von Erfahrungen beeinflussen also offenbar die Möglichkeit, dieses Wissen schriftlich zu transferieren.

3.1 Problem- und Lösungsdimension von Erfahrungen

In der Literatur wird bezüglich der Dokumentierbarkeit meist zwischen implizitem ("tacit") und explizitem ("explicit") Wissen unterschieden [Hig99, NoT97, Rom98]. Demnach ist implizites Wissen subjektiv und unbewußt und daher kaum zu dokumentieren. Explizites Wissen läßt sich demgegenüber aufgrund seiner Objektivität und Eindeutigkeit problemlos selbst in formaler Sprache fassen. Diese Aufteilung unterscheidet Wissen lediglich nach dem Ausmaß der Personenbindung. Für differenzierte Aussagen über die Dokumentierbarkeit von Erfahrungen ist sie wenig geeignet. Betrachtet man hingegen genauer wie Erfahrungswissen entsteht, so können einzelne Eigenschaften von Erfahrungen identifiziert werden, die auf die Dokumentierbarkeit dieses Wissens einwirken. Auf die Problematik fehlender Bereitschaft zur Weitergabe oder Anwendung vorhandener Erfahrungen kann dabei im Rahmen dieser Ausführungen nicht eingegangen werden. Zur Gestaltung entsprechender Anreizsysteme sei auf die Literatur verwiesen [Rom98, Sch96].

Der Ausgangspunkt der hier thematisierten Erfahrungen besteht in der Durchführung von Softwareentwicklungsprojekten. Die dabei von den einzelnen Mitarbeitern zu bewältigenden Aufgaben können ganz allgemein als Problemlösungsprozesse aufgefaßt werden. Erfahrungen entstehen demgemäß, indem Probleme gelöst werden. Sie beinhalten folglich sowohl eine Problem- als auch eine Lösungsdimension.

Die Qualität oder Reife einer Problemlösung wird wesentlich von der zeitpunktbezogenen Kenntnis über Problemstruktur und Lösungsraum (bzw. Lösungsalternativen) bestimmt [BeD94, EiW94]. Dies gilt folglich auch für den Reifegrad der aus einem Problemlösungsprozeß gewonnenen Erfahrung. Je exakter nun das zugrundeliegende Problem und dessen mögliche Lösungen spezifiziert werden können, desto leichter kann das erworbene Erfahrungswissen personenunabhängig dokumentiert werden. Um diesen Zusammenhang zwischen dem "Reifegrad" von Erfahrungen und dem Schwierigkeitsgrad der Dokumentation anhand von konkreten Beispielen veranschaulichen zu können, sind zunächst die Problem- und die Lösungsdimension von Erfahrungen näher zu erläutern.

Die Problemdimension "Problemstruktur" soll im folgenden vereinfacht anhand zweier gegensätzlicher Ausprägungen betrachtet werden:

- Gut strukturierte Probleme: abgegrenzt und bewertbar
  Bei einem gut strukturierten Problem sind die wesentlichen Variablen der Problemstellung bekannt, d. h. die für eine Lösung relevanten Problemmerkmale sind "abgegrenzt". Darüber hinaus werden die Bewertungskriterien für mögliche Lösungen beherrscht. Lösungsalternativen sind "bewertbar", wenn auch nicht notwendigerweise in quantitativer Form.

- Schlecht strukturierte Probleme: Abgrenzungs- oder Bewertungsdefekt
  Kennzeichen schlecht strukturierter Probleme sind Defekte im Sinne von Strukturmängeln. So können die Variablen des Problems unbekannt ("Abgrenzungsdefekt") oder aber die Bewertungskriterien unklar sein ("Bewertungsdefekt").

Die Lösungsdimension "Kenntnis des Lösungsraums" soll ebenfalls durch zwei konträre Ausprägungsvarianten beschrieben werden:

- Gut bekannter Lösungsraum: überblickt und vergleichbar
  Die Menge der zu einem Problem in Frage kommender Lösungsalternativen wird bei einem gut strukturierten Lösungsraum "überblickt", d. h. die möglichen Alternativen sind bekannt. Weiterhin herrscht Klarheit über die Wirkungsme-

chanismen der Lösungen. Auf der Ebene grundsätzlicher Vor- und Nachteile sind mögliche Lösungsalternativen somit "vergleichbar".

- Schlecht bekannter Lösungsraum: Überblicks- oder Vergleichbarkeitsdefekt
  Bei einem schlecht bekannten Lösungsraum liegen Defekte im Sinne von Kenntnismängeln vor. So können die möglichen Lösungsalternativen eines Problems unbekannt oder nur zum Teil bekannt sein ("Überblicksdefekt"). Zudem kann Unklarheit über die Vor- und Nachteile möglicher Lösungen bestehen ("Vergleichbarkeitsdefekt").

Die beschriebenen Ausprägungen sind stark vereinfachende Betrachtungen der Kenntnis von Problemstruktur und Lösungsraum. Sie erlauben jedoch, den für die Form des Wissenstransfers bedeutsamen Zusammenhang zwischen dem Reifegrad und der Dokumentierbarkeit von Erfahrungen aufzuzeigen.

3.2 Klassifizierung von Erfahrungen nach ihrer Dokumentierbarkeit

Anhand der beiden Ausprägungen der Problem- und der Lösungsdimension lassen sich vier Quadranten erzeugen. Diese ermöglichen, verschiedene Typen von Erfahrungswissen im Hinblick auf den Schwierigkeitsgrad ihrer Dokumentation voneinander zu unterscheiden. Abbildung 1 gibt zunächst einen Überblick über die Erfahrungstypen, bevor sie im Anschluß anhand von Beispielen erläutert werden.

Typ I: Erfahrung einfach zu dokumentieren

Bei einem gut strukturierten Problem und einem gut bekannten Lösungsraum kann ein Experte die Erfahrung seiner Problemlösung ohne nennenswerte Schwierigkeiten dokumentieren. Eine solche Situation dürfte in der Softwareentwicklung regelmäßig in der Entwicklungsphase der Implementierung auftreten. Die Problemstellung, einen bestimmten Algorithmus zu entwickeln, ist durch die vorhergehenden Entwicklungsphasen abgegrenzt. Bewertungskriterien für Problemlösungen wie Laufzeit oder Speicherplatzbedarf sind i. d. R. ebenfalls festgelegt. Zudem sollten einem Softwareentwickler grundsätzliche Vor- und Nachteile möglicher Lösungsalgorithmen bekannt sein. Zum Zeitpunkt der Fertigstellung seiner Lösung kann er daher anderen Mitarbeitern sowohl vermitteln ‚wie' er das Problem gelöst hat als auch begründen ‚warum' er es auf diese Weise gelöst hat. Dieses Wissen als Softwarecode so zu dokumentieren, daß es von anderen Entwicklern verstanden wird, stellt folglich keine große Herausforderung dar. Die hier nicht betrachteten Schwierigkeiten bei diesem sogenannten Code-Reuse bestehen vielmehr in der effizienten Identifizierung und Anpassung existierender Code-Bausteine sowie der Integration der Wiederverwendung in den Entwicklungsprozeß [BaR91, BCR94].

		Lösungsraum	
		gut bekannt	schlecht bekannt
Problemstruktur	gut strukturiert	Typ I Erfahrung einfach zu dokumentieren	Typ II Nur Problemkomponente einfach zu dokumentieren
	schlecht strukturiert	Typ III Nur Lösungskomponente einfach zu dokumentieren	Typ IV Erfahrung schwierig zu dokumentieren

Abbildung 1: Dokumentierbarkeit von Erfahrungswissen

Typ II: Nur Problemdimension einfach zu dokumentieren

Wenn der Reifegrad bezüglich der Lösungsdimension gegenüber dem vorherigen Typ reduziert ist, kann lediglich die Problemkomponente des Erfahrungswissens einfach dokumentiert werden. Als Beispiel für ein gut strukturiertes Problem kann hier die Gestaltung eines Vorgehens zur Fehlersuche ohne Programmausführung, d. h. die Aufgabe der Gestaltung der sogenannten statischen Qualitätssicherung dienen. Die wesentlichen Problemvariablen sind mit der Anforderungsspezifikation und dem entwickelten Quellcode bekannt. Das Bewertungskriterium für mögliche

Lösungen besteht in dem Verhältnis von Aufwand und der Anzahl bezüglich der Spezifikation gefundener Codierungsfehler. Nachdem ein Prüfer dazu eine bestimmte Vorgehensweise angewendet hat, kann er leicht vermitteln, welches Problem er gelöst hat und natürlich auch beschreiben, wie er es gelöst hat. So kann er beispielsweise eine Inspektionssitzung mit Dauer, Teilnehmern, Lesetechnik und -geschwindigkeit dokumentieren. Selbst wenn ein Prüfer alle relevanten Lösungsalternativen überblickt, so wird er kaum die Wirkungsmechanismen aller Lösungsvarianten kennen können. Seine Problemlösung wird demzufolge einige intuitive Gesichtspunkte beinhalten. Demgemäß kann er beispielsweise nicht vermitteln, worin genau die Vorteile seiner Lösung gegenüber anderen Ansätzen oder worin grundlegende Nachteile bestehen. Damit ist es ihm aber auch kaum möglich, sein Lösungswissen so zu dokumentieren, daß es für andere Mitarbeiter ohne weitere Nachfragen verwendbar wäre.

Typ III: Nur Lösungsdimension einfach zu dokumentieren

Im Fall eines gut bekannten Lösungsraums aber schlecht strukturierten Problems ist die Lösungskomponente des Erfahrungswissens einfach zu dokumentieren. Bei dem Beispiel der Auswahl eines objektorientierten Entwicklungswerkzeugs ist plausibel, daß ein Mitarbeiter eines Softwareunternehmens die in Frage kommenden Werkzeuge mit ihren grundsätzlichen Vor- und Nachteilen kennt. Er kann dieses Wissen demgemäß auch für andere Mitarbeiter dokumentieren. Die schlechte Problemstruktur seines Erfahrungswissens kann sich z. B. in der mangelnden Kenntnis der Erfolgsfaktoren (Unterstützung der für die Anwendung wesentlichen Methoden, Integrierbarkeit in den bestehenden Entwicklungsprozeß, Verfügbarkeit spezialisierter Trainings etc.) einer zurückliegenden erfolgreichen Produktauswahl liegen. Ist der Mitarbeiter sich über die Relevanz dieser Erfolgsfaktoren nicht im Klaren, so kann er seine Erfahrung nicht ohne weiteres mit den relevanten Problemmerkmalen begründen. Eine solche Begründung ist für einen Dritten jedoch wesentlich, um die Erfahrung des Experten für eigene Problemstellungen verwenden zu können. Wie die breite Literatur mit vorgeschlagenen Kriterienlisten für die

Auswahl von CASE-Werkzeugen zeigt, ist die angemessene Kenntnis der Problems keineswegs trivial [siehe z. B. Bal96].

Typ IV: Erfahrung schwierig zu dokumentieren

Wenn gemachte Erfahrungen auf einem schlecht strukturierten Problem und einem schlecht bekannten Lösungsraum basieren, ist dieses Wissen kaum personenunabhängig zu dokumentieren. Diese Situation ist in der Softwareentwicklung beispielsweise bezüglich der Produktdefinition vorstellbar. Das Problem ist schlecht strukturiert, da zumindest die Bewertungskriterien für mögliche Lösungen unbekannt sind. Die zunächst naheliegende Verwendung des Markterfolgs als Kriterium ist insofern ungeeignet, als die Entscheidung über Produktmerkmale lediglich einen Baustein für den Erfolg- oder Mißerfolg darstellt. Weiterhin ist plausibel, daß bei der Produktdefinition ein Überblick über mögliche Lösungsalternativen mit Ihren Vor- und Nachteilen nahezu ausgeschlossen ist. Der Experte ist also nicht in der Lage exakt zu spezifizieren, warum er das Problem in dieser Weise gelöst hat oder welcher Qualität seine Problemlösung ist. Derartig unreife Erfahrungen für Dritte so zu dokumentieren, daß keine Rückfragen erforderlich sind, stellt eine kaum zu bewältigende Aufgabe dar.

Definitionsgemäß ist der Reifegrad von Erfahrungswissen keine statische Größe. Die Kenntnis eines Experten kann sich sowohl hinsichtlich der Problem- als auch der Lösungskomponente von Erfahrungen im Zeitablauf verändern. Einerseits kann sich die Kenntnis des Lösungsraums durch technologische Neuerungen verringern. Dies dürfte gerade in der "innovativen" Softwarebranche keine Seltenheit sein. Andererseits kann der Reifegrad von Erfahrungswissen durch gezielte Maßnahmen aber auch systematisch erhöht werden, wie beispielsweise über detaillierte Projektauswertungen, eine Verknüpfung mit den Erfahrungen anderer Experten oder auch die Überprüfung und Modifizierung des Wissens in neuen Entwicklungsprojekten. In dem Konzept der Experience Factory sind solche Maßnahmen beispielsweise explizite Aufgabe der Mitarbeiter einer Experience Factory.

Es scheint somit vor allem eine Frage des zu investierenden Aufwands zu sein, den

Reifegrad von Erfahrungen so zu verändern, daß dieses Wissen dokumentiert werden kann. Wie am Beispiel der Produktdefinition veranschaulicht wurde, kann der dazu erforderliche Aufwand jedoch nahezu beliebig hoch sein.

4 Aufwandsbetrachtung des Wissenstransfers

Wenn Erfahrungswissen grundsätzlich personenunabhängig dokumentiert werden kann, ist bezüglich der Form des Wissenstransfers zu entscheiden, ob der dazu erforderliche Aufwand investiert werden sollte. Diese Frage wird im folgenden vereinfacht aus der Sicht eines Experten, d. h. eines Trägers von Erfahrungswissen behandelt. Der in der Realität gegebenenfalls von einer Organisationseinheit wie der Experience Factory geleistete Dokumentationsaufwand wird also dem jeweiligen Experten zugerechnet.

Unter Aufwand ist in diesem Zusammenhang die bewertete Arbeitszeit des Experten für die Dokumentation seiner Erfahrungen zu verstehen. Die entsprechende Aufbereitung und Speicherung dieses Wissen wird dabei als Bestandteil der Dokumentation verstanden. Im Gegensatz zur mündlichen Vermittlung entsteht bei einem schriftlichen Transfer für den Experten kein Aufwand für die Übertragung des Wissens. Diese vollzieht sich unabhängig von dem Experten über einen Zugriff des Nutzers auf die entsprechenden Dokumente.

4.1 Aufwandsvergleich der Transferformen

Bei einer schriftlichen Vermittlung von Erfahrungswissen besteht die Aufgabe eines Experten darin, sein Wissen so zu dokumentieren, daß andere Mitarbeiter es unabhängig von ihm verwenden können. Bei dem dazu erforderlichen Aufwand handelt es sich um eine fixe Größe. Der Aufwand ist einmalig in bestimmter Höhe zu leisten, unabhängig davon, wie häufig dieses Wissen von anderen Mitarbeitern nachgefragt wird. Wie im vorigen Kapitel dargestellt, hängt die Höhe des Aufwands von dem Reifegrad der zu vermittelnden Erfahrung ab: Je geringer die Reife des Erfahrungswissens, desto höher ist der Aufwand für dessen personenunabhängige Dokumentation.

Der Dokumentationsaufwand wird den Aufwand einer einmaligen mündlichen Vermittlung um ein Vielfaches übersteigen. So sind bei einem mündlichen Austausch beispielsweise lediglich die in einer bestimmten Problemsituation benötigten Erfahrungsbestandteile zu vermitteln. Im schriftlichen Fall ist hingegen "auf Vorrat", d. h. im Hinblick auf verschiedene mögliche Verwendungssituationen zu dokumentieren. Der Aufwand des mündlichen Transfers ist jedoch eine variable Größe, d. h. er fällt bei jeder Nachfrage erneut an. Aus Sicht des Experten gilt es also zwischen dem fixen Aufwand des schriftlichen Wissenstransfers und dem variablen Aufwand der mündlichen Vermittlung abzuwägen. Abbildung 2 veranschaulicht diesen Zusammenhang.

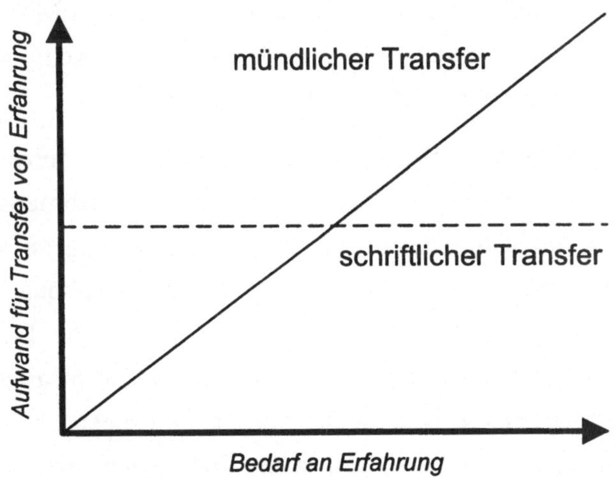

Abbildung 2: Aufwandsvergleich der Transferformen

Offenbar existiert ein sogenannter "Break-even-Point", von dem ab der schriftliche Transfer von Erfahrungswissen günstiger ist, als dessen mündliche Vermittlung. Die Lage dieses Punktes wird durch die Höhe des Wissensbedarfs bestimmt.

Die vorgenommenen Betrachtungen sind starke Vereinfachungen. Diese Vereinfachung ermöglicht jedoch zu veranschaulichen, daß letztlich die Höhe des Wissensbedarfs bestimmt, welche Form des Wissenstransfers unter dem Gesichtspunkt des Aufwands vorzuziehen ist.

4.2 Die Bedeutung der Nachfrage für den Wissenstransfer

In der derzeitigen Diskussion um den Transfer und das Management von Wissen dominieren Ansätze, deren Strategie als angebotsorientiert bezeichnet werden kann. Getragen von den rasanten Entwicklungen im Bereich vernetzter Computersysteme wird vielfach einseitig empfohlen, Wissen zu dokumentieren und es in schriftlicher bzw. elektronischer Form den Mitarbeitern eines Unternehmens zur Nutzung anzubieten. Die in diesem Beitrag formulierten Erkenntnisse führen jedoch zu dem Schluß, daß nicht alles, was auf diesem Gebiet technisch möglich ist, auch ökonomisch sinnvoll erscheint. Vielmehr ist neben den technischen Möglichkeiten zum Angebot an Wissen vor allem der Wissensbedarf, d. h. die Nachfragesituation entscheidend für die angemessene Form des Wissenstransfers.

Um sowohl die Vorteile schriftlicher Wissensvermittlung zu nutzen als auch den dazu erforderlichen Aufwand zu beherrschen, ist es erforderlich, angebotsorientierte Ansätze mit dem Element der Nachfragesteuerung zu verbinden. Die Notwendigkeit zu einer solchen bedarfsorientierten Gestaltung des Wissenstransfers besteht insbesondere in der Softwarebranche. Bei der Entwicklung von Software handelt es sich nicht um einen beliebig wiederholbaren Produktionsprozeß, sondern insbesondere beim Design primär um einen kreativen Entwicklungsprozeß [Som97]. Die Mehrzahl der in der Softwareentwicklung zu lösenden Problem sind folglich schlecht strukturiert. Permanente technologische Neuerungen weisen zudem tendenziell in die Richtung schlecht bekannter Lösungsräume. Es ist also vielfach ein erheblicher Aufwand erforderlich, um Erfahrungen bezüglich der Softwareentwicklung personenunabhängig zu dokumentieren. Demgemäß können ausgereifte angebotsorientierte Konzepte wie die Experience Factory durch das Element der Nachfragesteuerung sinnvoll ergänzt werden.

Konkret bedeutet Nachfragesteuerung, (Erfahrungs-)Wissen nur zu dokumentieren, wenn ein entsprechender Bedarf an diesem Wissen vorhanden bzw. zu erwarten ist.

Es ist im Rahmen dieser Ausführungen nicht möglich, die verschiedenen Methoden und Verfahren zur Bedarfsprognose im Hinblick auf den Wissensbedarf zu diskutieren. Hervorzuheben ist jedoch, daß ein wesentlicher Einflußfaktor auf die Höhe des Wissensbedarfs in der Wettbewerbsstrategie eines Unternehmens besteht [HNT99]. Wird die Strategie verfolgt, ausgereifte Produkte schneller und zu einem geringeren Preis als die Konkurrenz anzubieten, so besteht eine große Nachfrage an Erfahrungswissen, um Produkte effizient aus bekannten Bausteinen zusammensetzen zu können. Sollen demgegenüber Wettbewerbsvorteile primär durch kundenindividuelle, innovative Produktlösungen erzielt werden, wird der Bedarf an wiederzuverwendenden Erfahrungen deutlich geringer sein.

5 Fazit

Die durchgeführten Untersuchungen tragen dazu bei, den Transfer von (Erfahrungs-) Wissen aus der Softwareentwicklung systematisch im Hinblick auf die spezifischen Anforderungen eines Unternehmens gestalten zu können. Mit der dargestellten Aufwandsbetrachtung wurde dazu ein ökonomisches Kriterium in die aktuelle Diskussion über den Transfer und das Management von Wissen eingeführt. Es konnte aufgezeigt werden, daß vor allem der vorhandene bzw. zu erwartende Wissensbedarf bestimmt, welche der beiden grundsätzlichen Formen des Wissenstransfers unter dem Gesichtspunkt des Aufwands vorzuziehen ist. Das beschriebene Element der Nachfragesteuerung ermöglicht zudem eine sinnvolle Ergänzung der derzeit dominierenden datenbankorientierten Ansätze. Durch diese Verbindung können die Vorteile des schriftlichen Wissenstransfers genutzt und der erforderliche Aufwand beherrscht werden.

Im Rahmen dieser Ausführungen konnten einige für die Praxis bedeutsame Aspekte des Wissenstransfers nicht behandelt werden. Diese betreffen beispielsweise die zu überwindenden Barrieren, Wissen mit anderen zu teilen. Vor allem mußte aber eine Nutzenbetrachtung des Wissenstransfers unterbleiben. Derzeit laufende Forschungstätigkeiten am Lehrstuhl für Wirtschaftsinformatik zielen darauf ab, neben dem Aufwand auch den Nutzen unterschiedlicher Formen des Wissenstransfers zu operationalisieren. So soll letztlich ein Gesamtkonzept bereitgestellt werden, um den Transfer von Wissen unter dem Gesichtspunkt der Wirtschaftlichkeit gestalten zu können.

Die Ergebnisse dieses Beitrags liefern zum einen Anregungen für erforderliche Forschungsaktivitäten auf dem Gebiet des Wissenstransfers. Zum anderen ermöglichen sie interessante Einblicke für Unternehmen, die über die Verwendung vorhandener Erfahrungen Verbesserungen ihrer Softwareentwicklung anstreben.

Literatur

[ABT98] K.-D. Althoff, F. Bomarius, C. Tautz: Using Case-Based Reasoning Technology to Build Learning Software Organizations, in: Proceedings of the ECAI 98 Workshop on "Building, Maintaining, and Using Organizational Memories", Online-Veröffentlichung (http://sunsite.informatik.rwth-aachen.de/Publications/CEUR-WS/Vol-14), Brighton, 1998

[ABGT98] K.-D. Althoff, A. Birk, C. Gresse von Wangenheim, C. Tautz: Case-Based Reasoning for Experimental Software Engineering, in: M. Lentsch, B. Bartsch-Spörl, H.-D. Burkhard, S. Wess (Hrsg.): Case-Based Reasoning Technology - From Foundations to Applications, Springer, Berlin, 1998, S. 235-254

[And96] C. Andersson: A World Gone Soft: A Survey of the Software Industry, *IEEE Engineering Management Review*, Vol. 24, Nr. 4, 1996, S. 21-36

[Art96] W.B. Arthur: Increasing Returns and the New World of Business, *Harvard Business Review*, Vol. 74, Nr. 4, 1996, S. 100-109

[BaC95] V.R. Basili, G. Caldiera: Improve Software Quality by Reusing Knowledge and Experience, *Sloan Management Review*, Vol. 36, Nr. 3, 1995, S. 55-64

[Bal96] H. Balzert: Lehrbuch der Software-Technik: Software-Management, Software-Qualitätssicherung, Unternehmensmodellierung, Spektrum, Heidelberg - Berlin - Oxford, 1996

[BaR91] V.R. Basili, H.D. Rombach: Support for comprehensive reuse, *IEEE*

Software Engineering Journal, Vol. 6, Nr. 5, 1991, S. 303-316

[BCMPPW92] V.R. Basili, G. Caldiera, F. McGarry, R. Pajerski, G. Page, Sharon Waligora: The Software Engineering Laboratory: An operational Software Experience Factory, in: Proceedings of the 14th International Conference on Software Engineering, ACM Press, 1992, S. 370-381

[BCR94] V.R. Basili, G. Caldiera, H.D. Rombach: Experience Factory, in: J.J. Marciniak (Hrsg.): Encyclopedia of Software Engineering, John Wiley & Sons, New York, 1994, S. 469-476

[BeD94] W. Berens, W. Delfmann: Quantitative Planung: Konzeption, Methoden und Anwendungen, Schäffer-Poeschel, Stuttgart, 1994

[Bir97] A. Birk: Modelling the application domains of software engineering technologies, Fraunhofer IESE Technical Report 014.97/E, Kaiserslautern, 1997

[EiW94] F. Eisenführ, M. Weber: Rationales Entscheiden, 2. Aufl., Springer, Berlin u. a., 1994

[FMV98] R.L. Feldmann, J. Münch, S. Vorwieger: Towards Goal-Oriented Organizational Learning: Representing and Maintaining Knowledge in an Experience Base, in Proceedings of the 10th Conference on Software Engineering and Knowledge Engineering, San Francisco, 1998, S. 236-246

[Gib94] W.W. Gibbs: Trends in Computing: Software's Chronic Crisis, *Scientific American*, Vol. 43, Nr. 9, 1994, S. 72-81

[GRR96] H. Günther, H.D. Rombach, G. Ruhe: Kontinuierliche Qualitätsverbesserung in der Software-Entwicklung: Erfahrungen bei der Allianz Lebensversicherungs-AG, *Wirtschaftsinformatik*, Vol. 38, Nr. 2, 1996, S. 160-171

[Hig99] J. Highsmith: Applying Knowledge Management to Application Delivery, *Application Development Strategies*, Vol. 11, Nr. 3, 1999, S. 1-15

[HNT99] M.T. Hansen, N. Nohira, T. Tierney: What's your Strategy for Managing Knowledge? *Harvard Business Review*, Vol. 77, Nr. 2, 1999, S. 106-116

[HoK97] F. Houdek, H. Kempter: Quality patterns: An Approach to packaging software engineering experience, in: Proceedings of the 1997 Symposium on Software Reusability, Boston, 1997, S. 81-88

[HSW98] F. Houdek, K. Schneider, E. Wiesner: Establishing Experience Factories at Daimler-Benz: An Experience Report, in: Proceedings of the 20th International Conference on Software Engineering, 1998, S. 443-447

[Jon96] C. Jones: Patterns of Software Systems Failure and Success, International Thomson Computer Press, London, 1996

[LBW93] V. Lullies, H. Bollinger, F. Weltz: Wissenslogistik: Über den betrieblichen Umgang mit Wissen bei Entwicklungsvorhaben, Campus, Frankfurt/Main - NewYork, 1993

[NoT97] I. Nonaka, H. Takeuchi: Die Organisation des Wissens: Wie japanische Unternehmen eine brachliegende Ressource nutzbar machen, Campus, Frankfurt/Main - New York, 1997

[Pet98] B. Petkoff: Wissensmanagement: Von der computerzentrierten zur anwendungsorientierten Kommunikationstechnologie, Addison-Wesley, Bonn, 1998

[Rom98] K. Romhardt: Die Organisation aus der Wissensperspektive: Möglichkeiten und Grenzen der Intervention, Gabler, Wiesbaden, 1998

[Sch96] J. Schüppel: Wissensmanagement: Organisatorisches Lernen im Spannungsfeld von Wissens- und Lernbarrieren, Gabler, Wiesbaden, 1996

[Som97] I. Sommerville: Software Engineering, 5. Auflage, Addison-Wesley, Harlow, 1997

[Szu94] G. Szulanski: Unpacking Stickiness: An empirical Investigation of the Barriers to transfer Best Practice inside the Firm, INSEAD Working Paper 95/37/SM, Fontainbleau, 1994

[vHi94] E. von Hippel: "Sticky Information" and the Locus of Problem Solving: Implications for Innovation, *Management Science*, Vol. 40, Nr. 4, 1994, S. 429-439

Objektorientierte Vorgehensmodelle: Status Quo und Ausblick

Jörg Noack, Bruno Schienmann

Abstract

Vorgehensmodelle spielen als Leitlinie für die Software-Entwicklung in größeren Unternehmen eine wichtige Rolle. In dieser Arbeit wird zunächst der Entwicklungsstand im objektorientierten Umfeld betrachtet und in ausgewählten Aspekten hinterfragt. Auf Basis der Erfahrungen innerhalb einer großen Software-Entwicklungsorganisation werden anschließend Vorschläge diskutiert, die Entwicklungstendenzen für einen verbesserten Praxiseinsatz aufzeigen.

1 Einführung

Nachdem Unternehmen die Pilotierungphase von Objekttechnologien abgeschlossen haben, stellt sich die Frage, ob die in kleinen experimentellen Projekten mit Hilfe von Mentoren gewonnenen Erkenntnisse und Erfahrungen auch auf komplexe, geschäftskritische Anwendungen übertragbar sind. Um die in der Praxis bewährten Techniken wiederholbar zu machen und kontinuierlich verbessern zu können, wird ein unternehmensweites Vorgehensmodell benötigt, daß einerseits durch die Beschreibung der wichtigsten Entwicklungsschritte und -ergebnisse als Anleitung dient und andererseits genügend Flexibilität liefert, um auf projektspezifische Situationen zugeschnitten werden zu können.

Da die Entwicklung eines projektübergreifenden Vorgehensmodell mit erheblichen Investitionen und der Anforderung nach einer permanenten Pflege und Weiterentwicklung verbunden ist, erscheint es für viele Unternehmen lukrativ, auf marktgängige Modelle zurückzugreifen, um diese dann später auf ihre eigenen Bedürfnisse anzupassen.

In dieser Arbeit betrachten wir zunächst den Status Quo im kommerziellen Umfeld.

Anschließend formulieren wir im Stil eines "White Papers" Anforderungen, die die Anwendbarkeit solcher Vorgehensmodelle weiter verbessern würden und geben damit Anregung für deren Weiterentwicklung. Diese Verbesserungsvorschläge sind Ergebnis einer kontinuierlichen Diskussion bei der Einführung eines objektorientierten Vorgehensmodells in einer großen Software-Entwicklungsorganisation. Die Aussagen basieren auf einer ausführlicheren Vergleichsstudie [NoSc99]. Dort wurden die folgenden sieben Vorgehensmodelle betrachtet:

- *Worldwide Solution Design and Delivery Method (WSDDM)* der IBM [IBM97],
- *Fusion* von Hewlett Packard [Fus99],
- *V-Modell* der IABG [DHM98],
- *Rational Unified Process (RUP)* von Rational [JBR99],
- *Perspective* von Select Software Tools [AlFr98],
- *OPEN Process Specification* des OPEN-Konsortiums [GHY97] und
- *AE-Modell* des Informatikzentrums der Sparkassenorganisation [NSK97].

2 Beschreibungselemente

Mit Hilfe des in Abb. 1 dargestellten neutralen Metamodells können die wesentlichen Bestandteile von heute üblichen Vorgehensmodellen im Zusammenhang dargestellt werden.

Eine *Phase* stellt die zeitliche Gruppierung von Aktivitäten zu einer plan- und kontrollierbaren Einheit dar. Typische Phasen sind *Systemanalyse* oder *Entwurf*.

Aktivitäten legen die durchzuführenden Vorgehensschritte als eine Art Arbeitsanleitung zumeist in verschiedenen Verfeinerungsstufen fest. So können die Aktivitäten *Schichtenmodell entwerfen* und *Subsysteme bestimmen* Bestandteile einer Aktivität *Architektur entwerfen* sein.

Die Durchführung von Aktivitäten führt zu *Produkten* oder (syn.) *Ergebnissen*. Produkte können sich aus Teilprodukten zusammensetzen. So besteht etwa ein *An-*

wendungsdomänen-Modell aus einem *Use-Case-Modell* und einem *Klassenstruktur-Modell*.

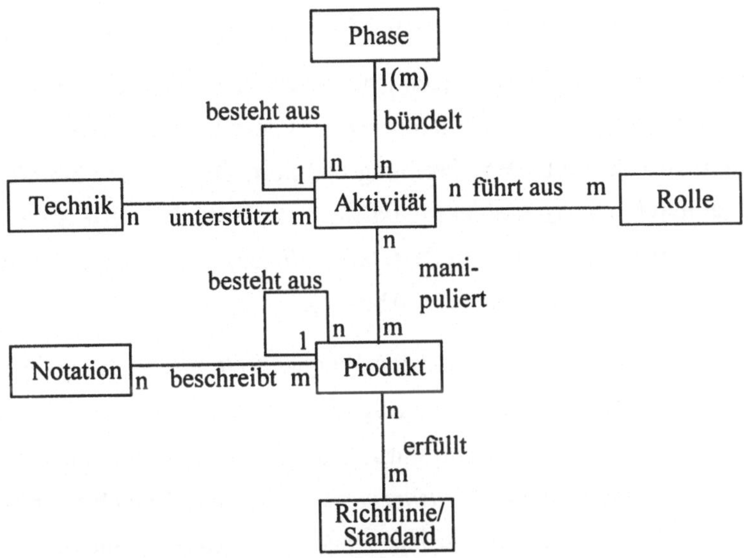

Abbildung 1: Neutrales Metamodell

Rollen fassen Verantwortlichkeiten bei der Ausführung von Aktivitäten zusammen und stellen Qualifikationsmuster im Entwicklungsprozeß dar. Verbreitete Rollen sind beispielsweise *Systemanalytiker* oder *Qualitätsbeauftragter*.

Aktivitäten geben an, was auszuführen ist, *Techniken* regeln, wie die Aktivität auszuführen ist. Bei der Durchführung einer Aktivität können mehrere Techniken angewendet werden. Eine Technik - wie etwa das *Brainstorming* - kann in unterschiedlichen Aktiväten zum Einsatz kommen.

Um in Projekten mit größeren Entwicklungsteams Produkte von meßbarer und vergleichbarer Qualität zu erzeugen und diese zu überprüfen, aber auch um zwischen Projekten einer Software-Organisation Ergebnisse austauschen zu können, werden *Richtlinien und Standards* benötigt. Typische Beispiele sind Programmierrichtlinien und Namenskonventionen.

Notationen und *Sprachen* bezeichnen die Darstellungsmittel, mit welchen die Produkte im Entwicklungsprozeß dokumentiert werden. Sie können nach Formalisierungsgrad (etwa informell, semiformal, formal) und Darstellungsart (etwa textuell oder grafisch) unterschieden werden. Fast alle Vorgehensmodelle verwenden semiformale Diagrammnotationen wie etwa die UML.

Die Metaobjekte aus Abb. 1 finden sich trotz unterschiedlicher Benennungen in fast allen betrachteten Vorgehensmodellen wieder. Bisher hat sich aber noch kein einheitlicher Standard für deren Beschreibung etabliert. Die gewünschte Vereinheitlichung soll anhand des Metaobjekts *Aktivität* verdeutlicht werden. In [Hum89, S.257] wird mit der sog. Einheitszelle *(Unit Cell)* ein allgemeines Beschreibungsmuster für Aktivitäten empfohlen (vgl. Abb. 2).

Im Rahmen einer Aufgabe *(Task)* werden Eingaben (*Input*) zu Ausgaben (*Output*) verarbeitet. Vor der Durchführung der Aufgabe müssen bestimmte Vorbedingungen (*Entry*) erfüllt sein. Nach der Durchführung werden bestimmte Nachbedingungen (*Exit*) zugesichert. Durch Maße (*Measurement*) wie Zeitverbrauch kann die Durchführung einer Aufgabe bewertet werden. Über einen Rückkopplungsmechanismus können Zusammenhänge zu anderen Aktivitäten, wie z.B. Änderungsanforderungen, hergestellt werden. Dieses Beschreibungsmuster könnte etwa als Standard für die Aktivitätenbeschreibung in Vorgehensmodellen verwendet werden.

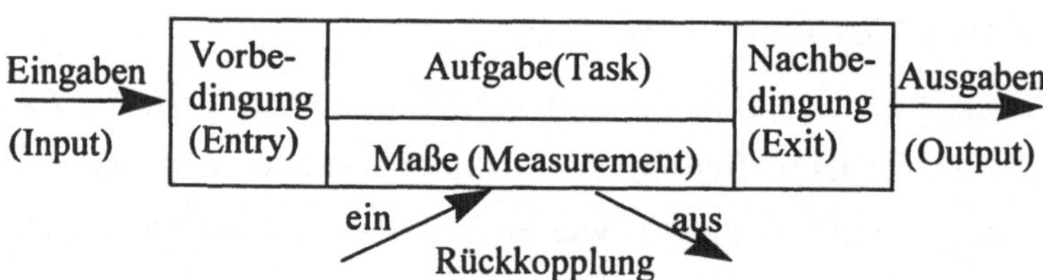

Abbildung 2: Allgemeines Beschreibungsmuster für Aktivitäten

Standardisierte Beschreibungsmuster für die Metaobjekte in Abb. 1 schaffen Transparenz für Inhalt und Umfang. Sie erleichtern die Vergleichbarkeit zwischen Vorgehensmodellen und schaffen die Möglichkeit eines Austausches von Modellelementen. Projektspezifische Vorgehensweisen könnten aus Bestandteilen unterschiedlicher vorhandener Vorgehensmodelle zusammengesetzt werden.

3 Phasen- und Prozeßabdeckung

Die *Phasenabdeckung* bestimmt den Umfang bzw. die Vollständigkeit, mit welcher die Phasen des objektorientierten Entwicklungsprozesses im Vorgehensmodell behandelt werden. Für einen neutralen Vergleich können beispielsweise die fünf Phasen *Voruntersuchung, Systemanalyse, Entwurf, Erzeugung* und *Einführung* gewählt werden.

Mit der *Prozeßabdeckung* wird analysiert, ob neben dem Entwicklungsprozeß, welcher die eigentliche Erstellung und Konstruktion der Software beschreibt, weitere ergänzende Tätigkeitsbereiche in den Vorgehensmodellen unterschieden werden. Solche Prozesse fassen komplementäre, rollenspezifische Aufgabenbereiche, die kontinuierlich wahrzunehmen sind, als eigene Prozesse zusammen. Sie begleiten den Entwicklungsprozeß oder sind zumindest eng mit ihm verzahnt. Typische Prozesse sind *Projektmanagement, Qualitätssicherung* und *Testen*, sowie *Betrieb* und *Nutzung* (vgl. [FBM98, S. 17]). Da in einzelnen Software-Organisationen Grundverständnis, Inhalt und Umfang solcher Prozesse variieren, kann es auch vorkommen, daß diese Prozesse im Vorgehensmodell miteinander integriert wurden.

Die Vergleichsstudie hat aufgezeigt, daß bei allen betrachteten Vorgehensmodellen der Prozeß der eigentlichen Software-Entwicklung hinreichend gut abgedeckt wird. Leichtgewichtige Modelle wie Fusion beschreiben nur die Kernaktivitäten und lassen damit Freiheitsgrade für die Entwickler, schwergewichtigere wie das V-Modell liefern detaillierte Handlungsanleitungen auf Basis mehrerer Beschreibungsebenen.

Bei der Prozeßabdeckung zeigt sich kein so homogenes Bild. Legt man als Meßlatte das Capability Maturity Modell (CMM) an, in dem der Reifegrad einer Entwicklungsorganisation über 5 Stufen gemessen wird, und folgt den Ausführungen in [PWCC95], dann sind allein 18 begleitende Prozesse notwendig, die in einem Unternehmen etabliert werden müssen, um die höchste Stufe 5 zu erreichen. Die Praxis zeigt jedoch, daß nur wenige Unternehmen diesen Reifegrad bisher erreicht haben und daß für viele ein Erreichen von Stufe 2 oder 3 mit Hilfe eines geeigneten Vorgehensmodells bereits als Erfolg zu werten ist.

Künftig geht es also darum, den Prozeß der Software-Entwicklung in seinem Umfeld näher zu betrachten oder zumindest die Schnittstellen genauer zu identifizieren. Die erweiterte Betrachtung dient als Entscheidungsgrundlage, welche ergänzenden Prozesse im Projekt selbst durchgeführt werden sollen und welche als von einer Linieneinheit angebotene Service-Leistung genutzt werden können. Während Projektmanagement, Qualitätsmanagement und Konfigurationsmanagement bereits als integraler Bestandteil vieler Vorgehensmodelle verstanden werden, sind projektübergreifende Querschnittsprozesse wie Domänen-Modellierung oder Bausteinverwaltung nur rudimentär behandelt. Die Implementierung solcher erweiterten Vorgehensmodelle muß einhergehen mit der Erkenntnis, daß es sich um eine Investition des Unternehmens handelt, deren Kosten sich nicht kurzfristig mit einem einzelnen Projekt amortisieren.

Ein weiteres Defizit heutiger Software-Entwicklung und damit auch der aktuellen Vorgehensmodelle liegt in der unzureichenden Verknüpfung mit den wertschöpfenden Unternehmensprozessen. Taylor [Tay95] versucht diesem Defizit mit dem Ansatz des *Convergent Engineering* zu begegnen, indem er für eine Verschmelzung von Unternehmensgestaltung und Software-Entwicklung plädiert. Ein wesentliches Ziel besteht darin, flexible Software-Komponenten bereitzustellen, die von mehreren Geschäftsprozessen gemeinsam genutzt werden können und umgekehrt auch zur Gestaltung neuer Prozesse eingesetzt werden können.

In vielen Unternehmen wird die Notwendigkeit, existierende Geschäftsprozesse kontinuierlich fortzuschreiben, durch Projekte zur Geschäftsprozeßverbesserung oder zum Business Process Reengineering (BPR) reflektiert. Hierbei entstehen Geschäftsprozeßmodelle, die den vorhandenen bzw. den radikal überarbeiten Zustand (Ist- bzw. Soll-Modell) beschreiben. In [JEJ94] wird vorgeschlagen, Notationen und Techniken der Objektmodellierung für Business-Engineering-Projekte einzusetzen und damit die Lücke zur Software-Entwicklung zu schließen. Dieser Ansatz läßt sich in der Praxis nicht immer durchhalten, da das Business Engineering häufig in anderen Verantwortungsbereichen als die Software-Entwicklung liegt. Typische BPR-Vorgehensweisen können zwar im Rahmen des in Abb. 1 dargestellten Rasters beschrieben werden, sie verwenden in der Regel aber andere Ausprägungen, die sich an einer Prozeß-Notation orientieren. Um Produkte (z.B. Anforderungsbeschreibungen oder Prozeßmodelle) in Software-Projekte übernehmen zu können, wird eine enge Prozeßkopplung zwischen BPR- und Software-Projekten benötigt. Spezielle Transformationstechniken helfen, Notationsunterschiede zu überbrücken.

4 Prozeßarchitektur

Die *Prozeßarchitektur* beschreibt die Anordnung der Prozeßelemente (Phasen oder Aktivitäten) in einer zeitlichen bzw. logischen Reihenfolge. Das früher übliche sequentielle Vorgehen nach einem Wasserfallmodell ist aufgrund inhärenter Probleme wie dem Umgang mit nachträglich geänderten Anforderungen in die Kritik geraten. Wegen seiner Vorteile wie etwa der Kongruenz von Meilensteinen und Phasenabschlüssen wird es auch heute noch häufiger verwendet. Die in der Vergleichstudie betrachteten objektorientierten Vorgehensmodelle erlauben an verschiedenen Stellen einen iterativen und zyklischen Ablauf. Sie verzichten jedoch nicht auf fest vorgegebene Projektmanagement-Aktivitäten, woraus eine relativ starre Prozeßarchitektur resultiert.

Hierdurch ergeben sich zunächst einige Vorteile. Anwendern des Vorgehensmodells wird ein umfassender Bezugsrahmen für die Projektdurchführung mitgegeben. Aufgrund begrenzter Anpassungsmöglichkeiten ist gewährleistet, daß Projektmodelle in ihrer Prozeßarchitektur weitgehend konform zum Vorgehensmodell sind.

Mit dem Kenntnisstand der Anwender und der Anzahl unterschiedlicher Projekte wachsen jedoch die Forderungen nach flexibleren Prozeßarchitekturen, um auf spezifische Projektanforderungen besser reagieren zu können. Ähnlich dem Komponentengedanken in der Anwendungsentwicklung bietet sich hierfür die Spezifikation von vordefinierten Prozeßbausteinen an. Anstelle der *Top-Down-Adaption* eines vorgefertigen Vorgehensmodells basiert die Festlegung des Projektvorgehens hier auf einer *Bottom-Up-Konfiguration* vorgefertigter Prozeßbausteine, welche über ihre Schnittstellen definierte Dienste für andere Bausteine bereitstellen. Abb. 3 skizziert diese Sichtweise anhand dreier Prozeßbausteine *Business Engineering, Anforderungsmanagement* und *Objektmodellierung* als *UML-packages*.

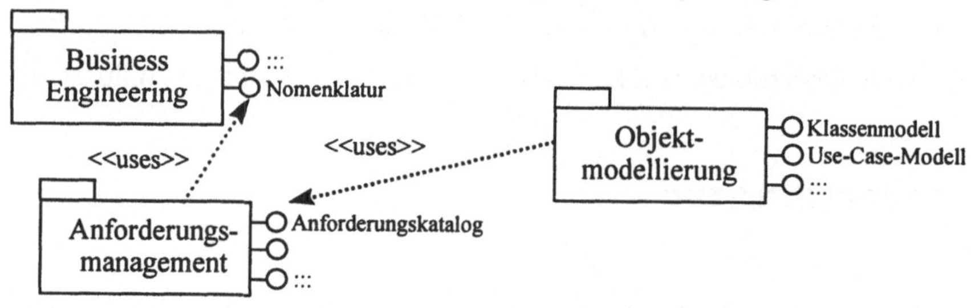

Abbildung 3: Prozeßbausteine

Der Prozeßbaustein *Business Engineering* ist z.B. verantwortlich für das Geschäftsprozeßmodell und das fachliche Begriffssystem einer Organisation. Der Zugriff auf dieses Begriffssystem wird über die Schnittstelle *Nomenklatur* ermöglicht. Der Baustein *Anforderungsmanagement* nutzt im Entwicklungsprozeß diese Dienste, beispielweise um bei der Erhebung von Anforderungen die enthaltenen Fachbegriffe zu prüfen. *Anforderungsmanagement* stellt seinerseits Dienste wie etwa die Bereitstellung validierter Anforderungen über die Schnittstelle *Anforderungskatalog* für den Baustein *Objektmodellierung* zur Verfügung.

Die Einführung des Komponentengedankens in der Prozeßmodellierung beruht auf der Metapher der Auftragsfertigung. Ein Prozeßbaustein stellt bestimmte Dienste über definierte Schnittstellen zur Verfügung. Wie und mit welchen Ressourcen diese Dienste intern ausgeführt werden, - beispielsweise ob spezifische Anforderungswerkzeuge verwendet werden oder ob die Dienste manuell ausgeführt werden - bleibt dem Bausteinverantwortlichen überlassen (vgl. als Erfahrungsbericht für die Umsetzung dieser Auftragsfertigung [And99]).

Abb. 4 soll die Vision eines vordefinierten Prozeßbausteins weiter verdeutlichen. Sie stellt einen Baustein *Anforderungsmanagement* nach der *Catalysis*-Notation [DSWi98] dar. Im mittleren Teil werden die verwalteten Informationsobjekte des Bausteins spezifiziert. *Anforderungsmanagement* verwaltet mehrere funktionale oder nichtfunktionale Anforderungen. Diese haben eine Quelle, ihre Auswirkungen können angegeben werden und zwischen Anforderungen können verschiedene Beziehungen existieren. Im unteren Teil sind einige Dienste dieses Prozeßbausteins skizziert. Der Dienst *markieremodellierteAnforderung* dient beispielsweise dazu, in fachlichen (Objekt-) Modellen bereits umgesetzte Anforderungen zu markieren. Dieser Dienst wird etwa vom Baustein *Objektmodellierung* genutzt, um dem Anforderungsmanagement mitzuteilen, daß und in welchem Modell eine Anforderung modelliert wurde.

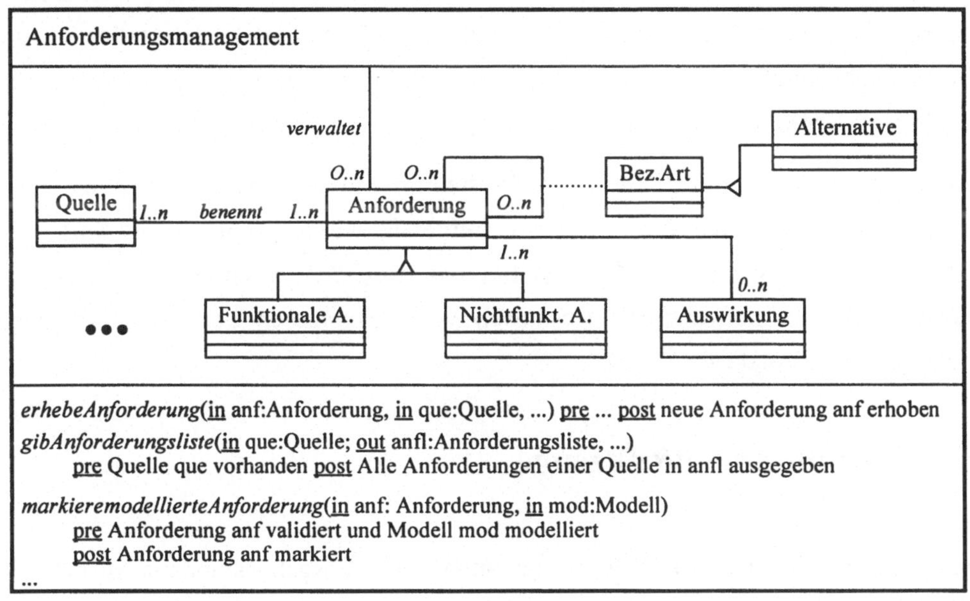

Abbildung 4: Beispiel für Prozeßbaustein Anforderungsmanagement

Die Konfiguration eines projektspezifischen Vorgehensmodells anhand solcher Prozeßbausteine erfordert erfahrene Projektleiter und Prozeßverantwortliche. Die Nutzenaspekte der Bereitstellung solcher Prozeßbausteine sind aber immanent:

- Die Möglichkeit, Bausteine bottom-up zu konfigurieren, erleichtert die Realisierung verschiedener Entwicklungsstrategien. Durch Austausch, Anpassung oder Variantenbildung von Bausteinen kann flexibel auf geänderte Projektanforderungen reagiert werden.
- Die Definition von Schnittstellen und Diensten erleichtert das laufende Projektmanagement. Die Durchführung detaillierter Prozeßschritte kann auf kontrollierte Weise an die Bausteinverantwortlichen deligiert werden. Sie erhalten die

Flexibilität, im Rahmen der gegenseitigen Zusicherungen individuelle Prozeßbausteinausprägungen (z.B. mit speziellen Werkzeugen) zu realisieren.

Der Prozeßbausteinansatz eröffnet interessante Perspektiven für die Migration von Werkzeugherstellern zu Lösungsanbietern. Die heute angebotenen Entwicklungswerkzeuge haben zumeist eine überladene Funktionalität, die in einzelnen Projekten nur zum Teil benötigt wird. Ihre Integration in die bestehende Werkzeuglandschaft ist häufig recht aufwendig. Zukünftig könnten solche Hersteller die im Entwicklungsprozeß benötigten Dienste eines Bausteins realisieren und die dafür benötigten Ressourcen anbieten.

Als ein erster Schritte in Richtung des bausteinorientierten Ansatzes kann die Definition von allgemeinen Prozeßmustern aufgefaßt werden (vgl. etwa [Amb98]). Durch Konzepte wie XML Metadata Interchange (XMI) zeichnet sich auch eine Lösung für den notwendigen Austausch von Ergebnissen über standardisierte Schnittstellenformate ab.

5 Adaption und Werkzeuge

Mit *Adaption* ist der Prozeß der Anpassung eines Vorgehensmodells an ein bestimmtes Anwendungsszenario gemeint. Die meisten der betrachteten Vorgehensmodelle beanspruchen, für verschiedene Projekttypen anwendbar zu sein. Der Preis für diese Allgemeingültigkeit besteht darin, daß die Modelle Aktivitäten und Produkte enthalten, die aus Sicht eines individuellen Projektes oft gar nicht notwendig sind. Für die Adaption auf den jeweiligen Projektkontext werden verschiedene ergänzende Maßnahmen zur Verfügung gestellt.

Um zu gewährleisten, daß der eingesetzte Aufwand ausschließlich den Zielen des Projektes dient, wird das Vorgehensmodell durch Streichung nicht relevanter Aktivitäten und Produkte auf den Projektkontext zugeschnitten (sogenanntes *Tailoring*). Hierdurch können überflüssige Produkte (Modelle und Dokumente) sowie überflüssige Produktdetails vermieden werden.

Die Erfahrungen zeigen, daß die Akzeptanz eines Vorgehensmodells durch eine angemessene Werkzeugunterstützung wesentlich verbessert werden kann [Noa97]. Gegenüber einer rein textuellen Darstellung besteht hierdurch die Möglichkeit, die Informationen zielgruppengerecht zu filtern und damit letztlich die Komplexität für die am Entwicklungsprozeß beteiligten Rollen zu reduzieren. Insbesondere die Hypermedia-Präsentation mit Hilfe von HTML und JAVA bietet erweiterte Navigationsmöglichkeiten (s. Abb.5). Als Einstiegspunkte kommen neben den Phasen und Aktivitäten auch Produkte und Rollen in Frage.

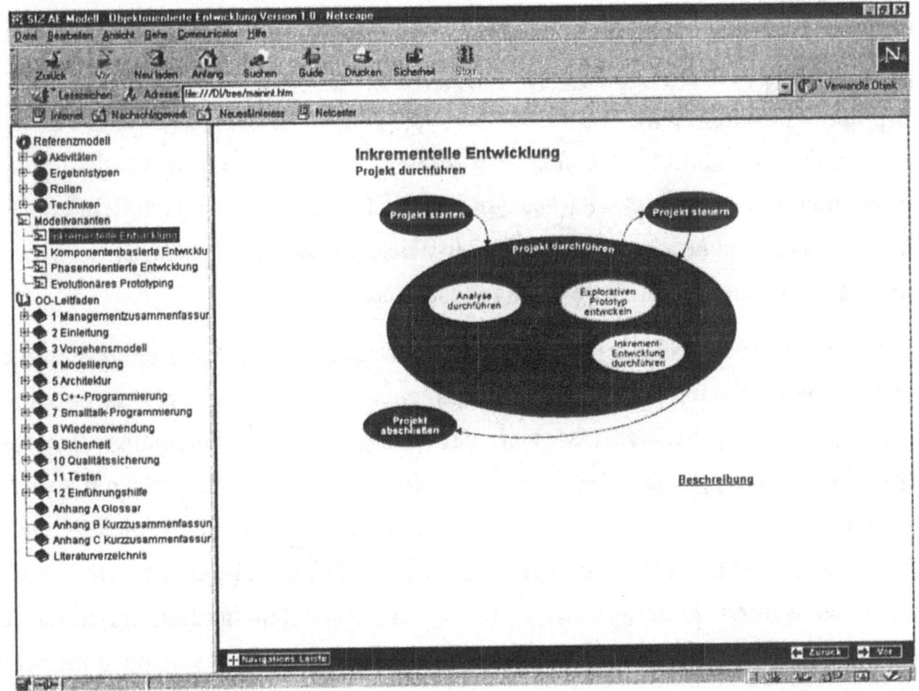

Abbildung 5: HTML-Aufbereitung am Beispiel AE-Modell

Auch der Prozeß des Tailoring und der Projektplanung kann entscheidend vereinfacht werden. In den Prozeß zur Erstellung eines projektspezifischen Vorgehensmodells sind mindestens zwei Rollen involviert: der *Prozeßingenieur*, welcher für den Einsatz und die Weiterentwicklung des Vorgehensmodells im Unternehmen verantwortlich ist, und der *Projektleiter*, welcher das Vorgehen in seinem Projekt festlegen möchte.

In einem ersten Schritt muß zunächst das Vorgehen auf einer grobgranularen Ebene festgelegt werden. Einige Vorgehensmodelle bieten die Möglichkeit, zwischen einer iterativen, inkrementellen oder wasserfallartigen Entwicklungsstrategie zu wählen oder lassen auch eine Kombination davon zu. Beispielsweise ist bei einer iterativen und inkrementellen Strategie die Anzahl der Iterationen und der einzelnen Ausbaustufen sowie deren Umfang und Dauer zu planen. Vorgegebene Werte, die aus den Erfahrungen früherer Projekte resultieren, sind an die besonderen Gegebenheiten eines Projektes anzupassen.

Das Projektvorgehen selbst läßt sich als Produkt auffassen, welches mit Hilfe von Konfigurations-, Auswahl-, und Streichtechniken aus einem übergreifenden Vorgehensmodell ermittelt wird. Mit Hilfe des Vorgehensmodells sind für jeden Projektabschnitt die durchzuführenden Aktivitäten, die von Projektmitarbeitern zu übernehmenden Rollen, die einzusetzenden Techniken, die zu erstellenden Produkte, die Notationen, die zu beachtenden Richtlinien und Standards, sowie die unterstützenden Entwicklungswerkzeuge festzulegen.

Die von dem Vorgehensmodell vorgegebene Prozeßsteuerung kann eingesetzt werden, um Abhängigkeiten zwischen Arbeitspaketen zu planen. So legt beispielsweise die Prozeßsteuerung in WSSDM fest, daß zunächst das Arbeitspaket *Problembeschreibung* vorliegen muß, bevor mit der Modellierung der zugehörigen Anwendungsfälle begonnen werden kann. Häufig ist es zu Beginn eines Projektes weder möglich noch sinnvoll alle Details festzulegen. Deshalb muß der aktuelle Projektplan bei bestimmten Meilensteinen, z.B. erstmalig nach Durchlaufen der ersten Iteration oder nach Fertigstellung der ersten Ausbaustufe, einer Revision unterzogen werden. Zunächst nur grob geplante Projektabschnitte werden mit Hilfe des Vorgehensmodells konkretisiert, ursprüngliche Aufwandsschätzungen werden auf Basis bisheriger Projekterfahrungen aktualisiert.

Von den betrachteten Vorgehensmodellen wird der Adaptionsprozeß heute werkzeugtechnisch nur unzureichend unterstützt. Um von der Exploration einzelner Modellelemente zur Arbeitspaket- und Ressourcenplanung zu kommen, muß von der Textvorlage bzw. vom Hypertextsystem des Vorgehensmodells zum Projektmanagement-Werkzeug gewechselt werden. Dies birgt die Gefahr von Inkonsistenzen in der Vorgehensplanung in sich. Das Weglassen eines Produktes aufgrund einer Aktivitätenstreichung kann etwa dazu führen, daß eine andere Aktivität niemals ausgeführt wird, weil die an das Produkt geknüpfte Vorbedingung nicht erfüllbar ist.

Bei einem Ausbau der als Hypertextsysteme dargestellten Vorgehensmodelle heutiger Art zu einer "echten" Vorgehensmodell-Werkbank sind deshalb folgende Aspekte anzustreben:

- Die Werkbank stellt eine Menge von konfigurierbaren Prozeßbausteinen (vgl. Abschnitt 4) bereit, die an projektspezifische Erfordernisse angepaßt werden können. Die Einhaltung der Schnittstellen bei der Komposition von einzelnen Prozeßbausteinen zu einem projektspezifischen Vorgehen wird automatisch geprüft.
- Mit Hilfe einer Datenbank, die über ein Datenbankschema ähnlich dem Metamodell in Abb. 1 verfügt, wird eine Art "Warenkorb" realisiert, in dem die für ein Projekt ausgewählten Modellelemente gesammelt werden. Eine begonnene Vorgehensplanung kann jederzeit eingefroren und zu einem späteren Zeitpunkt überarbeitet werden. Die Werkbank dient als Wissensspeicher, indem Adaptionen von erfolgreich abgeschlossenen Projekten als Vorlage für neue Projekte verwendet werden können.
- Standardmechanismen wie Auswertung (Beispiel: Welche Produkte sind anzufertigen?), Simulation (Beispiel: Welche Aktivitäten sind betroffen, wenn die Rolle des Sicherheitsexperten nicht besetzt werden kann?) und Konsistenzsicherung (Zusicherung der Vorbedingungen für alle ausgewählten Aktivitäten) können eingesetzt werden, um den Prozeß der Vorgehensplanung zu verbessern.

6 Fazit

Objektorientierte Vorgehensmodelle der heutigen Generation decken den eigentlichen Entwicklungsprozeß bereits gut ab, dagegen werden Querschnittsprozesse nur teilweise angesprochen. Bei den Anbietern besteht weitgehende Einigkeit über die notwendigen Metaobjekte, wenn auch wesentliche Unterschiede bei Terminologie,

Beschreibungsraster, Ausprägungen und Umfang bestehen.

Die meisten Modelle bieten eine vordefinierte Vorgehensweise auf Basis einer iterativen und inkrementellen Entwicklungsstrategie. Die Anpassung an Projekterfordernisse beschränkt sich hauptsächlich auf ein Streichen optionaler Aktivitäten. Auf dem Weg von inhaltsschweren Handbüchern zu einer Werkbank für den Prozeßingenieur ist mit den Browser-basierten Hypertextlösungen ein Zwischenschritt erreicht.

Da in nächster Zeit nicht mit einem allgemein akzeptierten, einheitlichen Vorgehensmodell im Sinne eines "Unified Process" zu rechnen ist, sollte das Ziel aus Sicht der Anwender eine verbesserte Austauschbarkeit von Prozeßbausteinen und eine angemessenere Werkzeugunterstützung sein. In dieser Arbeit haben wir einige Wegweiser dorthin aufgestellt.

Literatur

[AlFr98] P. Allen, S. Frost: Component-Based Development for Enterprise Systems. Applying the SELECT Perspective, Cambridge University Press, 1998

[Amb98] S. W. Ambler: Process Patterns. Building Large-Scale Systems Using Object Technology, Cambridge University Press, 1998

[And99] U. Andelfinger: Prozeßmodellierung in der industriellen Praxis. Proc. 6. WS der GI-FG 5.1.1 Vorgehensmodelle für die betriebliche Anwendungsentwicklung, Fraunhofer IRB Verlag, 1999, S. 9-24

[DHM98] W. Dröschel, W. Heuser, R. Midderhoff: Inkrementelle und objektorientierte Vorgehensweisen mit dem V-Modell 97, Oldenbourg Verlag, 1998 (siehe auch http://www.v-modell.iabg.de/)

[DSWi98] D. F. D'Souza, A. C. Wills: Objects, Components, and Frameworks with UML. The Catalysis Approach, Addison-Wesley, 1998

[FBM98] T. Fischer, H. Biskup, G. Müller-Luschnat: Begriffliche Grundlagen für Vorgehensmodelle. In: R. Kneuper, G. Müller-Luschnat, A. Oberweis: Vorgehensmodelle für die betriebliche Anwendungsentwicklung, Teubner, 1998, S. 13-31

[Fus99] Fusion: (siehe http://www.hpl.hp.com/fusion/)

[GHY97] I. Graham, B. Henderson-Sellers, H. Younessi: The OPEN Process Specification, Addison-Wesley, 1997

[Hum89] W. Humphrey: Managing the Software Process, Addison-Wesley, 1989

[IBM97] IBM Object Oriented Technology Center: Developing Object Oriented Software, Prentice Hall, 1997

[JBR99] I. Jacobson, G. Booch, J. Rumbaugh: The Unified Software Development Process, Addison-Wesley, 1999

[JEJ94] I. Jacobson; M. Ericsson, A. Jacobson: The Object Advantage - Business Process Reengineering with Object Technolgoy, Addison-Wesley, 1994

[NSK97] J. Noack, B. Schienmann, H.-B. Kittlaus: Ein Leitfaden für die objektorientierte Anwendungsentwicklung in der Sparkassenorganisation, *OBJEKTspektrum*, No. 6, 1997, S. 52-59

[NoSc99] J. Noack, B. Schienmann: Objektorientierte Vorgehensmodelle im Vergleich, *Informatik-Spektrum*, Vol. 22, No. 3, 1999, S. 166-180

[Noa97] J. Noack: AE-Modell: Prozeßorientiertes Rahmenwerk für die Anwendungsentwicklung in der Sparkassenorganisation, *Information Management*, No. 4, 1997, S. 20-26

[PWCC95] M. C. Paulk, C. V. Weber, B. Curtis, M. B. Chrissis: The Capability Maturity Model: Guidelines for Improving the Software Process, Addison-Wesley, 1995

[Tay95] D. A. Taylor: Business Engineering with Object Technology, Wiley, 1995

Vergleich der Struktur von Vorgehensmodellen zur objektorientierten Softwareentwicklung

Gunter Müller-Ettrich

Abstract

Der Vergleich von Vorgehensmodellen zur objektorientierten Softwarentwicklung gewinnt heute immer mehr an Bedeutung. Hierbei wird versucht, deren Struktur mit Hilfe von Kriterien zu vergleichen. Während bei diesen Vergleichen meist nur funktionale Kriterien herangezogen werden, wird im folgenden versucht, auch auf weniger formale Kriterien hinzuweisen, die aber für den praktischen Einsatz eines Vorgehensmodells wesentlich sind.

1 Einleitung

Die Standardisierung der Unified Modeling Language (UML) durch die Object Management Group (OMG) hat die methodische objektorientierte Softwareentwicklung wieder mehr in den Mittelpunkt des Interesses gerückt. Der Erfolg einer methodisch durch UML gestützten Softwareentwicklung wird aber langfristig wesentlich von deren praktischen Erfolgen in der Praxis abhängen. Dies wiederum hängt nur zum Teil von UML ab. Sieht man von personellen, politischen und organisatorischen Problemen ab, so ist es primär die Vorgehensweise, die für den Projekterfolg von Bedeutung ist. Hier kommen in letzter Zeit vorallem Vorgehensmodelle ins Gespräch, die mehr oder minder eine erfolgreiche Projektdurchführung versprechen. Hierbei wiederum gilt es zu unterscheiden zwischen mehr theoretischen Konstrukten, in denen sehr geistreiche Ideen propagiert werden, die aber in den heutigen Arbeitsumgebungen kaum Chancen für einen Erfolg haben und solchen Vorgehensmodellen, die aus der Praxis der Softwareentwicklung enstanden sind.

Woran kann man nun erkennen, ob ein Vorgehensmodell für den praktischen Einsatz brauchbar ist? Die Ausprägungen der im folgenden kurz vorgestellten Kriterien bestimmen wesentlich die Struktur eines Vorgehensmodells und geben Hinweise auf dessen praktische Einsetzbarkeit.

2 Strukturbestimmende Kriterien

Kriterien zur Beurteilung der praktischen Einsatzfähigkeit eines Vorgehensmodels:

- Wie weit sind die für das Management wichtigen Aspekte als auch die für die Softwareersteller wichtigen Gesichtspunkte im Vorgehensmodell berücksichtigt?

  Zentraler Interessenfokus des Managements ist die zeitliche Entwicklung eines Projektes mit zu bestimmten vorher festgelegten Zeiten nachprüfbaren Ergebnissen und den Angaben, welche Entscheidungen bei bestimmten Meilensteinen zu treffen sind. Dies erfordert ein Vorgehensmodell mit einem Phasenkonzept und spezifizierten Meilensteinen, das sich mit iterativ/inkrementeller Arbeitsweise der Softwareentwickler verträgt. Ein Beispiel einer vorbildlichen Lösung bildet hier der "Rational Unified Prozeß" der Firma Rational [Jac99].

- Wieweit sind Projektmanagement, Qualitätssicherung und Konfigurationsmanagement integriert?

  Projektmanagement, Qualitätssicherung und Konfigurationsmanagement bilden unverzichtbare Bestandteile einer jeden professionell durchgeführten Softwareentwicklung. Wesentlich ist nicht nur die isolierte Beschreibung der hierbei wichtigen Aktivitäten, sondern deren Zusammenwirken im Projektverlauf. Ein Beispiel, wie so etwas glücklich gelöst werden kann, findet sich in der Darstellung des V-Modells [VM97].

- Stellt Risikomanagement einen wesentlichen Bestandteil des Vorgehensmodells dar?

  Risikofaktoren in Softwareentwicklungen sind Projektfaktoren, die bewirken können, daß die erfolgreiche Durchführung von Softwareprojekten gefährdet wird. Lange Zeit war es in Projekten üblich, Risiken so lange zu verdrängen oder hinauszuschieben bis diese zu einem katastrophalen Ende des Projektes führten. In praxisorientierten Vorgehensmodellen hat man aus diesen Fehlern gelernt und baut so früh wie möglich im Projektablauf Meilensteine ein, zu denen hinsichtlich der Risikofaktoren Entscheidungen zu treffen sind.

- Ist das Vorgehensmodell einfach an verschiedene Projekttypen anpaßbar?

  Die Erkenntnis, daß es kein für alle Projekttypen unverändert einsetzbares Vorgehensmodell gibt, gehört inzwischen zum Allgemeingut aller Softwareentwickler. Jedes Vorgehensmodell muß vor einem konkreten Einsatz an das vorliegende Projekt angepaßt werden. Hier sind zwischen den verschiedenen Vorgehensmodellen wesentliche Unterschiede festzustellen. Ideal ist eine, bei einigen Vorgehensmodellen vorhandene maschinelle Unterstützung, bei die Nutzer diese Anpassung im Dialog vornehmen können.

- Sind die Anweisungen im Vorgehensmodell konkret genug, um dem Softwareentwickler als Arbeitsanleitung dienen zu können?

  Dies betrifft insbesondere die Beschreibung von Aktivitäten und Produkten bei Vorgehensmodellen. Findet sich z.B. im Vorgehensmodell eine allgemeine Aktivität: "Funktionale Anforderungen mit Use-Cases bestimmen", so ist von da noch ein weiter Weg zu einer Arbeitsanleitung. Es müssen z.B. neben der Erstellung von Templates zur Erfassung der Use-Cases noch verschiedene Rollen für die Erfassung der Use Cases angegeben werden. Nützlich sind in solchen Fällen auch praxiserprobte Anweisungen zur Durchführung der Use Cases.

Neben diesen Kriterien, die für die praktische Einsetzbarkeit von Bedeutung sind, müssen von einem Vorgehensmodell für die objektorientierte Softwareentwicklung weitere objektorientierte Kriterien erfüllt werden.

- Unterstützt das Vorgehensmodell eine inkrementell/iterative Entwicklung?
- Unterstützt das Vorgehensmodell eine architekturorientierte Entwicklung?

- Unterstützt das Vorgehensmodell den gezielten Einsatz von UML?

Eine ausführliche Darstellung dieser allgemeinen Kriterien findet sich z.B. in [Jac99], [Mü99].

Literatur

[Jac99] I. Jacobson: The Unified Software Development Process, Addison Wesley Longman, 1999

[Mü99] G. Müller-Ettrich: Objektorientierte Prozeßmodelle, Addison Wesley, 1999

[VM97] Entwicklungsstand für IT-Systeme des Bundes – Vorgehensmodell, 1997

Iterationsplanung für Softwareentwicklungsprojekte mit einem iterativ-inkrementellen Vorgehen

Bernd Oestereich

Abstract

Vorgehensmodelle für die objektorientierte Softwareentwicklung werden gewöhnlich beschrieben durch Phasen, Iterationen, Workflows, Aktivitäten, beteiligte Rollen, Ergebnisse u.ä. Dieser Beitrag beschreibt, welche Bedeutung diesen Elementen in der Projektpraxis zukommt, wie Iterationen geplant und gesteuert werden können und welche besonderen Chancen und Risiken sich dabei ergeben können.

1 Der Prozeßrahmen für die iterativ-inkrementelle Softwareentwicklung

Vorgehensmodelle für die objektorientierte Softwareentwicklung setzen sich in vielen Fällen aus folgenden Beschreibungselementen zusammen:

- **Phasen**
  Phasen stellen eine zeitliche Gliederung des Entwicklungsprozesses dar. Jede Phase erfüllt einen definierten Zweck und führt zu definierten Ergebnissen. Im Unified Process (UP) [JBR99], Rational Unified Process (RUP) [Kru99] und auch im Object Engineering Process (OEP) [OEP99] heißen die Phasen beispielsweise *Inception* bzw. *Vorbereitungsphase*, *Elaboration* bzw. *Entwurfsphase*, *Construction* bzw. *Konstruktionsphase* und *Transition* bzw. *Einführungsphase*. Mit den Phasen sind jeweils bestimmte Ziele verbunden. Am Ende der Vorbereitungsphase soll das Problem verstanden sein, am Ende der Entwurfsphase soll das Lösungskonzept und die Architektur festgelegt sein und am Ende der Konstruktionsphase soll die Lösung fertig sein.

- **Iterationen**
  Die Konstruktions- und ggf. die Vorbereitungsphase werden wiederum in mehrere 4 - 8 Wochen dauernde Iterationen untergliedert. Das Ende einer Iteration, soweit es nicht sowieso mit dem Phasenende zusammentrifft, wird durch einen projektinternen Meilenstein repräsentiert. Am Anfang einer Iteration steht eine Festlegung realistischer und überprüfbarer Ziele, am Ende der Iteration eine systematische Bewertung der Zielerreichung.
- **Meilensteine**
  Meilensteine sind die Verknüpfung von definierten Ergebnissen mit einem speziellen Zeitpunkt, meistens dem Ende einer Phase.
- **Aktivitäten**
  Aktivitäten beschreiben, wer wann was im Projekt zu tun hat, welche Voraussetzungen, Ergebnisse, Abhängigkeiten damit verbunden sind u.ä. Die Granularität der Aktivitäten ist (mit Ausnahmen) so gewählt, daß damit ein oder mehrere Ergebnisse mit einem sinnvollen und definierten Zwischen- oder Endzustand entstehen, die Verantwortung für diese Ergebnisse eindeutig zu benennen ist und es sich um zeitlich zusammenhängende Tätigkeiten handelt.
- **Prozesse bzw. Workflows**
  Prozesse stellen eine inhaltliche Gliederung der Entwicklungsaktivitäten dar. Im Unified Process wird dieses Gliederungselement *Workflow* genannt. Im Unified Process heißen die Prozesse bzw. Workflows *Anforderungen, Analyse, Design, Implementierung* und *Test.* Im Rational Unified Process und im Object Engineering Process sind die Prozesse etwas anders gegliedert. Anders als bei der Phaseneinteilung, mit der bestimmte Ziele verbunden sind, dient die Einteilung in Prozesse vor allem der Gliederung und besseren Überschaubarkeit der Vielzahl der Aktivitäten, was erklärt, warum sich die drei beispielhaft genannten Prozeßmodelle darin unterscheiden können, ohne daß dies zu Widersprüchen führt.
- **Akteure, Rollen bzw. Worker**
  Akteure sind Beschreibungen von beteiligten Rollen, ihren Verantwortlichkeiten, notwendigen oder sinnvollen Qualifikationen und ggf. ihrer aufbauorganisatorischen Herkunft. Im Unified Process werden diese Rollen *Worker* genannt.

- **Ergebnisse bzw. Artefakte**
  Ergebnisse beschreiben Grundstruktur und grundlegende Eigenschaften der im Projekt entstehenden Ergebnisse. Sinnvolle temporären Ergebnisse und Zwischenergebnisse werden ebenfalls beschrieben. Im Unified Process werden sie *Artefakte* (*artifacts*) genannt.

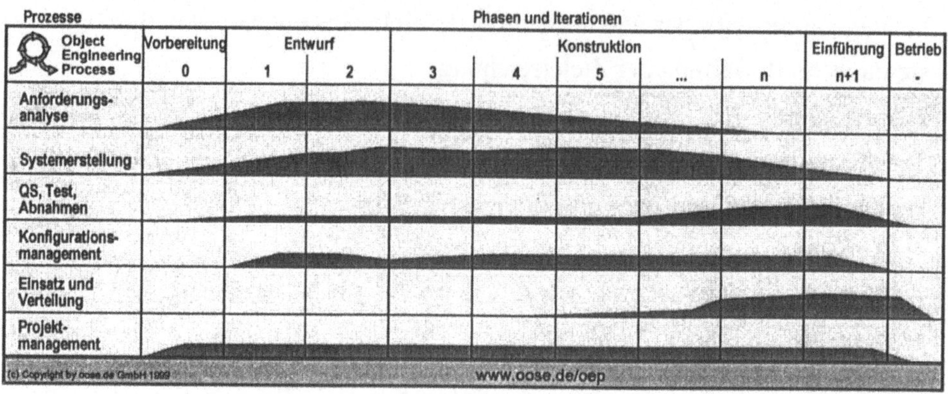

Abbildung 1: Grundstruktur mit zeitlicher Einteilung in Phasen und Iterationen und inhaltlicher Einteilung in Prozesse am Beispiel des OEP

Abbildung 1 zeigt eine beispielhaft Grundstruktur. Der Prozeß ist zeitlich in Phasen und Iterationen gegliedert. Dabei wird die Entwurfsphase unter Umständen, die Konstruktionsphase aber in jedem Fall in eine Reihe von Iterationen untergliedert. Dies soll nun näher betrachtet werden.

Um eine Einteilung des Entwicklungsprozesses in Iterationen vornehmen zu können, ist es wichtig, die grundsätzlichen umzusetzenden Inhalte der einzelnen Iterationen festzulegen und zu planen. Zwar könnte man einfach ein zeitliches Raster definieren und beispielsweise festlegen, daß jede Iteration 4 Wochen dauert. Das böte zumindest die Möglichkeit, alle 4 Wochen ein Zwischenergebnis fertigzustellen, daß man dem Auftraggeber, den Anwendern u. a. präsentieren kann.

2 Iterationen planen, steuern und durchführen

2.1 Meilensteine

Abbildung 2 zeigt das Schema eines idealen Ablaufs. Der Prozeß ist in gleichlange

Zeiteinheiten geteilt. Einige Iterationen haben dabei nur eine interne Funktion (interne Meilensteine), während andere auch eine Außenwirkung besitzen (externe Meilensteine).

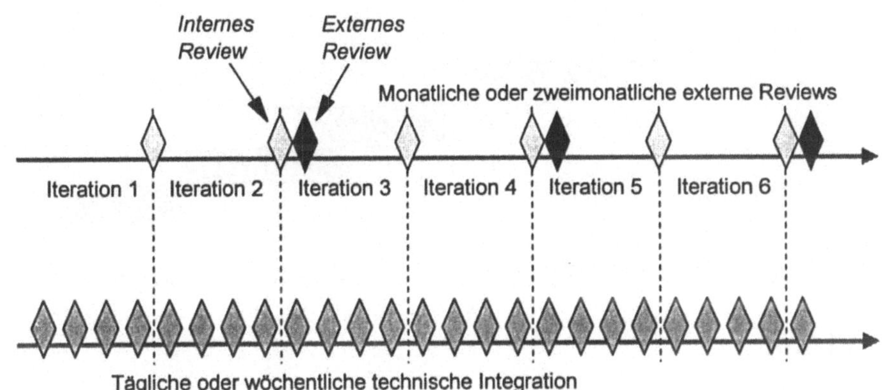

Abbildung 2: Feste Iterationstakte mit internen und externen Meilensteinen

Am Ende einer jeden Phase steht in jedem Fall ein Meilenstein. Dies sind Zeitpunkte, die für Auftraggeber und Lenkungsausschuß von herausragender Bedeutung sind, d. h. sie sind Betrachtungsgegenstände des obersten Managements. Ein Meilenstein ist ein mit einem Termin verknüpftes inhaltliches Ergebnis. Ein Meilenstein wird entweder erreicht oder verfehlt - eine "80 prozentige" Erreichung gibt es nicht. Wenn er verfehlt wird oder sich dies abzeichnet, werden Meilensteine durch den Lenkungsausschuß verschoben oder neu definiert.

Zusätzlich ist es sinnvoll, weitere Meilensteine für wichtige inhaltliche Zwischenergebnisse zu setzen; sie stehen zeitlich gewöhnlich unmittelbar hinter der Iteration, mit dem die entsprechenden Ergebnisse erzielt werden sollen. Sofern es akzeptiert wird, sollten auch diese Meilensteine dem obersten Management dargelegt werden. Weiterhin ist es sinnvoll, das Meilenstein-Prinzip auch für rein interne Ziele anzuwenden, d. h. gewöhnlich repräsentiert der Abschluß einer jeden Iteration einen internen Meilenstein.

In der Praxis haben die Iterationen natürlich keine starre Länge, sondern orientieren sich an anderen Gegebenheiten wie beispielsweise Lenkungsausschuß-Terminen,

Feiertagen (Weihnachten) u. ä. Die Dauer der einzelnen Iterationen liegt also gewöhnlich in einer bestimmten Bandbreite von beispielsweise 4 - 8 Wochen.

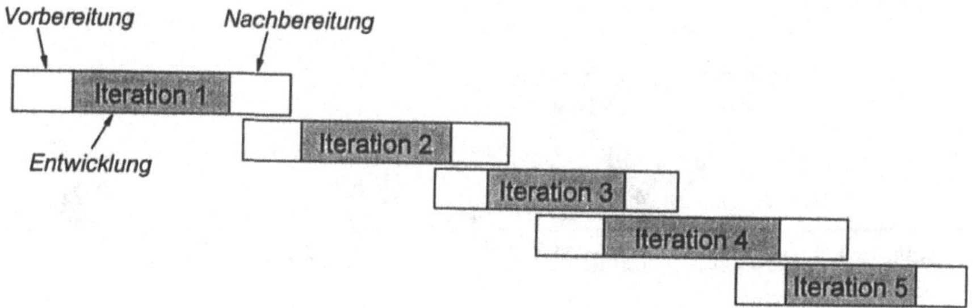

Abbildung 3: Typische Folge und Überlappung von Iterationen in der Praxis

2.2 Planung

Jede Iteration braucht außerdem einen Vorlauf zur Planung und Vorbereitung und einen Nachlauf zur Auswertung der Ergebnisse. Zuvor jedoch sind Anzahl und Inhalte der Iterationen grundsätzlich zu planen. Ohne die Inhalte der einzelnen Iterationen zumindest grob festzulegen, kann man kein Projekt durchführen, denn ein Projekt ist unter anderem dadurch definiert, daß es ein eindeutiges Ende hat. Wenn man also nicht jede Iteration als Einzelprojekt sehen möchte, ist es notwendig, den Gesamtumfang der Anforderungen zunächst grob zu erheben und ihn dann auf die einzelnen Iterationen zu verteilen.

Deswegen können auch die ersten Phasen (Vorbereitungs- und Entwurfsphase) noch nicht oder nur ansatzweise iterativ betrieben werden, sie liefern erst die Grundlagen dafür. Sie ermöglichen es, Gesamtdauer und -aufwand abzuschätzen sowie die Anzahl, Dauer und groben Ergebnisse der einzelnen Iterationen zu bestimmen.

Berücksichtigen Sie bei der Planung, daß Sie noch nicht alle Anforderungen kennen. Unterstellen Sie beispielsweise, daß am Ende der Entwurfsphase nur ca. 80 % der Anforderungen bekannt sind und daß sich weitere 20 % im Laufe des Projektes ändern. Konkret bedeutet dies, daß Sie nur ca. 60 % ihrer verfügbaren Kapazität verplanen können!

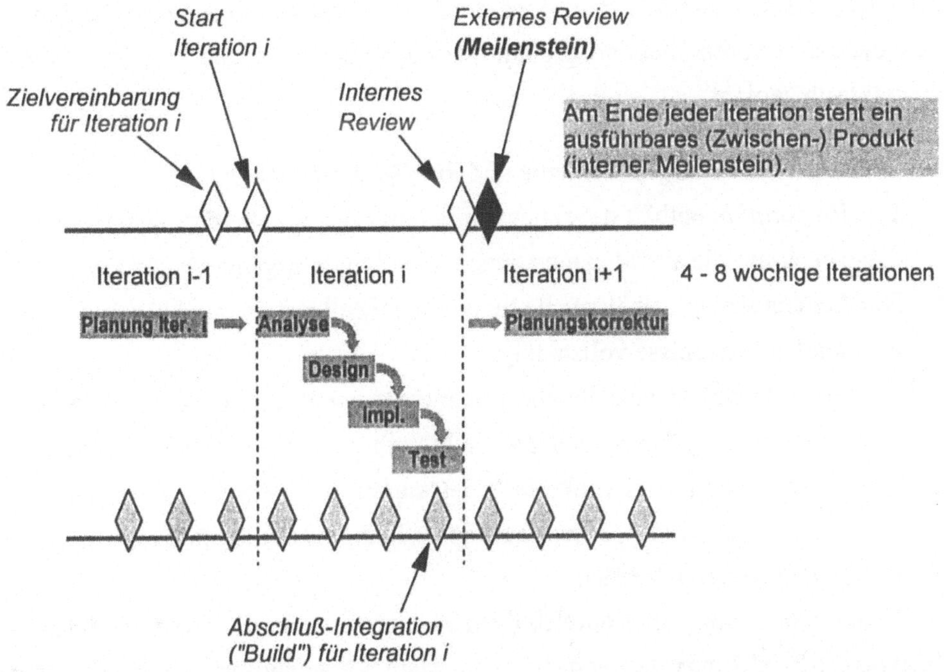

Abbildung 4: Planung, Nachbereitung und Mikroprozeß einer Iteration

Außerdem sollten Schätzungenauigkeiten und Risiken quantifiziert und berücksichtigt werden. Die Schätzungenauigkeit hängt davon ab, wie gut die Beteiligten den Problembereich kennen und untersuchen können. Risiken sind ebenfalls gesondert zu betrachten. Der hierfür anzusetzende Wert ergibt sich aus den Kosten für den Fall des Risikoeintritts, der Wahrscheinlichkeit des Eintritts und evtl. Kosten für Maßnahmen zur Verhinderung oder Kompensation der Risiken.

Da die Entwicklungsaktivitäten auch nicht beliebig parallelisierbar sind, sind weitere Termin- und Aufwandsaufschläge zu berücksichtigen. Die zu planende Dauer hängt vor allem stark von fachlichen Abhängigkeiten und weiteren Randbedingungen ab.

Wenn der Gesamtplan der Iterationen festgelegt ist, können die einzelnen Iterationen detailliert geplant und vorbereitet werden. Jetzt müssen allerdings nicht mehr alle Iterationen von vornherein detailliert werden, sondern nur noch die unmittelbar bevorstehenden. Gewöhnlich wird während einer Iteration i die Folge-Iteration i+1 sehr detailliert vorbereitet und geplant und die danach folgende Iteration i+2 schon einmal grob geplant.

Die wichtigsten Planungsdokumente und ihre Zusammenhänge:

- Der *Projektplan* enthält dabei gewöhnlich nur die externen Meilensteine, wobei diese auch nur die aus Managementsicht wichtigen Ergebnisse beschreiben.
- Der *Iterationsplan* enthält auch alle internen Meilensteine und beschreibt die zu erzielenden Ergebnisse vollständig.
- Die *Zielplanung* für eine Iteration betrachtet nur die in einer Iteration konkret zu erzielenden Ergebnisse und wie sie hinterher gemessen werden können.
- Aus ihnen können dann konkrete *Arbeitsaufträge* für einzelne Teams oder Personen abgeleitet werden, sofern auf dieser Planungsebene nicht informellere Instrumente bevorzugt werden.

Die Zusammenfassung aller notwendigen Planungsunterlagen und -ergebnisse wird **Softwareentwicklungsplan** genannt. Er umfaßt Verzeichnisse mit allen wichtigen aufwands- und planungsrelevanten Anforderungen und Dokumente:

- Projektauftrag
- Projektplan
- Projekt-Erfolgskriterien
- Projektrisiken
- Projektorganisationsplan
- Ressourcenplan
- Rollenbesetzungsplan
- Anwendungsfall-Übersicht
- Anwendungsfall-Priorisierungsmatrix
- Aufwandschätzung
- Iterationsplan (IP-Matrix)
- Iterations-Zielvereinbarungen und -Ergebnisprotokolle
- Verzeichnis der Batch-Programme
- Verzeichnis der Druck- und Ausgabeerzeugnisse
- Verzeichnis externer Schnittstellen

- Verzeichnis nicht-funktionaler Anforderungen und Ausschlüsse
- Verzeichnis projekt-externer Anforderungen und Zulieferleistungen
- Mitwirkungsleistungen-Spezifikation
- Aufgabendatenbank
- Problemdatenbank

2.2.1 Iterations-Planungs-Matrix

Zur konkreten Planung der Iterationsinhalte und -ziele verwende ich eine von mir so genannte *Iterations-Planungs-Matrix*, deren Detaillierungsgrad skalierbar ist. In der Matrix stehen in der Horizontalen die Subsysteme (Komponenten, ggf. auch Klassen) und in der Vertikalen die Anwendungsfälle (ggf. mit ihren Schritten). An den Schnittpunkten wird die Planungsinformation untergebracht. Mit einem Tabellenkalkulationsprogramm läßt sich recht einfach eine IP-Matrix einrichten.

In einem ersten Schritt und im einfachsten Fall wird an den Schnittpunkten zunächst lediglich notiert, welche Subsysteme zur Erfüllung welcher Anwendungsfälle benötigt werden. Der in einem Anwendungsfall beschriebene Ablauf benötigt gewöhnlich Funktionalitäten verschiedener Subsysteme. Um beispielsweise einen neuen Versicherungsvertrag anzulegen, werden Services der Subsysteme Partnerverwaltung (*Versicherungsnehmer suchen/anlegen*), Vertrag (*Vertrag anlegen*), Produkt (*Spezifikation des Versicherungsproduktes*), Prämie (*Berechnung der Prämie*) etc. benötigt.

Anwendungsfälle:	Subsysteme:				
	Subs. 1	**Subs. 2**	**Subs. 3**	**Subs. 4**	...
Anwendf. 1	X	X		X	
Anwendf. 2		X	X	X	X
Anwendf. 3			X	X	
Anwendf. 4	X	X		X	
...		X		X	X

Abbildung 5: Einfache IP-Matrix: betroffene Subsysteme notieren

Mit der dargestellten IP-Matrix können natürlich nicht alle Anforderungen erfaßt werden, die das Projekt umzusetzen hat. Anforderungen, die nicht in Form von Anwendungsfällen vorliegen, beispielsweise die Erstellung eines Anwenderhandbuches, lassen sich nicht oder nur bedingt in die Matrix aufnehmen. Die Verwendung der Matrix ist also nur dann sinnvoll, wenn sich ein großer Teil der Anforderungen in Form von Anwendungsfällen beschreiben läßt, was normalerweise aber möglich ist.

Andere Anforderungen, die ähnlich wie Anwendungsfälle eine Auswahl von Subsystemen (oder einfach nur Teams) betreffen, passen auch in die IP-Matrix. Subsysteme können in der IP-Matrix auch Adapter und Schnittstellen zu externen Systemen sein (Altsysteme, SAP etc.). Außerdem kann die IP-Matrix (zumindest die detaillierteren Varianten) nur verwendet werden, wenn auch die Anwendungsfälle eine entsprechende Struktur und Detaillierungstiefe haben.

Um die Gesamtheit der (mit Anwendungsfällen beschreibbaren) Anforderungen auf die einzelnen Iterationen zu verteilen, kann die IP-Matrix nun erweitert werden. Statt lediglich die Abhängigkeiten zwischen Anwendungsfällen und Subsystemen zu notieren, wird an den Schnittstellen nun jeweils eingetragen, mit welcher Iteration diese Anforderung vollständig (!) erfüllt sein soll. Abbildung 6 zeigt das Prinzip.

Anwendungs-fälle:	Subsysteme:				
	Subs. 1	**Subs. 2**	**Subs. 3**	**Subs. 4**	**...**
Anwendf. 1	**i3**	**i1**		**i2**	
Anwendf. 2		**i2**	**i2**	**i5**	**i5**
Anwendf. 3			**i2**	**i2**	
Anwendf. 4	**i3**	**i3**		**i3**	
...		**i4**		**i4**	**i5**

Abbildung 6: Grobe IP-Matrix: Planung der Fertigstellung von Teil-Funktionalität

Dies ist notwendig, um eine grobe Verteilung und Zuordnung der notwendigen

Aktivitäten auf die einzelnen Iterationen zu erzielen. Es werden dabei wichtige fachliche Zusammenhänge und Abhängigkeiten sowie eventuell von Anwendern und Entwicklern gewünschte Prioritäten berücksichtigt.

Bei dieser groben Iterationsplanung wird man einerseits versuchen, einzelne Anwendungsfälle möglichst geschlossen innerhalb einer oder weniger Iterationen umzusetzen. Andererseits ist die Entwicklung bis zu einem gewissen Grad nach der fachlichen Architektur, d. h. nach den Subsystemen organisiert, so daß hier das Bestreben besteht, die einzelnen Subsysteme möglichst innerhalb weniger aufeinanderfolgender Iterationen fertigzustellen.

Außerdem sollten sich die Anforderungen möglichst gleichmäßig über die Iterationen verteilen bzw. den jeweils verfügbaren Ressourcen folgen. Die Kunst der Planung besteht also darin, Teilmengen zu finden, mit denen diese divergierenden Bestrebungen möglichst optimal befriedigt werden können.

Der nächste Detaillierungsgrad der IP-Matrix setzt Erfahrung mit Projekten in der gegebenen Anwendungsarchitektur bzw. ein erprobtes Vorgehensmodell voraus. Hierbei werden an den Schnittpunkten nicht mehr die Fertigstellungs-Iterationen notiert, sondern differenziert je Iteration auch wichtige Teilergebnisse geplant. Um die Matrix zur Projektplanung einsetzen zu können, reicht es nicht, nur den Fertigstellungszeitpunkt zu notieren, sondern man muß auch herausfinden, wann zu beginnen ist und in welcher Reihenfolge welche Teilergebnisse zu erarbeiten sind. Dies setzt voraus, daß man weiß, welche Teilergebnisse überhaupt notwendig sind. Wenn beispielsweise die Anbindung an ein Berechtigungssystem (ggf. für bestimmte Anwendungsteile) nicht notwendig ist, sind auch entsprechende Teilergebnisse überflüssig. Welche Ergebnisse und Aktivitäten in welcher Reihenfolge notwendig sind, darüber gibt das Vorgehensmodell hoffentlich Auskunft.

Die Anwendungsfälle müssen für detaillierte IP-Matrizen schrittspezifisch ausgearbeitet sein. Große Subsysteme sind ggf. ebenfalls weiter zu untergliedern. An den Schnittpunkten werden die Fertigstellungsinhalte pro Iteration angegeben, wobei nicht alle möglichen Teilergebnisse notiert werden müssen, sondern nur die jeweils wichtigsten, d. h. die, die jeweils den Abschluß einer Iteration darstellen sollen.

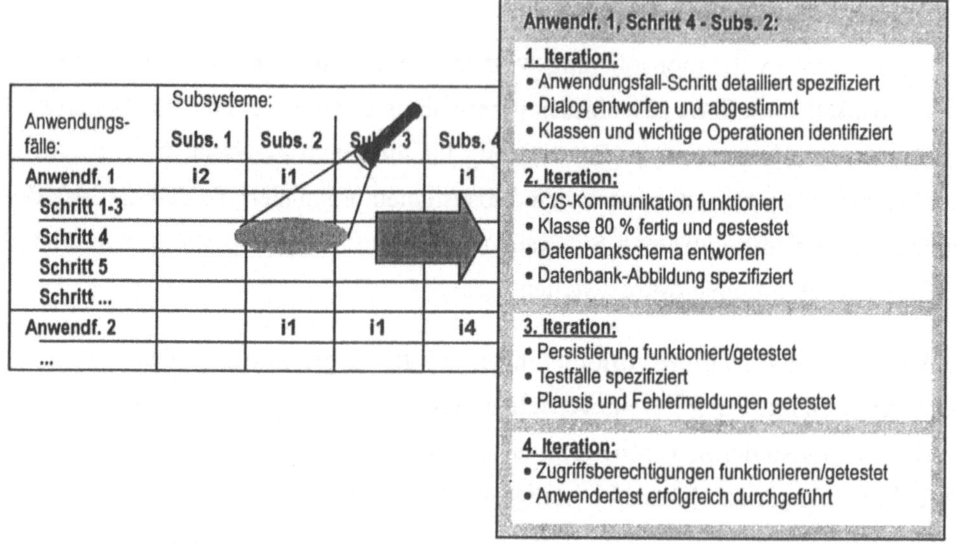

Abbildung 7: Detaillierte IP-Matrix zur konkreten Iterationsplanung

Nun mag Ihnen diese Planung sehr detailliert und damit auch aufwendig erscheinen. Sie ist sicherlich auch aufwendig. Andererseits ist sie zwingend notwendig, wenn ein Projekt aktiv gesteuert werden soll und die Projektleitung sich nicht nur reaktiv dem Projektgeschehen aussetzen möchte.

Jede Erkenntnis, die Sie bei dieser Planung gewinnen - und es kommen dabei viele Fragen und auch einige Antworten hoch -, ist ein Gewinn und gibt Ihnen mehr Übersicht und Sicherheit. Vor allem erhalten Sie diesen Benefit relativ früh. Wie bei vielen guten Ansätzen so gilt natürlich auch hier, daß es auf das richtige Maß ankommt und nicht auf die formale und stumpfe Anwendung dieses Instrumentes. Einhundertprozentige Perfektion ist fehl am Platz. Stattdessen ist dieses Instrument soweit anzuwenden, daß ein aktives und offensives Projektmanagement möglich wird und die elementaren Planungssachverhalte erarbeitet werden.

Die IP-Matrix kann beispielsweise so angewendet werden, daß immer nur für die folgenden ein bis zwei Iterationen eine Feinplanung stattfindet und daß sie sich außerdem auf die unsicheren und kritischen Bereiche konzentriert. Unkomplizierte und überschaubare Anforderungen, die von einem gut arbeitenden Team sehr selbständig umgesetzt werden können, müssen nicht unbedingt voll ausgeplant werden.[1] Welche Anforderungen unkompliziert umzusetzen sind, erkennen Sie möglicherweise aber auch erst nach einer detaillierten Planung.

Eine Planung, die schon Details für Aktivitäten festlegt, die erst in einem halben Jahr stattfinden, grenzt an Wahrsagerei und ist mit großer Wahrscheinlichkeit vergeblich. Wenn Sie allerdings meinen, für ein mittleres oder größeres Projekt ohne diesen Planungsaufwand auszukommen, wird die Projektrealität Sie mit großer Wahrscheinlichkeit 1 - 2 Iterationen später überrollen und Ihr Projektmanagement sehr hilflos aussehen lassen. Sie können auf die Planung nur in kleinen Projekten verzichten oder wenn Sie statt iterativ-inkrementell wieder klassisch-sequentiell vorgehen. Längere Iterationen, d. h. weniger Iterationen, reduzieren den Planungsaufwand. Die Planungsgranularität ist skalierbar von vielen kleinen vierwöchigen Iterationen bis zu einer einzigen großen Iteration (= klassischer Wasserfall).

Planungsaufwand ≈ Use Cases * Subsysteme * Iterationen

Nach dieser Erörterung von Planungsfragen kehren wir nun zum Thema "Iterationen" zurück.

2.2.2 Durchführung

Am Anfang einer Iteration steht eine Zielvereinbarung, die mit allen relevanten Beteiligten, d. h. den Anwendern, ggf. dem Auftraggeber und den Entwicklern, abzustimmen ist. Die Ziele ergeben sich grundsätzlich aus der Gesamtplanung und stellen somit eine Vorgabe dar. Es geht jetzt um die Konkretisierung dieser Planung für genau eine Iteration. Dabei sollen alle Ziele realistisch sein. Sollten die grundsätzlichen Ziele offensichtlich nicht oder nicht mehr realistisch sein, muß dies an

---

1 Außer vielleicht, Sie streben eine ISO-Zertifizierung oder einen hohen CMM-Level an.

die Projektleitung und bei nächster Gelegenheit ggf. an den Lenkungsausschuß berichtet werden und zu einer Anpassung des Gesamtplans führen. Die Zielvereinbarung für die kommende Iteration wird unabhängig davon soweit reduziert, daß möglichst viele der ursprünglichen Ziele realistischerweise erreicht werden können.

Ziele vereinbaren

Die Zielvereinbarung für eine Iteration wird am besten in Form eines Workshops gemeinsam erarbeitet. In diesem Workshop geht es darum, die Ergebnisse der Iteration mit den Beteiligten konkret abzustimmen und festzulegen. Zwischen Projektleitung, Kunden-/Fachbereichsvertretern und Teilprojektleitern wird eine schriftliche Zielvereinbarung beschlossen.

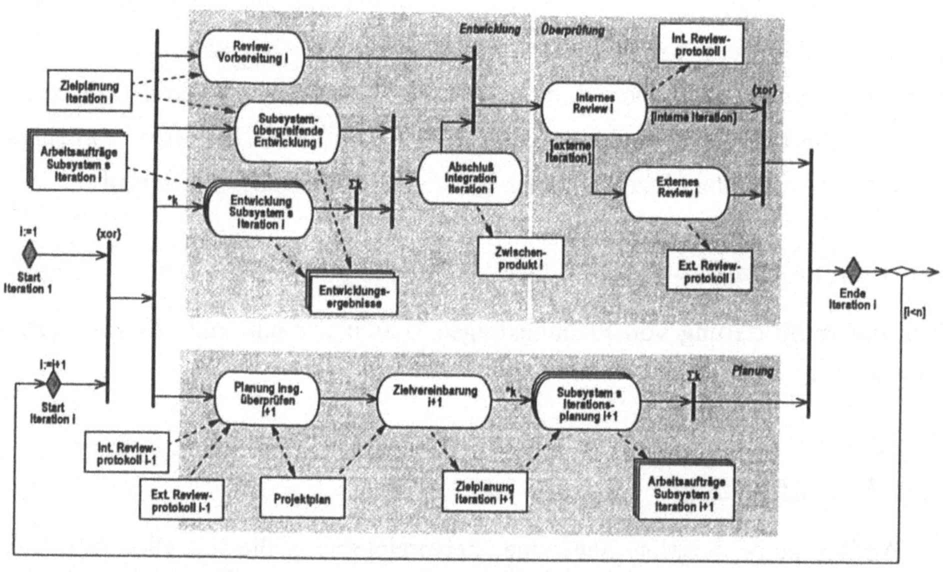

Abbildung 8: Prinzipdarstellung der Kernaktivitäten der Planung, Entwicklung und Überprüfung (Regelkreis)

Die voraussichtlich verantwortlichen Personen für die voraussichtlichen Teilergebnisse bzw. Arbeitspakete nehmen ebenso wie die Qualitätssicherung an dem Workshop passiv teil.

Die Zielvereinbarung soll folgendes festlegen:

- Was soll am Ende der Iteration erreicht sein (und ggf. warum)?
- Wie sollen und können die Ergebnisse am Ende überprüft werden?
- Welche Prioritäten sind zu beachten?
- Was soll nicht gemacht werden (und ggf. warum nicht)?

Alle Ziele müssen realistisch erreichbar sein. Abweichende Stellungnahmen werden protokolliert (z. B. Ziele und Forderungen, die berechtigt, aber ggf. nicht realistisch sind, sowie Zielkonflikte). Die schriftliche Zielvereinbarung erhalten alle Teilnehmer später in Kopie.

Umsetzung planen

Am zweiten Workshop nehmen nur noch Projektmitglieder teil. Nun gilt es, festzulegen, *wie* die Ziele erreicht werden sollen:

- Geplante Inhalte und Ziele der kommenden Iteration werden in Form von Aufgaben/Aufgabenpaketen von der PL noch einmal zusammengefaßt dargestellt.
- Jeder Teilnehmer gibt eine kurze Stellungnahme (Blitzlicht) zu der Planung ab oder stellt Verständnisfragen. Von Interesse sind dabei Aussagen zur Priorität der Aufgaben (soweit diese nicht schon im ersten Workshop geklärt wurden), Vollständigkeit der Aufgaben, mögliche Widersprüche und Abhängigkeiten und die Machbarkeit bezüglich Aufwände, Termine und Ressourcen.
- Einwände und Hinweise werden sichtbar notiert, ggf. werden neue Aufgaben, andere Prioritäten u. ä. sofort berücksichtigt.
- Die Zuordnung der Verantwortlichkeiten bzw. Verteilung der Aufgaben an die Mitarbeiter wird erläutert und ggf. in gemeinsamer Diskussion angepaßt.
- Das Ergebnis wird protokolliert und später verteilt.

Wenn alle Ergebnisverantwortlichen an dem Workshop teilnehmen, kann relativ gut sichergestellt werden, daß es sich um sinnvolle und realistische Aufgaben handelt.

Was erreicht man mit diesem Vorgehen? Einerseits hat man dem Kunden bzw. den Anwendern Versprechungen gemacht, was das Projekt insgesamt zunächst mal unter Druck setzt und im Falle der Nichteinhaltung unliebsame Folgen haben könnte. Andererseits gewinnt man auch Vorteile:

- Die Erwartungen der Kunden bzw. Anwender sind beschränkt und konkret. Es handelt sich um eine kleine Menge von Anforderungen, die zu einem Termin umgesetzt sein sollen. Dadurch wird der Blick von der Gesamtlast auf eine kleine und realistische Teillast gelenkt, was sowohl beruhigend als auch motivierend wirkt. Außerdem wurden die Anforderungen inhaltlich präzisiert, so daß die Anwenderseite für die Entwickler berechenbarer erscheint.
- Die Entwickler lernen die Anwenderseite persönlich kennen, „*der Anwender*" verliert seine abstrakte Gestalt. Die Entwickler bekommen mit, wie die Anforderungen und Erwartungen artikuliert werden, welche Motivation dahintersteht etc. und gewinnen dadurch ein besseres Verständnis für den Sinn und Zweck der Anforderungen bzw. für die erwarteten Ergebnisse. Auch dies fördert die Motivation und trägt zu einer inhaltlichen Fokussierung bei. Die Entwickler müssen weniger das entwicklen, was sie *meinen,* was die Anwender benötigen, sondern sie *wissen* es jetzt (besser).

Durchführung und Ziel-Überprüfung

Nach Abschluß der Iteration kann dann die Zielerreichung überprüft werden. Dies kann vorab projektintern geschehen und auch mit den Anwendern zusammen (projektextern). Auf Basis der schriftlichen Zielvereinbarung für die abgeschlossene Iteration wird eine Bewertung über die Zielerreichung vorgenommen.

Teilnehmer dieser Überprüfung sind die Projektleitung, Teilprojektleitungen, Qualitätssicherung, soweit sinnvoll Entwickler und bei externen Reviews auch Anwendervertreter. Folgende Fragen sind zu beantworten:

- Wie wurden die Ziele erreicht? (Qualität, Vollständigkeit, Brauchbarkeit/Korrektheit)
- Welche Mängel liegen vor? Ursachen und Gründe dafür?
- Welche Konsequenzen und Maßnahmen sind sinnvoll und notwendig?

Die schriftliche Bewertung erhalten alle Teilnehmer und Projektmitglieder in Kopie.

2.2.3 Wann ist eine Iteration zu Ende?

Iterationen sind zeitliche Segmente im Entwicklungsprozeß. Außerdem laufen innerhalb einer Iterationen nebenläufige Entwicklungsprozesse ab, d. h. verschiedene Gruppen und Akteure arbeiten unabhängig voneinander an verschiedenen Teilergebnissen. Am Ende einer Iteration müssen diese verschiedenen Teilaktivitäten und -ergebnisse synchronisiert und integriert werden. Hierfür gibt es verschiedene Möglichkeiten, die nun diskutiert werden.

Folgende grundsätzliche Varianten bestehen:

- Variable Ergebnisse: Am Ende der Iteration, d. h. zu einem festgelegten Zeitpunkt, werden nur die fertigen Ergebnisse abgegriffen und zusammengeführt. Unfertige Ergebnisse werden noch nicht verwendet.
- Variable Dauer: Sobald alle zur Erreichung der vereinbarten Iterationsziele notwendigen Ergebnisse vorliegen, werden sie zusammengeführt und die Iteration damit beendet.
- Eine Mischform der beiden vorigen Varianten: Wenn das geplante Ende einer Iteration um einen bestimmten Zeitraum überschritten wurde und noch immer nicht alle notwendigen Ergebnisse vorliegen, werden einfach die dann vorhandenen Ergebnisse verwendet. Es wird individuell über den Zeitpunkt entschieden.
- Eine weitere Variation des vorigen Punktes besteht darin, mit Beginn einer Iteration eine Untermenge von Ergebnissen zu bestimmen, die unbedingt zu erzielen sind, um eine Iteration zu beenden.

Meine bisherige Erfahrung verleitet mich zu folgender Regel:

> Eine Iteration sollte zeitlich nie mehr als 50 % überzogen werden. Danach ist in jedem Fall ein Zwischenergebnis herzustellen - und sei es noch so gering.

2.2.4 Timeboxing

Um jedoch gar nicht erst in Verzug zu geraten, wende ich noch eine zweite Regel an:

Wird im Laufe einer Iteration erkannt, daß ein Ergebnis nicht mehr wie geplant erreicht werden kann, ist ein neues, realistisches Ziel zu vereinbaren, das innerhalb der Iteration noch erzielt werden kann. Die Entscheidung darüber liegt bei der Projektleitung.

Man bezeichnet diese Vorgehensweise auch als Timeboxing. Folgende Gegebenheiten kennzeichnen eine Timebox:

- Es ist ein taggenauer Zeitrahmen festgelegt worden, d. h. ein Endtermin für die Lieferung (interner Meilenstein).
- Der Zeitrahmen ist für alle Beteiligten überschaubar, z. B. 4 Wochen + 1 Woche für Integration, Review etc.
- Der Inhalt der Lieferung wird ebenfalls genau festgelegt und ist für den Zeitraum realistisch.
- Der Endtermin ist wichtiger als der Lieferumfang. Im Extremfall wird geliefert, egal was!
- Es gibt keine Unterbrechungen oder Störungen während einer Timebox, d. h. von außen kommende Änderungen der Anforderungen, Liefervereinbarungen oder Termine werden nicht wirksam, sondern werden auf die Folge-Iteration vertagt.

Am Anfang und Ende einer Timebox sollte jeweils eine gemeinsame Veranstaltung mit den Beteiligten stehen, bei der die Zielvereinbarung bzw. Zielerreichung für alle deutlich herausgearbeitet wird.

Literatur

[JBR99] I. Jacobson, G. Booch, J. Rumbaugh: The Unified Software Development Process, Addison Wesley, Reading 1999

[Kru99] P. Kruchten: The Rational Unified Process, Addison Wesley, Reading 1999

[Oes99] B. Oestereich, P. Hruschka, N. Josuttis, H. Kocher, H. Krasemann, M. Reinhold: Erfolgreich mit Objektorientierung: Vorgehensmodelle und Managementpraktiken für die objektorientierte Softwareentwicklung, Oldenbourg Wissenschaftsverlag, München 1999

[OEP99] Object Engineering Process: www.oose.de/oep, 1999

Telemanagement -
Thesen zur Führung der Teleprozesse

Wolfgang Heilmann

1 Telemedien haben die Welt verändert

Am Ende unseres Jahrhunderts ist erkennbar geworden, daß die vor etwa zwei Jahrhunderten entstandene Industriegesellschaft durch die rationelle Nutzung der Informationstechnologie ihren Charakter mehr und mehr verändert und über sich selbst hinaus eine neu Welt geschaffen hat: Die **Informationsgesellschaft.**

Kennzeichen dieser Entwicklung sind der Computer und das Kommunikationsnetz, die zusammen die informationstechnischen Voraussetzungen für eine der gravierendsten Umwälzungen in der Geschichte der Menschheit verkörpern. Welches Gewicht diese epochale Evolution besitzt, wurde und wird rückblickend deutlich, wenn wir das inzwischen zum größten technischen System herangewachsene **Telefon** betrachten. Seine Bedeutung für das tägliche Leben ist ebenso unbestritten wie für die großen Entscheidungen in Wirtschaft und Politik.

Aber noch größer ist der Einfluß eines etwas jüngeren und vielgestaltigeren Mediums, nämlich des Fernsehens. Die **Television** erreicht praktisch alle sechs Milliarden Menschen, die zur Zeit leben, mehr oder weniger direkt, auch die Armen in der dritten Welt. Nachrichten, Reklamesendungen, Spielfilme - alles, was optisch und akustisch darstellbar ist, geht ein in dieses Medium und prägt das Weltbild und Verhalten der Menschen.

Es ist damit ebenso mächtig wie der Einfluß, der in der westlichen Welt jahrhundertelang von der Arbeit ausging, zumal sich diese unter unseren Augen nachhaltig verändert. Gestützt auf die prägende Kraft der **Telekommunikation** wird sich unser Arbeits- und Erwerbsleben bald völlig neu darstellen. Das zeigt sich in Entwicklungen, die viele als Randerscheinungen ansehen mögen, die in Wahrheit aber Signale der heraufziehenden Zeit sind, auf die wir uns einstellen müssen.

2 Das 21. Jahrhundert wird das Jahrhundert der Teleprozesse

Telefon und Fernsehen sowie die modernen Kommunikationsmedien, allen voran das Internet, haben die Welt des 20. Jahrhunderts geprägt und den Übergang von der Industrie- in die Informationsgesellschaft bewirkt. Die vor allem im letzten Jahrhundert entstandenen zentralen Arbeits- und Erwerbsstrukturen werden durch die verschiedenen Formen des „online-computings“ wie der **Telearbeit** weitgehend wieder dezentralisiert und erfordern neue Koordinierungsprozeduren und Instrumente, in deren Mittelpunkt ein Kommunikationsnetz großen Ausmaßes und ungeahnter Komplexität steht. Alle Arbeitsprozesse werden davon berührt und mehr oder weniger stark verändert werden.

Banken und Versicherungen waren die ersten, die mit Modellen des "teleprocessing" experimentiert haben. Heute ist im Finanzsektor bereits ein hoher Stand der Vernetzung erreicht, und jeder Internet-User kann seine Transaktionen online abwickeln (**Telebanking**).

Inzwischen können über das Netz neben Bankgeschäften aber auch ganz alltägliche Einkäufe getätigt werden (**Teleshopping**). Der Besuch im virtuellen Kaufhaus wird bald ebenso selbstverständlich sein wie das Surfen in den Katalogen der Reiseagenturen und in den Flugplänen der Fluggesellschaften. Die Unternehmungen, die ihre Dienste über das Internet anbieten, werden in steigendem Maße aber auch miteinander Handel treiben und alle Phasen des Vermarktungsprozesses elektronisch umsetzen. Der Markt von morgen findet virtuell statt (**Electronic-Commerce, Electronic-Business**), nur die Güter müssen noch real befördert werden – aber wer weiß : : :? Vielleicht "beamen" wird uns in ferner Zukunft unsere Sachen zu?

Die ersten Telematik-Studien zeigen allerdings den immensen Aufwand, der damit verbunden sein würde, auch nur winzige Partikel über Leitungen oder per Funk zu transportieren. Dafür gewinnt die **Telemetrie** mehr und mehr an Bedeutung. Dabei müssen wir zuerst an die moderne Kriegsführung mit ihren Satelliten- und Raketensteuerungssystemen denken. Glücklicherweise gibt es aber auch zivile Beispiele für Telemetrie: So im Verkehrswesen, wo Bordcomputer schon heute sehr genau den innerstädtischen Weg weisen - oder in der Medizin.

Der Arzt am Krankenbett wird zwar nicht durch **Telemedizin** ersetzt, wohl aber wird der Patient eines Tages durch ferndiagnostische und therapeutische Maßnahmen so unterstützt werden können, daß er auch für seine Gesundheit im hohen Maße selbst verantwortlich ist.

So selbstverantwortlich wie für seine Bildung! Schon das Fernsehen kann als Bildungsmedium nicht mehr weggedacht werden. Es überwiegt zwar die mehr oder weniger gelungene Unterhaltung, aber nie wurden den Menschen auch Natur, Kunst und Kultur so nahegebracht wie heute. Das Problem ist weniger das Fehlen taktiler Elemente als vielmehr die ungeheure Informationsfülle dieser virtuellen Bild- und Tonwelten. Geregeltes Lernen setzt Auswahlprozesse, Präsentationen und kontrollierte Eigenbeiträge über das Netz voraus. **Teleteaching** und **Telelearning** werden das Bildungswesen der Zukunft jedenfalls nachhaltiger prägen als manchem Anhänger der alten Schule lieb ist.

Auch die Politik sollte im Kontext der technologischen Veränderungsprozesse nicht vergessen werden. Nicht nur, daß die Fernsehauftritte der Politiker und Parlamentssitzungen per Fernsehen in alle Winkel der Welt übertragen werden, vielmehr wird der Bürger der Zukunft seinerseits von jedem Winkel der Welt aus aktiv auf den Meinungsbildungsprozeß einwirken können (**Televoting**) – Multimediakonferenzen mit aktiver Beteiligung der Partizipanten sind heute immerhin schon Realität.

Die Realität ist also schon weit fortgeschritten. Die durch das Kommunikationssystem ermöglichten **Teleprozesse** erweisen sich in ihrer Gesamtheit als eine strukturelle Verfahrensinnovation mit weitreichenden Konsequenzen für die Unternehmungen, aber auch für den Einzelnen sowie für die gesamte Gesellschaft. Wie sollen die zahllosen, über das Netz laufenden Prozesse geplant und kontrolliert werden, welche Formen der Kooperation (**Telekooperation**) und des Managements (**Telemanagement**) sind anzuwenden, um ein heilloses Chaos zu verhindern, und stattdessen der gewollten Ordnung der Dinge einen entscheidenden Schritt näherzukommen?

3 Eine epochale Innovation ist zu managen!

Die Planung, Steuerung und Kontrolle der Teleprozesse ist eine herausragende Management-Aufgabe, weil es sich um die Realisierung einer Verfahrensinnovation größten Ausmaßes handelt. Ohne Übertreibung stellt die Entwicklung und Einführung der Teleprozesse ein grandioses Führungsproblem dar. Es geht um nichts weniger als um die Führung aus der materiell geprägten Industriegesellschaft in eine mehr oder weniger virtuelle Informationsgesellschaft. Neben den Managern der Betriebe und Unternehmungen sind also auch und vor allem die Politiker aller Ränge und parteipolitischen Schattierungen gefordert. Konkret sind technologische, ökonomische und organisatorisch-soziologische Probleme zu meistern:

3.1 Technologische Fragen

Im Vordergrund stehen die technischen bzw. technologischen Fragen, die im Zusammenhang mit den Telemedien und Teleprozessen zu beantworten sind. Sie gehören heute schon zum Verantwortungsbereich hoher und höchster Stellen. Es wäre unrealistisch zu glauben, sie würden sich eines Tages erübrigen. Der technologische Entwicklungsprozess wird auf unabsehbare Zeit hinaus in Bewegung bleiben und Entscheidungen von Managern und Politikern fordern.

So werden vor allem die Leitungsfähigkeit der Systeme und Netze sowie konfigurative Fragen zur Diskussion stehen und Anforderungen an das instrumentelle Know-how stellen, die über das normaler Zeitgenossen weit hinausgehen. Sodann werden ergonomische Vorschriften und Forderungen zur Benutzerfreundlichkeit zu klären und zu erfüllen sein, ganz abgesehen von den beiden kostenintensiven Nebensachen der Informationstechnologie Safety and Security. Sichere Zugangsverfahren und Transaktionswege zum Netz, digitale Signatursysteme, elektronisches Geld auf der einen und Viren, Hacker und anonyme Verleumdungen auf der anderen Seite bestimmen das Szenarium der Zukunft und halten nicht nur das Management in Atem.

3.2 Ökonomische Probleme

Die ökonomischen Aspekte sind kaum weniger anspruchsvoll. Der "Firewall" für Systeme und Gefühle wird Geld kosten, ganz zu schweigen vom weltumspannenden Kommunikationssystem selbst, das nicht nur über alle Grenzen hinweg bis in die letzten Hütten hinein wachsen, sondern auch vor Ort ständig an Größe und Komplexität zunehmen wird. Die Kosten werden ins Riesenhafte steigen und die Ressourcen ganzer Generationen binden. Die damit verbundenen Fragen der Finanzierung müssen als globales Phänomen gesehen werden, und entsprechend anspruchsvoll sind die Entscheidungen der Manager und Politiker. Es geht nicht selten um die Existenz der Betriebe, insbesondere der kleinen - und es geht um jeden einzelnen Arbeitsplatz. Jeder einzelne ist sowohl als Produzent wie auch als Konsument betroffen, denn die Teleprozesse wirken wechselseitig. Der Wirtschaftskreislauf schließt sich direkter als bisher beim Individuum.

3.3 Organisatorische Auswirkungen

Die organisatorischen Auswirkungen sind nur zum Teil schon abzusehen. Das Gemeinsame an der geschilderten Entwicklung ist die Dezentralisierung. Teleprozesse bewirken, daß die zentralistischen Strukturen der Leistungserbringung überall in der Wirtschaft, im öffentlichen Leben wie im Alltag der Bürger durch dezentrale Verfahren aufgelockert, ja aufgelöst werden. Der jahrhundertelange Zentralisierungstrend zu immer größer auswuchernden Ballungszentren mit Fabriken und Büros, der mit der Industrialisierung einherging, beginnt einer Gegenbewegung des Wohnens und Arbeitens zu weichen.

Das besondere Kennzeichen dieses Innovationsprozesses unserer Gesellschaft ist die Entkopplung, d. h. die Lockerung der produktionstechnisch bedingten Bindungen des Einzelnen an seine Umwelt:

- die **räumliche Entkoppelung** ist gewissermaßen das konstitutive Kriterium der Teleprozesse und tritt je nach Prozeß in mehreren Entwicklungsstufen auf. Sie ist am weitesten fortgeschritten im Telebanking und in der Telemetrie, während andere Teleprozesse - wie Teleworking und Telelearning - noch in ihren Anfängen stecken. Aber auch bei ihnen wird die 2. Dimension der Entkopplung,
- die **zeitliche Entkopplung** der Prozesse deutlich. Damit ist z. B. die größere Unabhängigkeit der Tele-Mitarbeiter von regulären Arbeitszeiten und Büroterminen gemeint, aber auch die Vision der just-in-time Verfügbarkeit des Wissens.

3.4 Soziologische Veränderungen

Die verschiedenen Formen der Telearbeit machen weitere Dimensionen der Entkopplung sichtbar, die über den rein organisatorischen Aspekt hinausgehen und soziologische Relevanz besitzen. Die Arbeit am heimischen Computer, aber auch jede Form der mobilen Telearbeit sind ja nicht nur räumlich weiter entfernt, sondern auch mental außerhalb der normalen Reichweite von Vorgesetzten. Die damit verbundene

- **disziplinarische Entkopplung** wird nicht nur im Status des freien Mitarbeiters deutlich. Auch der Tele-Mitarbeiter im festen Arbeitsverhältnis genießt ein größeres Maß an Freiheit. Er kann seinen Arbeitstag nicht nur selektiv gestalten und selber entscheiden, wo er seine Arbeit ausführen will, er ist auch unabhängiger in der Wahl seiner Problemlösungsstrategien. Beim freien Mitarbeiter tritt dazu noch die gesetzlich festgeschriebene Weisungsungebundenheit, die ihm ein hohes Maß an Selbstbestimmung sichert. Freilich, der quasi autonome Freiberufler übernimmt auch ein erhebliches Lebensrisiko, weil und soweit er in die betrieblichen und gewerkschaftlichen Sicherungssysteme nicht eingebunden ist. In diesem Zusammenhang kann von

- **sozialer Entkopplung** gesprochen werden. Der Freiberufler ist eigentlich kein Arbeitnehmer mehr, sondern ein kleiner Unternehmen mit allen Vor- und Nachteilen dieses Standes. Daß er durch die neueste Gesetzgebung wieder stärker in die Arbeitergemeinschaft der Arbeitnehmer eingegliedert werden soll, steht nicht im Widerspruch hierzu. Prinzipiell ist durch den Freiberufler-Vertrag ein Vertragsverhältnis sui generis entstanden, das zwischen einem Arbeitnehmer- und einem Unternehmerstatus einzustufen ist und im weiteren Verlauf der gesellschaftlichen Entwicklung alle Chancen hat, die Rolle eines in der Informationsgesellschaft tragenden Beschäftigungsverhältnisses zu übernehmen.

Wenn das so ist - und am Trend zu mehr Selbständigkeit im Erwerbsleben kann es ebenso wenig Zweifel geben wie am Trend zur autonomen Kaufhandlung im elektronischen Warenhaus - dann sind die praktizierten Verhaltens- und Gestaltungsmuster der Führung gründlich zu überdenken. Diejenigen Führungskräfte nämlich, die die persönliche Anwesenheit ihrer Mitarbeiter im Büro für unabdingbar für den Arbeitserfolg halten, werden bald als alte Garde der Unbelehrbaren dastehen.

4 Sachorientierung vor Personenorientierung

Was tritt an die Stelle von Dienstaufsicht und Erfolgskontrolle, Führung im Mitarbeiter-Verhältnis und Konfliktlösung durch Moderation? Werden Mitarbeiter-Gespräche ebenso obsolet wie das Coaching von Managern? Löst die Zusammenarbeit von Kollegen, die Arbeit im Team die alten Unterstellungsverhältnisse etwa ganz auf? Tele-Kooperation statt Tele-Management?

Darauf kann nur mit einem klaren "Nein" geantwortet werden, denn auch und gerade in den zu erwartenden Wehen der neuen Organisation des Arbeits- und Erwerbslebens werden Entscheider gebraucht. Fast nichts von Belang entscheidet sich von selbst, und was nicht entschieden wird, schmort vor sich hin, bis der Schaden eine mehr oder weniger brisante Eigenentwicklung nimmt. Die wichtigste Aufgabe des Managements ist es, rechtzeitig die richtigen Entscheidungen zu treffen. In diesem Sinne ist Management auch für die Teleprozesse, ja gerade für sie unabdingbar.

Der kooperative Ansatz entstammt der Feder von Theoretikern und verallgemeinert das Konstrukt der Transaktionsanalyse. Er ist aber nicht völlig falsch, weil er sich ausgesprochen oder unausgesprochen gegen sachlich nicht gerechtfertigte Macht wendet. Die Macht der Entscheider sollte aber ohne Ansehen der Person ausgeübt werden. Daher sind die personenorientierten Führungsmuster für die Teleprozesse tatsächlich durch aufgabenorientierte Techniken und Verfahren zu ersetzen. Notwendig ist eine spezifische Ausprägung und Mischung der bekannten Koordinierungsinstrumente persönliche Anweisung, Selbstabstimmung, formale Planung und generelle Regelung, für die der Begriff Tele-Management adäquat ist[1]:

4.1 Arbeitsvorbereitung

Das Koordinierungsinstrument der formalen Planung steht am Anfang einer Skizzierung der neuen Führungstechnik, weil sich bei der Erörterung der Planungs- und Kontrollverfahren zeigt, daß die dezentrale Produktion erheblicher Anstrengungen in dieser Richtung bedarf. Es sind institutionelle Voraussetzungen zu schaffen, die die mit der Planung und Kontrolle verbundenen Tätigkeiten wahrzunehmen ermöglichen, Stabsstellen zur Erstellung und Abstimmung von Teilplänen. Die Aufgabenstellung einer solchen Stelle ist der der industriellen Arbeitsvorbereitung ähnlich, und es erscheint sinnvoll, diese nicht mehr isoliert auf den Produktionssektor zu beziehen, sondern auf das Unternehmen als Gesamtsystem. Arbeitsvorbereitung ist die Planung und Steuerung der Produktion. Als Termin-, Mengen- und Qualitätsvorgabe erhält sie für die Teleprozesse noch eine wesentlich größere Bedeutung als für zentrale Arbeitsprozesse. Man kann feststellen, daß eine zentrale Arbeitsvorbereitung umso notwendiger ist, je stärker die Arbeitsplätze zeitlich und

---

[1] entnommen aus [Hei87], S. 394 ff

räumlich diffundiert sind. Arbeitsvorbereitung ist die institutionelle Voraussetzung des Tele-Managements, das sich damit als eine dem Management-by-Objectives verwandte Führungstechnik darstellt.

4.2 Selbstorganisation

Das zweite Koordinierungsinstrument der Selbstabstimmung durch intensive horizontale Kommunikation mit Kollegen wird bei dezentralisierter Arbeit insofern beeinträchtigt, als direkte Kontakte nur in eingeschränktem Umfang stattfinden. Die gegenseitige Abstimmung wird auf den sachbezogenen Teil der Aufgabenstellung begrenzt, während die Arbeitsausführung selbständig zu organisieren ist. Der dafür gewählte Ausdruck "Selbstorganisation" soll verdeutlichen, daß der Tele-Mitarbeiter in erhöhtem Maße auf sich selbst gestellt ist und sowohl die erforderliche Disziplin als auch die Fähigkeit besitzen muß, seine Arbeit sachlich und zeitlich einzuteilen. Die Selbstorganisation ist ein spontaner Prozeß der Selbststrukturierung, der durch ständige Selbstkoordination auf die Lösung der Aufgabenstellung ausgerichtet ist. Vom Empfang der Aufgabenstellung bis zur Ablieferung der Ergebnisse ist der Tele-Mitarbeiter autonom. Seine professionellen Fähigkeiten und die instrumentellen Hilfen müssen ausreichen, seine Aktivitäten selbständig auszuführen und so zu gestalten, daß die Ergebnisse akzeptiert werden können.

4.3 Engineering

Eine große Hilfe stellen dabei die Methoden und Werkzeuge des Software-Engineering dar. Sie verkörpern einen wesentlichen Teil des dritten Koordinierungsinstruments "generelle Regelungen" und werden hier unter dem Begriff des "Engineering" zusammengefaßt, der treffender als der theoretische Begriff der Formalisierung aussagt, was gemeint ist. Zum Engineering ist die vereinheitlichende Regelung, also die Standardisierung wie auch die Dokumentation zu zählen, die schriftliche Festlegung von Aufgabenerfüllungsprozessen. Für die weitere Entwicklung der Teleprozesse ist ein verstärkter Methoden- und Werkzeugeinsatz erforderlich. Diese Forderung ergibt sich sowohl aus der im Zuge der Entwicklung der Software-Technologie liegenden Professionalisierung als auch aus der mit der dezentralen Arbeit verbundenen Notwendigkeit, andere Abstimmungsmöglichkeiten einzusetzen als das persönliche Gespräch. Selbstorganisation und Engineering zusammen ermöglichen die weitgehend unabhängige Ausführung auch schwieriger Teilaufgaben und ihre sachliche und zeitliche Integration mit anderen Teilaufgaben zu brauchbaren Ergebnissen.

4.4 Ergebniskontrolle

Tele-Management ist nach den bisherigen Feststellungen dadurch gekennzeichnet, daß sorgfältig geplante Teilaufgaben in Auftrag gegeben und selbständig ausgeführt werden. Hinzu kommt noch eine spezifische Form der Überwachung und Kontrolle. Das Koordinierungsinstrument der persönlichen Anweisung tritt ja ebenso zurück wie das der gegenseitigen Abstimmung und wird durch ergebnisbezogene Erfolgskontrollen ersetzt.

Diese in den Berichten über praktizierte Fälle von Telearbeit und durch Erfahrung sicher abgestützte Feststellung stellt aber keine Verschärfung der Kontrollen dar, wie in diesem Zusammenhang oft behauptet wird, sondern eine Veränderung der Führungstechnik. An die Stelle von persönlichen Eindrücken, die sich im Rahmen der täglichen Zusammenarbeit mehr oder weniger bewußt ergeben, tritt die Kenntnisnahme von Arbeitsergebnissen, seien es nun die gelösten Teilaufgaben selbst oder bloße Eintragungen in Arbeitstagebücher oder Wochenreports.

Sie sind aber nicht - oder wenigstens nicht nur - als Tätigkeitskontrollen gedacht, sondern notwendig, um den Arbeitsfortschritt und die Qualität der Arbeit zu überwachen, und besitzen eher den Charakter von sachlichen Rückmeldungen als von persönlichen Rapports. Sie sind keineswegs der Versuch, die Tele-Arbeitnehmer zu gängeln, sondern Ausdruck der in der Arbeitsteilung begründeten Notwendigkeit der sachlichen und zeitlichen Abstimmung der Teilprozesse aufeinander. In der Ablösung der (persönlichen) Dienstaufsicht durch (sachliche) Erfolgskontrolle kann daher eine weitere Verstärkung der Autonomie des Tele-Mitarbeiters gesehen werden. Seine Tätigkeit findet nicht nur örtlich und zeitlich, sondern auch disziplinarisch "entkoppelt" statt.

5 Wo bleibt der Mensch?

Der sachorientierte Führungsstil wird dazu führen, daß die Teleprozesse ebenso erfolgreich geführt werden können wie zentrale Arbeitsprozesse. Die Ergebnisse dürften in allen jenen Fällen sogar besser ausfallen, in denen es auf besondere Präzision und Termintreue ankommt. Defizite werden aber auf der personalen Ebene entstehen; denn viele Menschen werden durch das Zusammensein mit anderen bei der Arbeit motiviert. Gerade das wird aber zeitlich in seiner Bedeutung zurückgehen. Viele Tele-Mitarbeiter fürchten, durch die Abwesenheit von der Zentrale und das Fehlen regelmäßiger face-to-face-Kontakte bei Beförderungen und Auszeichnungen übergangen zu werden, und Telelearning ist auch nicht jedermanns Sache. Das höhere Maß an Selbstbestimmung, das durch die Entkopplung in räumlicher, zeitlicher und disziplinarischer Hinsicht möglich sein wird, könnte bei vielen Menschen zu Frustrationserscheinungen führen. Insbesondere personenorientierte Mitarbeiter und Führungskräfte werden also über diese Wirkung der Teleprozesse nicht gerade glücklich sein. Tatsächlich liegen die Grenzen der Entkopplung weniger im wirtschaftlichen, oder gar im technologischen Bereich. Auch sachorientierte Menschen, die überwiegend durch Aufgabeninhalte motiviert werden, brauchen ab und zu die Nestwärme eines Bürobetriebs.

In der Ablehnung der Teleprozesse, insbesondere der Telearbeit liegt aber auch ein Mißverständnis. Es ist nämlich nicht zu erwarten, daß im Zuge der Verfahrensinnovation sofort alle Büros verschwinden. Sie werden Schritt für Schritt verkleinert und ändern ihren Charakter vom Ort der Arbeit zum Ort der Kommunikation. Die in die Teleprozesse eingebundenen Menschen werden also auch in Zukunft viele Möglichkeiten haben, einander persönlich zu begegnen. Hinzu kommen die vernetzten Kommunikationsmöglichkeiten über das Videofon und Konferenzsysteme, die wohl nicht mehr allzu lange auf sich warten lassen werden.

Aber es bleibt die Veränderung der Arbeits- und Lebensumstände, von denen der eine mehr, der andere vielleicht etwas weniger betroffen sein wird. Moderne Menschen werden lernen, sich auf die neuen Umstände so einzustellen, daß insgesamt eine Steigerung ihrer Lebensqualität zu erwarten ist.

Die Aufgaben des Managers sind in diesem Zusammenhang vergleichbar mit dem eines Moderators und Koordinators. Er wird die Personen sachgerecht zusammenführen und für gute Arbeits- und Kommunikationsbedingungen sorgen müssen. Vielleicht entsteht dabei eine neue Kultur der Zusammenarbeit, in der die betrieblichen Bindungen vielfach verwoben sind mit überbetrieblichen Verbindungen. In dem neuen Netz von Beziehungen wird der Einzelne über neue Medien mit neuen Kollegen und Freunden kommunizieren und die neue Welt der Arbeit und Freizeit mit gestalten.

Literatur

[Bec99] Beck, Ulrich: Schöne neue Arbeitswelt. Vision: Weltbürgergesellschaft; Frankfurt/New York 1999

[Cai99] Cairncross, Francess: The Death of Distance. How the Communications Revolution Will Change Our Lives; London 1997

[GWF97] Godehardt, Birgit; Worch, Andrea; Förster, Günter: Teleworking. So verwirklichen Unternehmen das Büro der Zukunft; Landsberg/Lech 1997

[Hei87] Heilmann, Wolfgang: Teleprogrammierung. Die Organisation der dezentralen Software-Produktion; Wiesbaden 1987

[HeS99] Herrmanns, Arnold; Sauter, Michael; Hrsg: Management-Handbuch Electronic Commerce; München 1999

[Nef96] Nefiodow, Leo A.: Der sechste Kondratieff. Wege zur Produktivität und Vollbeschäftigung im Zeitalter der Information; Sankt Augustin 1996

[NSE94] Niemeier, Joachim; Schäfer, Martina; Engstler, Martin; Koll, Peter: Mobile Computing. Informationstechnologie ortsungebunden nutzen; München 1994

[RMS98] Reichwald, R. Möslein, K. Sachenbacher, H. Engelberger, H. Oldenburg, S.: Telekooperation. Verteilte Arbeits- und Organisationsformen; Berlin-Heidelberg 1998

[Sta86] Staudt, Erich (Hrsg.): Das Management von Innovationen; Frankfurt 1986

Ein Szenario für die Anwendungssystementwicklung mit Komponenten

Erich Ortner, Klaus-Peter Lang, Jörg Kalkmann

Abstract

Für die Herstellung konfigurierbarer Anwendungssoftware wird ein Szenario vorgestellt, daß aus den Teilbereichen Ableitung von Aufgabenplänen aus der Unternehmensmodellierung, Komposition von Anwendungssystemen aus Anwendungselementen und Fertigung von Anwendungselementen aus Creatorelementen besteht.

Die Aufgabenpläne orientieren sich an der rekonstruierten Aufbau- und Ablauforganisation des Anwenderunternehmens. Die sich daran anschließende Komposition von Anwendungssystemen aus Anwendungselementen beruht auf dem Baukastenprinzip. Zur Entwicklung von Anwendungselementen aus Creatorelementen wird auf Komponententechnologien zurückgegriffen, wobei die Creatorelemente in Form von Stücklisten organisiert sind.

Der Ansatz wird insgesamt durch den Aufbau einer Unternehmensnormsprache und ein Repositorysystem unterstützt. Mit einem implementierten Prototyp wurde eine interdependente Entwicklung von Organisationsstrukturen und Anwendungssystemen realisiert.

1 Einleitung

Die Idee der komponentenorientierten Softwareentwicklung entstand Mitte der 60er Jahre [McI68] durch die Notwendigkeit, die Herstellung von Software für Anwenderunternehmen (Wirtschaft und öffentliche Verwaltung) industriell und wirtschaftlich zu gestalten. Wie in anderen Ingenieurbereichen konnte man sich auch im Software-Engineering "kaum eine vollkommen neue Aufgabe vorstellen, die mit einer früher gelösten Aufgabe nicht verwandt ist" [WeOr80]. Teile müssen sich wiederverwenden lassen. Dennoch ist heute die "produzierte" Software noch überwiegend als starr, monolithisch und an allgemeinen Anwendungsfällen orientiert zu bezeichnen. Durch Komponentenorientierung soll dagegen flexible, modulare und für spezifische Anwendungsfälle konfigurierbare Anwendungssoftware industriell hergestellt werden können. Wie ist dieses Ziel zu erreichen?

Dem umfassenden Werk zur Componentware von Griffel [Gri98] kann man entnehmen, welche bedeutende Entwicklung seit 1968 McIllroy's Idee genommen hat und wie weit man sich obigem Ziel bereits nähern konnte. In dieser Hinsicht wollen wir hier ein Szenario vorstellen, das in dieser Form implementiert wurde, und im Vergleich zu anderen Ansätzen [Sche98a] [Sche98b] in einigen Punkten hervorheben:

a) Komponenten werden in ihrer Funktionalität nicht allgemein, sondern spezifisch festgelegt. Im Hinblick auf die vielfach sich unterscheidenden Teilaufgaben ähnlicher Gebiete in den Anwenderunternehmen werden sie in angemessenen Variantenzahlen gefertigt.

b) Es wird möglichst eine Wiederverwendung durch Auswahl und nur in kontrollierbaren Ausnahmefällen eine Wiederverwendung durch Anpassung (Modifikation) realisiert.

c) Das mächtige Instrument der Stücklistenorganisation (z.B. Variantenstückliste [WeMü81]) aus anderen Ingenieurgebieten wird auf die komponentenorientierte Softwareherstellung übertragen.

d) Ein Repository wird nicht nur zur Verwaltung der Komponenten, sondern auch zur Verwaltung der aus den Komponenten entwickelten Systeme eingesetzt, so daß "auf Knopfdruck" festgestellt werden kann: Welche Komponente (Variante und Version) wird in welchen Systemen an welcher Stelle verwendet?

e) Die Entwicklung (Komposition) von Anwendungssystemen aus Anwendungselementen beruht auf dem Baukastenprinzip.

f) Als "Verbindungsinstrumente" (Koordinationssprachen) zwischen Anwendungselementen können auch Workflow-Management-Systeme eingesetzt werden.

g) Der gesamte Lebenszyklus komponentenorientierter Anwendungssysteme wird auf der Basis einer materialen Normsprache (rekonstruierte "Business Language" des Unternehmens) organisiert.

h) Die Implementierung der komponentenorientierten Anwendungsentwicklung findet auf der Grundlage einer neuen Verteilung der Aufgaben zwischen "Creator", "Composer" und "User" der Anwendungssysteme statt.

Die neu eingeführte Bezeichnung "Anwendungselement" kommt der Bezeichnung "Business Object", die oft leicht unterschiedlich definiert wird [Ca95], am nächsten. Allerdings wird ein Anwendungselement im Hinblick auf die einem Aufgabenträger in einem Unternehmen im Rahmen eines Aufgabengebiets (z.B. Auftragsbearbeitung) zugewiesene Teilaufgabe "als Ganzes" (z.B. Bestellerfassung) bestimmt. Von Anwendungselementen ausgehend kommt man dadurch zu einer Entwicklung von Anwendungssystemen durch die Unterscheidung der beiden Entwicklungsrichtungen:

- Entwicklung nach innen: Entwicklung von Anwendungselementen aus Creatorelementen (Creator)
- Entwicklung nach außen: Entwicklung von Anwendungssystemen aus Anwendungselementen (Composer)

Für die Entwicklung von Anwendungselementen aus Creatorelementen wird auf die inzwischen zur Verfügung stehende "Komponententechnologie" (DCOM, CORBA, JavaBeans) zurückgegriffen. Die Entwicklung der Anwendungssysteme aus Anwendungselementen folgt dem Motto: "Die Anwendungselemente werden aus einem Repository entnommen und dann nach den Aufgabenplänen der Einsatzgebiete zu Anwendungssystemen zusammengesetzt.

2 Komponentenorientierte Anwendungsentwicklung

Die Vorteile der Entwicklung von Anwendungssystemen aus Einzelteilen (Komponenten), die je eine Aufgabe innerhalb der Systeme zuverlässig erfüllen sollen, lassen sich durch die Begriffe "Arbeitsteilung", "Wiederverwendung", "Zuverlässigkeit", "Beherrschbarkeit" und "systematische Variation" benennen. Diesen Vorteilen stehen jedoch die allgemeinen Nachteile einer Zerlegung von Systemen gegenüber - z.B. "Schnittstellenprobleme" und "die Frage nach der Sicherstellung von Gesamtfunktionen". Ein Einsatz von Methoden technischer Konstruktionsbereiche hilft, die genannten Nachteile bei gleichzeitiger Erzielung von Vorteilen zu reduzieren. Komponenten sind folgendermaßen definiert:

Komponenten [lat.], (Bestand)teile, aus denen sich ein Ganzes zusammensetzt oder in die es zerlegt werden kann [Dud96].

Diese sehr weit gefaßte Beschreibung läßt aus Sicht der Anwendungsentwicklung jegliches identifizierbare Teil eines Ganzen für die Bezeichnung "Komponente" zu. Es ist dabei unerheblich, welcher Abstraktionsebene dieses Teil angehört. Die Abstraktionsebenen lassen sich von einzelnen Bits (jedes Programm führt in letzter Konsequenz zu einem Bitstrom [Pre97] [HaMN92]) über Speicherroutinen, Betriebssystem-APIs, Programmfunktionen, Dialoge, Business Objekte bis hin zu kompletten Anwendungssystemen (z.B. ein komplettes Warenwirtschaftssystem als Teil einer Anwendungsarchitektur) spannen. Der Komponenten-Begriff wird im folgenden aufbauend auf die Methoden der technischen Konstruktion genauer bestimmt.

Vorbild technische Konstruktion

Die Vorgehensweise eines Ingenieurs wird in [Ott94] durch folgende Prinzipien beschrieben:

⇨ Systematisches Vorgehen

⇨ Denken in Baugruppen

⇨ Wiederverwendung

⇨ Prozeßstrukturierung

⇨ Prozeßbegleitendes Qualitätsbewußtsein

Das "Denken in Baugruppen" ist dabei die eigentliche Konstruktionsleistung. Die wesentliche Herausforderung ist der richtige Umgang mit Abstraktions- und Komplexionsebenen. Damit geeignete Baugruppen identifiziert werden können, muß die Aufgabenstellung sowohl in bezug auf die Anforderungen an das System (Zweckbeschreibungen und Bedingungen) als auch in bezug auf Anforderungen an die Konstruktion und Herstellung (Produktivität) korrekt erfaßt sein. Ein strukturiertes Vorgehen erfordert die Unterteilung des Gesamtsystems in Subsysteme (Komponenten bzw. Baugruppen) und unterteilt diese wiederum in weitere Subsysteme solange, bis die erhaltenen Subsysteme (Komponenten) "technisch handhabbar" sind. Die "Strukturierung erfordert ein Denken in Systemzusammenhängen, um die Subsysteme wieder zum Gesamtsystem *integrieren* zu können" [Ott94]. Dabei müssen die Baugruppen auf dem allgemeinen Prinzip der Modularisierung basieren, wonach sie in sich abgeschlossen und abgrenzbar sind und eine definierte Funktionalität aufweisen. Für die Integration zum Gesamtsystem müssen sie geeignete Schnittstellen bereitstellen.

Die Produktivität wird durch Maßnahmen zur Reduktion des Aufwandes in der Konstruktion beeinflußt. Dabei wirken folgende Konstruktionsmethoden optimierend zusammen:

⇨ Entwickeln eines Baukastensystems

⇨ Variantenkonstruktion

⇨ Konstruieren mit Lösungskatalogen

Für produktivitätssteigernde Maßnahmen ist einerseits eine strenge Modularisierung und andererseits der Wille zur Wiederverwendung notwendig. Für beide ist das Finden der geeigneten Teilaufgaben, also einer zweckmäßigen Baugruppen-Begrenzung, eine Voraussetzung. Ist diese Aufgabe erfolgreich erledigt, wird eine systematische Variation der Lösungen durchgeführt, d.h. ein möglichst vollständiges Aufstellen sinnvoller Lösungsalternativen. Verfolgt man das Ziel, mit möglichst wenigen unterschiedlichen Bauteilen möglichst viele verschiedene Gesamtsysteme zu entwickeln, so wird ein Baukastensystem aufgebaut.

> *"Das Baukastensystem ist eine Anwendung der Kombinationsgesetze auf zusammengesetzte Gegenstände mit dem Ziel, die Haupteigenschaften der Kombinationen auszunutzen, nämlich mit einer kleinen konstanten Anzahl verschiedener Elemente eine große Anzahl Komplexionen zu bilden." [Nas53]*

Die Vorteile von Baukastensystemen sind in der effizienteren Konstruktion zu sehen und der Möglichkeit, Veränderungen des Gesamtsystems durch den Austausch einzelner Komponenten zu realisieren. Nachteile liegen in der eingeschränkten Fähigkeit, ein Gesamtsystem auf eine spezifische Aufgabe hin zu optimieren. Deshalb ist es wichtig, die Variabilitätsanforderungen möglicher Anwendungsfälle richtig vorherzusehen. Der Einsatz von Baukastensystemen unterstützt im besonderen die Variantenkonstruktion.

Konstruktionsprozesse sind kreative Vorgehensweisen, die jedoch durch die Intensität des kreativen Einsatzes zum Konstruktionszeitpunkt unterschieden werden können. Die Grenzen der verschiedenen Arten der Konstruktionstätigkeiten sind fließend:

⇨ *Neukonstruktion: Erstellen einer neuen Lösung für ein System bei gleicher oder veränderter Aufgabenstellung.*

⇨ *Variantenkonstruktion: Anpassen der Systeme in Größe und Anordnung (Baukasten) innerhalb der Anwendungsgrenzen. Funktion und Lösungsprinzip bleiben gleich. [StRö94].*

Will man mit bereits existierenden Komponenten in der Konstruktion arbeiten, so wird ein System für ihre strukturierte Verwaltung benötigt (Ordnungssystem). In der technischen Konstruktionslehre haben sich hierfür Konstruktionskataloge etabliert. Der Aufbau von Konstruktionskatalogen wurde in den VDI-Richtlinien [VDI82] normiert sowie in Roth [Ro94] in aller Ausführlichkeit dargestellt. Neben den für die komponentenorientierte Anwendungsentwicklung weniger relevanten Objekt- und Operationskatalogen sind die Lösungskataloge von besonderem Interesse, denn sie sind Konstruktionskataloge, die eine Zuordnung von Funktionen bzw. Aufgaben zu Lösungen ermöglichen. Diese Lösungen sind Komponenten. Der Ordnungsgesichtspunkt ist eine "Aufgabe" oder eine "Klasse von Aufgaben". Lösungskataloge sollten möglichst umfassende Lösungssammlungen beinhalten. Wird ein Konstruktionskatalog oder genauer ein Lösungskatalog für die Konstruktion von Anwendungssoftware aufgebaut, so sind die Katalogelemente "Hauptteil", "Zugriffsmerkmale" und "Gliederung" zu erstellen. Der Hauptteil entspricht den Komponenten und ihren Beschreibungen. Zugriffsmerkmale werden über Sachmerkmalleisten abgebildet. Sachmerkmale dienen der Beschreibung und Identifikation von Gegenständen durch charakterisierende Eigenschaften, dargestellt durch Merkmale und ihre Ausprägungen. Sachmerkmalleisten fassen ähnliche Gegenstände über gemeinsame Merkmale zu Klassen zusammen [Mei90] [DIN92] [Kra86].

Die Gliederung der Konstruktionskataloge entspricht der Aufgabengliederung in den jeweiligen Anwendungsbereichen. Die Gliederung ist einerseits das Ergebnis der allgemeinen Anwendungsbereichszerlegung (Branchenpläne) bei der Neu- und Erweiterungskonstruktion des Anwendungselemente-Baukastensystems. Andererseits ist die Gliederung ein sehr wichtiges Instrument für den Composer zur Navigation im Komponentenbestand während des Variantenkonstruktionsprozesses.

Unterteilung der Komponenten nach Abstraktionsebenen

Für eine Gliederung der Komponenten von Anwendungssystemen entsprechend ihrer Abstraktionsebenen wird hier eine Einteilung in Anwendungsbereichsebene und Herstellungsebene vorgeschlagen.

Die Einteilung in Anwendungsbereich und Herstellung entspricht der im Maschinenbau geläufigen Differenzierung zwischen Konstruktionselementen und Maschinenelementen [StRö94]. "Konstruktionselemente" für betriebswirtschaftliche Anwendungssysteme sind demnach elementare Aufgabenbausteine, die in bezug auf die Aufgabe nicht mehr weiter zerlegbar sind. Die Definition von Steinhilper und

Röper muß auf Baugruppenstrukturen erweitert werden, denn sowohl im Maschinenbau wie auch in der Anwendungssystementwicklung wird auch mit Kompositionen (Baugruppen) als Konstruktionselementen konstruiert. Diese Baugruppen entsprechen dann entweder umfangreicheren Aufgaben oder sie stellen bereits gruppierte Aufgabenkomplexe dar, die jedoch wie ein elementares Konstruktionselement im Konstruktionsprozeß verwendet werden.

Konstruktionselemente werden hier in Abgrenzung zu anderen Komponenten der Anwendungssystementwicklung als "Anwendungselemente" bezeichnet.

Definition: *Anwendungselemente sind Komponenten, die sich auf der Abstraktionsebene des (potentiellen) Anwenders zur Erfüllung von Aufgaben in seinem Tätigkeitsbereich direkt identifizieren lassen.*

Anwendungselemente sind Argumentationseinheiten der Anwender, die ihr Arbeitsumfeld beschreiben. Ein Anwendungselement besteht aus fachlicher Konzeption und Implementierung. Beschreibende Informationen (Eigenschaften, Beziehungen, Dokumentation, Design, Schnittstellenbeschreibungen, Einordnung in übergreifende Konzepte) sind ebenfalls Bestandteile der Anwendungselemente.

"Maschinenelemente" werden im Bereich der Maschinen-, Geräte- und Apparateentwicklung als Bausteine zur Herstellung von Konstruktionselementen gesehen. Die den Maschinenelementen vergleichbaren Komponenten der Anwendungssystementwicklung werden hier "Creatorelemente" genannt.

Definition: *Creatorelemente sind in einer Komponententechnologie gekapselte Softwareelemente, die sich auf der Abstraktionsebene des Softwareentwicklers für die Herstellung von Anwendungselementen identifizieren lassen.*

Jedem Anwendungselement ist genau ein Creatorelement (das aus mehreren Creatorelementen zusammengesetzt sein kann) zugeordnet, welches man als den Implementierungsanteil eines Anwendungselementes bezeichnet. Ein Creatorelement basiert in der Regel auf einer der folgenden Komponententechnologien: "Distributed Component Object Model" (DCOM) von Microsoft, "Common Object Request

Broker Architecture" (CORBA) oder "JAVA Beans" von SUN Micosystems. In einem Creatorelement wird Programmcode gekapselt. Es kann neben Programmcode auch weitere Creatorelemente enthalten, die nicht direkt in ein Anwendungselement eingehen. Auf die verschiedenen Möglichkeiten der Komponentenbildung in der Herstellungsebene und einer Unterteilung derselben in Produktion und Montage wird im Abschnitt 5 näher eingegangen.

Creatorelemente basieren im Gegensatz zu den Anwendungselementen auf der technischen Sichtweise der Softwareentwicklung und benötigen somit ein eigenes, auf die Anforderungen von Softwareentwicklern zugeschnittenes Ordnungssystem, mit dessen Hilfe die in einem Lager aufbewahrten Creatorelemente wiederverwendet werden können. Abbildung 1 zeigt eine Übersicht der einzelnen Bereiche einer komponentenorientierten Anwendungssystementwicklung.

Für eine terminologische Integration von Ordnungssystem I (für Anwendungselemente) mit Ordnungssystem II (für Creatorelemente) wird eine einheitliche normierte Fachsprache (Normsprache) verwendet. Diese Normsprache [Ort97], determiniert durch die Anwendungsbereiche, stellt eine sprachlich eindeutige Beschreibung der Zielsysteme (Kundenanforderungen) sicher.

In den folgenden Abschnitten werden gemäß Abbildung 1, ausgehend von den Anwendungsbereichen (von rechts nach links), die Konstruktionsaufgaben für das Gesamtprojekt Anwendungssystementwicklung erläutert.

3 Entstehung eines Aufgabenplans

Die Entwicklung einer fachlichen Softwarelösung sowie die Gewinnung des problemorientierten Fachwissens aus dem Fachentwurf reichen für die Konfigurierung eines Anwendungssystems nicht aus. Es fehlt der "Bauplan", nach dem Anwendungselemente zu Anwendungslösungen verbunden werden können. Da Anwendungselemente aufgabenorientiert definiert sind, muß ein Aufgabenplan aus der Unternehmensmodellierung (Abbildung 1) für die Konfigurierung der Anwendungen abgeleitet werden. Anhand des Aufgabenplans ist zu entscheiden, welche Anwendungselemente wo zur Unterstützung der (Teil-) Aufgaben einzusetzen und zu einem Anwendungssystem zu verbinden sind.

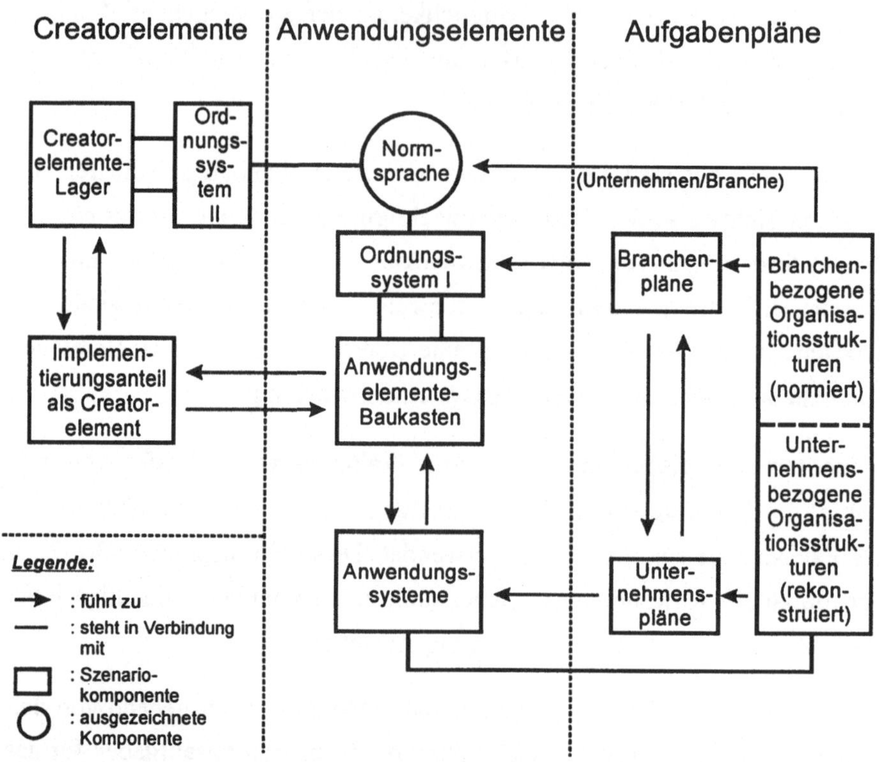

Abbildung 1: Szenario für die komponentenorientierte Anwendungsentwicklung

Bei der Erstellung eines Aufgabenplans fängt man beispielsweise mit der Geschäftsprozeßmodellierung an, aus der die Arbeitsschritte – dies können Handgriffe (physische Arbeit) und/oder Sprachhandlungen (geistige Arbeit) sein – durch weitere abstraktive und kompositive Zerlegung der Prozesse (Vorgänge) ermittelt werden. Aus den einzelnen Arbeitsschritten kann man dann Aufgaben aggregieren, die Arbeitspersonen bzw. ihren Stellen zuordenbar sind. Aufgabe eines "Efficiency Engineering" ist es hierbei, die unter verschiedenen Randbedingungen (Fähigkeiten der Mitarbeiter, Funktionalität der Arbeitsmittel, Nebenläufigkeit der Teilarbeitsschritte etc.) optimale Verteilung der Arbeit zu ermitteln. Auf dieser Stufe lassen sich dann eine Stellenstruktur, die Zusammenfassung von Stellen zu Organisationseinheiten und daraus - bezogen auf die Elemente einer Aufbauorganisation (z.B. Verteilungsaspekt) – Aufgabenpläne entwickeln, die die Grundlage für die Komposition von Anwendungselementen zu Anwendungssystemen (Arbeitsmitteln) bilden.

Aufgabenpläne sind zielorientierte Typisierungen und Gruppierungen von Arbeitsschritten (Handgriffen und/oder Sprachhandlungen) zu Aufgabeneinheiten, die einer Stelle, einer Arbeitsgruppe oder einer größeren organisatorischen Einheit in Hinblick auf die erfolgreiche Ausführung von (Geschäfts-) Prozessen bzw. Vorgängen zugeordnet werden.

So kann einer Stelle z.B. die Aufgabe "Rechnungsprüfung" und einer Abteilung die Aufgabe "Kontokorrentbuchhaltung" zugeordnet werden. Würde die Abteilungsaufgabe nicht weiter zerlegt, ließe sich für die beiden Organisationseinheiten (Stelle und Abteilung) ein unterstützendes Anwendungssystem aus geeigneten Anwendungselementen (katalogisierten Varianten) für die "Rechnungsschreibung" und "Kontokorrentbuchhaltung" – in der Ausführungsreihenfolge: erst Rechnungsschreibung, dann Kontokorrentbuchhaltung – komponieren.

Die Anwendungssystemarchitektur eines Unternehmens wird von der Arbeitsorganisation (Aufbau- und Ablauforganisation) ausgehend entwickelt und nicht umgekehrt. Eine Anwendungslösung kann individuell – orientiert an der entwickelten optimalen Organisationsstruktur einer Unternehmung – aus Anwendungselementen konfiguriert werden. Durch die flexible Verbindung von Anwendungselementen ist die industrielle Entwicklung von konfigurierbarer "Individualsoftware" (via katalogisierten Varianten von Anwendungselementen) möglich. Für das Management der flexiblen Lösungen in den Anwenderunternehmen sind Unternehmensrepositories aufzubauen.

Ein Mittel, um Aufgabenpläne einfach darzustellen, sind "Funktionendiagramme" (Abbildung 2). Mit ihnen wird ein Vorgang (z.B. Lagerbestellung von Firmenkunden) in zu erledigende Teilaufgaben zerlegt und Stellen zugeordnet. Dabei können die Aufgaben bei der Zuordnung als "Ausführungs-", "Entscheidungs-", "Koordinations-" oder "Anordnungsaufgaben" näher charakterisiert werden. Unter "editieren" werden in Abbildung 2 die Teilaufgaben "erfassen", "ändern" und "löschen" subsumiert. Andere Darstellungsmittel für Aufgabenpläne bilden beispielsweise "GANTT-Diagramme", "Ereignisgesteuerte Prozeßketten" oder "Vorgangsketten-diagramme". Zu beachten ist, daß bei diesem Ansatz der komponentenorientierten Anwendungssystementwicklung zur Erzielung individueller Anwendungssystemlösungen auch die gesamte Aufbau- und Ablauforganisation eines Anwenderunternehmens mit zu gestalten ist. Die Aufbau- und Ablauforganisation wird dabei am besten nach einem aspekteorientierten Ansatz modelliert [Leh98].

Aufgabe \ Stelle		Vertrieb	Auftrags-bearbeitung	Lager	Fakturierung	Kreditoren-buchhaltung
Lagerbestellung von Firmenkunden	Kundendaten editieren	A,K	A			
	Kundenbestellungen editieren		A			
	Bonität prüfen		A			K,E
	Lagerbestände verwalten		A	A, K		
	Kommissionieren		O	A		
	Lieferscheine erfassen	K	K	A	K	
	Kundenrechnungen erstellen und buchen	K			A	K
	Zahlungseingänge prüfen	K				A

A: Ausführung
E: Entscheidung
K: Koordination und Kontrolle
O: Anordnung

Abbildung 2: Aufgabenplan einer Lagerbestellung von Firmenkunden

4 Entwicklung von Anwendungssystemen aus Anwendungselementen

Eine Besonderheit eines Anwendungselemente-Baukastensystems zur Komposition von Anwendungssystemen nach Aufgabenplänen ist, daß Baugruppen genau gleich verwaltet werden wie elementare Bausteine. Nur so wird ein flexibler Wechsel zwischen verschiedenen Abstraktionsebenen innerhalb des Anwendungsbereiches beim Konstruktionsprozeß ausreichend unterstützt. Anwendungselemente-Baugruppen werden folglich wie elementare Bausteine im Gesamtsystem eigenständig beschrieben, dokumentiert und identifiziert. Ein Ordnungssystem für die Auswahl der Bausteine muß dies entsprechend berücksichtigen.

In einem Konstruktionsprozeß ist die Auswahl der Lösungsvarianten (aus dem Konstruktionskatalog) nur ein Schritt von vielen. Zuvor müssen die Anforderungen erfaßt und daraus die Gesamtaufgabe abstrahiert werden. Anschließend erfolgt die Festlegung der Teilaufgaben. Das Ergebnis dieser Festlegung entspricht einem Aufgabenplan eines konkreten Anwenderunternehmens (s. auch Abschnitt 3). Bei der Suche nach den geeigneten Teilaufgaben sind neben den Referenzplänen einer Branche auch die Erfahrungen früherer Projekte zu verwenden, die in unterschiedlichster Weise im System hinterlegt bzw. durch geeignete Tools bereitgestellt werden können.

Eine Teilaufgabe korreliert im Idealfall mit einer Sachmerkmalleiste. Oder umgekehrt gilt, Sachmerkmalleisten müssen so definiert werden, daß sie die Lösungssortimente für Teilaufgaben repräsentieren.

Ist die Variantenkonstruktion so weit fortgeschritten, daß die Teilaufgaben feststehen, sind nur noch die beiden Konstruktionshandlungen Auswahl und Komposition zugelassen, um aus bestehenden Bausteinen eines Anwendungselemente-Baukastensystems Anwendungssoftware herzustellen (Abbildung 3). Die Auswahl basiert rein auf Fachbegriffen und Inhalten des Anwendungsbereichs der Software, da alle Eigenschaften der Anwendungselemente in Form von normsprachlichen Sachmerkmalen vorliegen. Die Komposition verwendet ausschließlich Konstruktionselemente (Anwendungselemente), die für den Composer inhaltlich definiert sind.

Eine schematische Darstellung eines Variantenkonstruktionsvorganges mit Anwendungselementen, wie er im Rahmen des Projektes „Terminologiebasiertes Komponenten-Management-System“ (TKMS) in einem Forschungs-Prototyp des FG Wirtschaftsinformatik I, Institut für Betriebswirtschaftslehre der TU Darmstadt implementiert wurde, wird in Abbildung 3 dargestellt.

Eine Morphologische Matrix (Synonym: Morphologischer Kasten) [BrFl93] [Zw71] ist ein Ordnungsschema, welches die systematische Kombination bekannter Lösungselemente zu einer (neuen) Gesamtlösung unterstützt [VDI82] [PaBe93]. Ziel dabei ist es, das vorhandene Lösungsspektrum für einzelne Teilaufgaben vollständig und übersichtlich zu präsentieren. In der ersten Spalte werden zeilenweise die zu lösenden Aufgaben aufgeführt und innerhalb dieser Zeilen stehen die dafür möglichen Lösungen. Zur Unterstützung der Lösungsauswahl werden zusätzliche Informationen (z.B. Eigenschaftsbeschreibungen) bereitgestellt.

In dem hier vorgestellten Ansatz wird eine universale Morphologische Matrix verwendet, die das gesamte Baukastensystem, geordnet nach Teilaufgaben (Sachmerkmalleisten), darstellt. Als Zusatzinformationen werden primär die Merkmalausprägungen der Anwendungselemente verwendet. Für ein konkretes Konstruktionsprojekt werden die relevanten Teilaufgaben ermittelt und die universale Morphologische Matrix entsprechend segmentiert. Demzufolge steht dann eine projektspezifische Matrix zur Verfügung, bei der schrittweise (zeilenweise) zu jeder Teilaufgabe aus der Menge der möglichen Anwendungselemente das geeignete ausgewählt und mit den Anwendungselementen der anderen Teilaufgaben zu einer Gesamtlösung komponiert wird. Die Auswahl wird durch die Definition eines Anforderungsprofils für Anwendungselemente (Kombination aus Merkmalausprägungen) unterstützt.

Ist eine Teilaufgabe abstrakter als vorhandene Anwendungselemente, so kann der Composer selbst eine Anwendungselemente-Baugruppe zur Lösung der Aufgabe erstellen. Stehen einem Anforderungsprofil mehrere gleichwertige Lösungsalternativen gegenüber, so ist entweder das Anforderungsprofil zu verfeinern oder es sind weitere Informationen für die Auswahl zu verwenden, die jedoch ebenfalls von einem Composer-Werkzeug zur Verfügung gestellt werden sollten (Komponentenhersteller, Zertifikate, Preise, etc.).

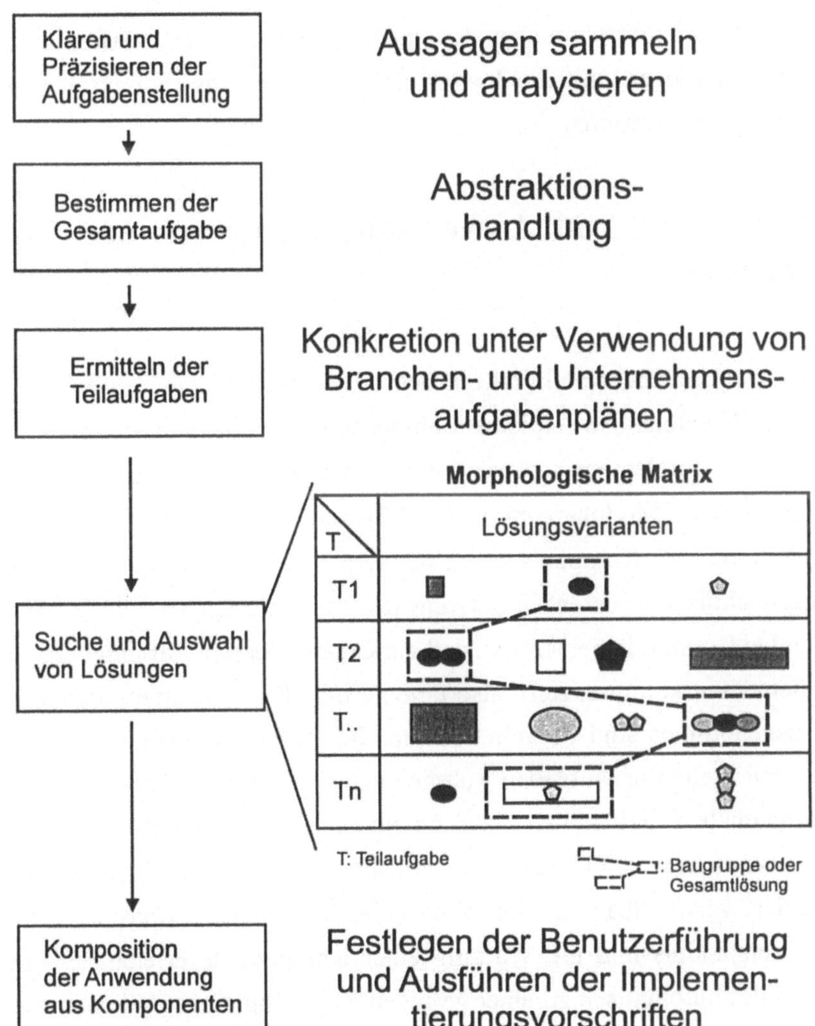

Abbildung 3: Vereinfachter Konstruktionsprozeß einer Anwendung aus Komponenten

Ist im Sortiment der Anwendungselemente keine entsprechende Lösung vorhanden, kann mit diesem Anforderungsprofil eine sehr konkrete Anforderung zur Fertigung eines Creatorelementes an den Creator gegeben werden. Diese Anforderung enthält implizit die Lösungsnähe zu anderen Anwendungselementen dieser Sachmerkmalleiste und bietet somit weitere Vorgaben für ihre Herstellung.

Als Abschluß einer erfolgreichen Komposition ist die Benutzerführung (Menüsteuerung) festzulegen und die Implementierung der Anwendungselemente inkl. Menüsteuerung auszuführen.

5 Entwicklung von Anwendungselementen aus Creatorelementen

Ein Anwendungselement definiert ein betriebswirtschaftliches Teilproblem. Es ist Aufgabe des Creators, den Implementierungsanteil eines Anwendungselementes in Form eines Creatorelementes zu synthetisieren bzw. zu komponieren. Die Funktionszerlegung bzw. Modularisierung [Par72] bei Creatorelementen hängt sowohl von der verwendeten Komponententechnologie als auch von der eingesetzten Modellierungstechnik und deren Umsetzung im Unternehmen ab. Für die Funktionszerlegung bei Creatorelementen gilt, daß ein Creatorelement mit möglichst wenigen Creatorelementen kommuniziert, also eine geringe Komponentenkopplung besitzt. Davon ausgenommen sind Creatorelemente, die als Kommunikationsagenten funktionieren und Steuerungsaufgaben wahrnehmen. Weiterhin sollten Creatorelemente nur über schmale Schnittstellen kommunizieren, also so wenig Informationen wie möglich austauschen. Ein Creatorelement sollte eine logische Einheit bilden, möglichst isoliert verwendbar sein und eine hohe funktionale Kohäsion besitzen, da dies das Verständnis und die Wartung einer Komponente erleichtert. Eine hohe Kohäsion führt automatisch zu einer geringen Kopplung. Creatorelemente bestehen aus gekapseltem ausführbaren Programmcode und/oder aus kleiner granulierten Creatorelementen. Daraus läßt sich eine Erzeugnisstruktur ableiten, die mit einer Stückliste in der technischen Konstruktion vergleichbar ist.

Abbildung 4 zeigt den Gozinto-Graphen ("the part that goes into", von A. Vazsonyi geprägter Begriff) einer komponentenorientierten Anwendung, die von der Struktur her mit einer Stücklistenorganisation eines betriebswirtschaftlichen Produktes ohne Kantenzahlen vergleichbar ist.

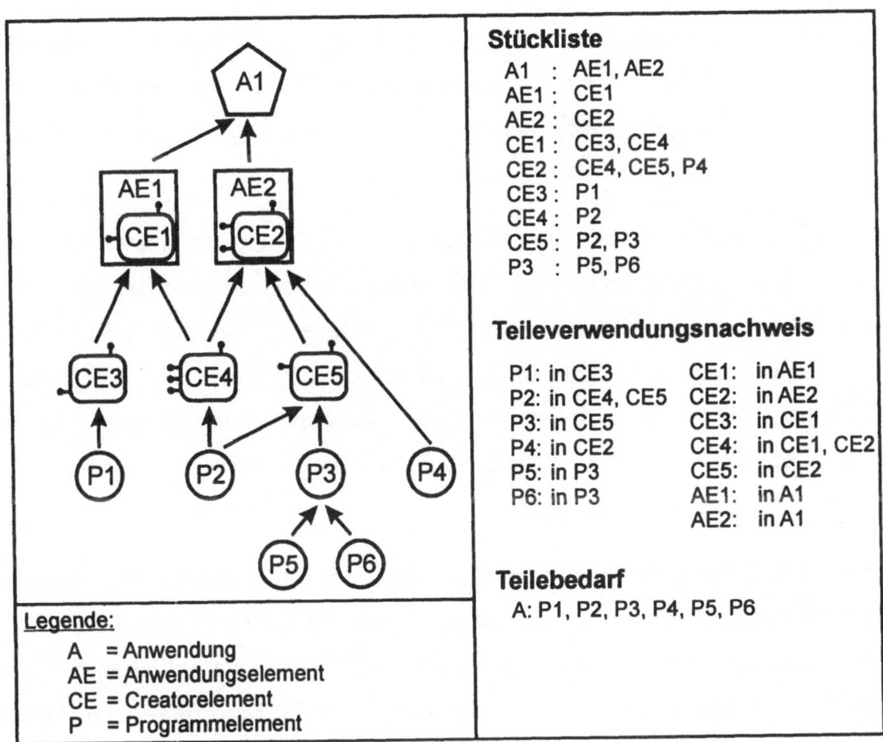

Abbildung 4: Die Aufbaustruktur einer komponentenorientierten Anwendung

Ein Beispiel für diese Struktur ist, wenn eines oder mehrere C++ Programmelemente in Creatorelemente der Komponententechnologie „Distributed Component Object Model" (DCOM) zusammengeführt werden. Neben Programmelementen können DCOM-Objekte auch andere DCOM-Objekte enthalten [Cha96]. Die oberste Ebene in einer DCOM-Hierarchie wird von dem DCOM-Objekt eingenommen, das den Implementierungsanteil eines Anwendungselementes bildet. Die so gebildeten Anwendungselemente können von einem Composer zu einer auf den jeweiligen Arbeitsplatz zugeschnittenen Anwendung [Lan98] verbunden werden.

Durch die Unterteilung der Anwendungsstruktur in Creatorelemente, Anwendungselemente und Aufgabenpläne (Abbildung 1) wird eine Schichtenstruktur mit relativer Unabhängigkeit der Schichten voneinander erzeugt. Innerhalb der Creatorelemente läßt sich noch eine Unterschicht der Programmelemente identifizieren. Im Prinzip spielt es für ein Creatorelement keine Rolle, in welcher Programmiersprache es geschrieben wurde. Die Schicht der Anwendungselemente wiederum ist unabhängig von der Schicht der Creatorelemente. Für die Schicht der Anwendungselemente ist es gleichgültig, welche Komponententechnologie zur Implementierung eines Anwendungselementes verwendet wird.

Das Ordnungssystem, mit dem die Erzeugnisstruktur der Creatorelemente verwaltet wird, muß den Anforderungen der Softwareentwickler entsprechen und flexible Suchmöglichkeiten anbieten, damit ein Creatorelement, das einer Teillösung entspricht, wiedergefunden werden kann. Neben Suchmöglichkeiten mit Hilfe von strukturierten oder unstrukturierten Begriffen, die einem kontrollierten Vokabular (Normsprache, Abbildung 1) werden, sind auch komplexere Suchanfragen nach Komponenteneigenschaften möglich.

Ein Ordnungssystem für Creatorelemente unterstützt die Versionierung. Neue Versionen enthalten gegenüber dem Ursprungs-Creatorelement entweder bezüglich der Schnittstellenspezifikation zusätzliche Funktionalität oder sie enthalten bei unveränderter Schnittstellenspezifikation komponenteninterne Modifikationen. Sollte es erforderlich erscheinen, die Schnittstellenspezifikation zu modifizieren, so wird grundsätzlich mittels Reengineering ein neues Creatorelement statt einer neuen Version erzeugt. Dieses neu erzeugte Creatorelement ist ein Variantenkandidat gegenüber dem alten Creatorelement.

Das Ordnungssystem unterstützt das Management von Varianten, die alternative Teillösungen für Teilprobleme anbieten. Geschlossene Variantenstücklisten, wie z.B. Gleichteilestücklisten mit Ergänzungsstücklisten oder Grundstücklisten mit Plus-Minusergänzungsstücklisten, werden zu Gunsten von offenen Variantenstücklisten vernachlässigt. Das moderne Konzept der offenen Variantenstücklisten bietet die Möglichkeit, "Varianten innerhalb von Varianten" zu verwalten, indem der größtmögliche Funktionsumfang eines Erzeugnistyps einschließlich aller Variationen gespeichert wird [Gru95]. Bei der Speicherung von offenen Variantenstücklisten wird zwischen einer auftragsneutralen Stammstückliste mit dem maximalen Stücklistenumfang (einschließlich Platzhalter für noch nicht vollständig definierte Positionen) und einer Kundenauftragsstückliste unterschieden. Kombinationsmöglichkeiten und Kombinationsrestriktionen werden ebenfalls in den Stücklisten verwaltet, so daß mögliche Creatorelemente-Kombinationen mit Hilfe eines Variantengenerators evaluiert und zu einem Anwendungselement komponiert werden können.

6 Repository-Unterstützung

Ein Repository realisiert das Metaschema eines Softwaresystems [ZiMi95] und unterstützt die Softwareentwickler bei der ökonomischen Erstellung von Softwareanwendungen.

Um neue Konzepte der Repository-Technologien für die komponentenorientierten Softwareentwicklung auszutesten, wurde im Bereich Wirtschaftsinformatik 1, Entwicklung von Anwendungssystemen, der Technischen Universität Darmstadt der funktionsfähige Prototyp eines "Terminologie-basierten Komponenten-Management-Systems" (TKMS) entwickelt. Als Entwicklungsumgebung wurde ein Softwareentwicklungswerkzeug der vierten Generation (Powerbuilder von Sybase) verwendet, die Repository-Daten werden in einem relationalen Datenbankmanagementsystem (SQL Anywhere von Sybase) verwaltet.

Durch ein sehr einfaches und doch sehr flexibles Metaschema ist es möglich, alle im Rahmen eines Softwarentwicklungsprozesses anfallenden Objekte zu verwalten, so die Beziehungen zueinander festzuhalten und die bei einem Softwareentwicklungsprojekt anfallende Informationsflut zu kanalisieren.

Für die Ebene der Anwendungselemente-Verwaltung in dem Repository von TKMS wurden die in Abschnitt 2 genannten Prinzipien eines Ordnungssystems für Anwendungselemente in Form eines Konstruktionskataloges (vgl. Abbildung 5) realisiert. Entsprechend der Aufgabenstruktur des Anwendungsbereiches einer Branche wird eine polyhierarchische Gliederung des Kataloges erstellt. Anschließend werden für Anwendungselemente-Klassen Sachmerkmalleisten erstellt und die äquivalenten Klassenteilnehmer werden systematisch über ihre Eigenschaften (Merkmale und Ausprägungen) selektiert. Die Objektbeschreibungen der Anwendungselemente repräsentieren den Hauptteil des Konstruktionskataloges. Basierend auf den Informationen dieses Ordnungssystems kann für die Variantenkonstruktion von Anwendungssystemen unter Einsatz der Unternehmensaufgabenpläne eine Morphologische Matrix für die Auswahl der geeigneten Anwendungselemente aufgestellt werden.

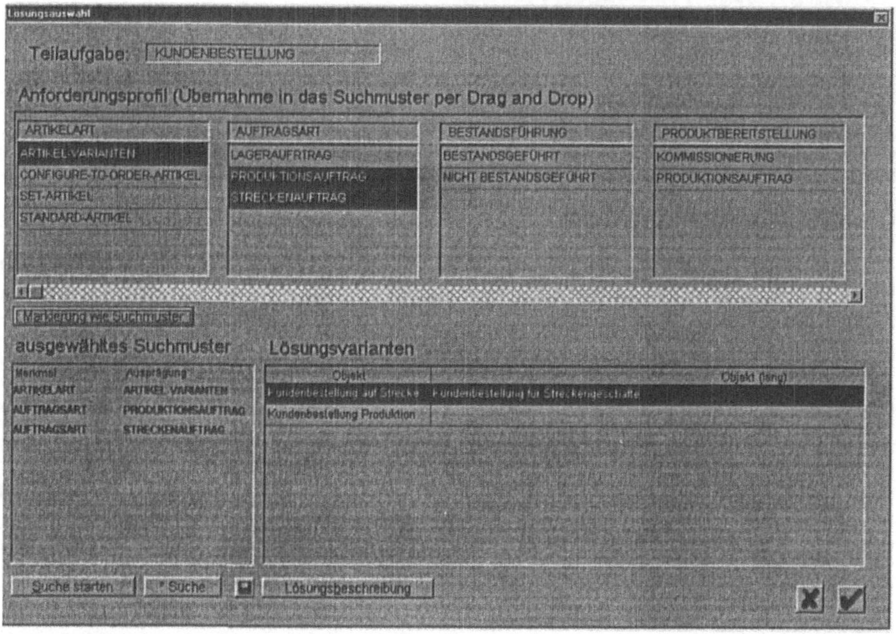

Abbildung 5: Komposition einer Anwendung aus Anwendungselementen

Die technische Funktionsfähigkeit des Repositorys wurde durch umfangreiche Tests mit einer großen Anzahl von Datensätzen untersucht. Die fachliche Leistungsfähigkeit wurde mit Hilfe von Beispielkomponenten erprobt, die mit Hilfe des TKMS-Repositorys in einem World Wide Web Browser (Netscape Navigator) über Hyperlinks zu einer funktionsfähigen Anwendung komponiert wurden (vgl. Abbildung 6). Die Komponenten kommunizieren über eine relationale Datenbank miteinander.

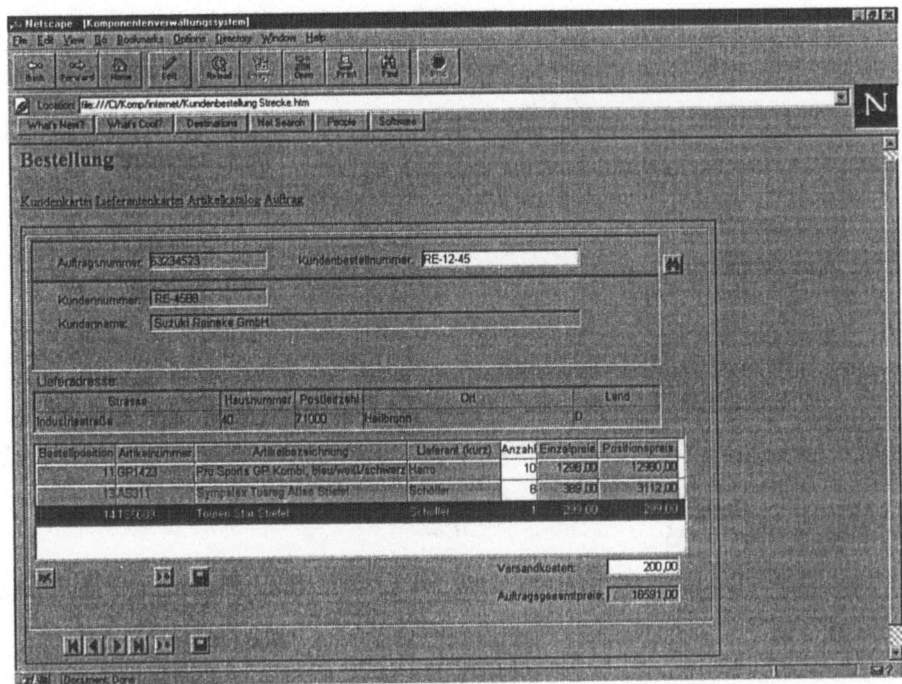

Abbildung 6: Ein Anwendungselement (im Bild: Kundenbestellung auf Strecke) wird innerhalb einer WWW-Umgebung ausgeführt

7 Resümee und Ausblick

Die individuelle Herstellung von Anwendungssystemen aus vorgefertigten Bauteilen ist heute aufgrund der technologischen Entwicklung in der Softwarebranche und der organisatorischen Entwicklung in den Anwenderunternehmen industriell möglich. Mit den Komponententechnologien werden die Voraussetzungen für eine Komponentenindustrie und einen Komponentenmarkt geschaffen. Der Wunsch zahlreicher Unternehmen, flexibel für spezifische Aufgabenstellungen geeignete Organisationsstrukturen rasch aufzubauen und nach Erreichung der Ziele systematisch wieder abzuwickeln führt zu einer interdependenten Gestaltung von Organisationsstrukturen und Anwendungssystemen (Abbildung 2). Vor diesem Hintergrund wurde in dem Beitrag ein Szenario für eine komponentenorientierte Entwicklung von Anwendungssystemen und Unternehmen vorgestellt, das in einigen Aspekten noch komplettiert werden muß. Der vorgestellte Repository-Prototyp sollte zur Herstellung komponentenorientierter Anwendungen im industriellen Rahmen (kommerziell) implementiert werden.

Literatur

[BrFl93] Breiing, Alois; Flemming, Manfred: Theorie und Methoden des Konstruierens. Springer, Berlin, 1993.

[Ca95] Casanave, C.: Business-Object Architectures and Standards, Proceedings OOPSLA 1995, Workshop on Business Objects Design and Implementation, Springer, http://jeffsutherland.org/oopsla/casanpub.pdf, Berlin, 1995.

[Cha96] Chapell, David: ActiveX und OLE verstehen. Microsoft Press, München, 1996.

[DIN92] DIN Norm. DIN 4000 Teil 1: Sachmerkmal-Leisten: Begriffe und Grundsätze. Deutsches Institut für Normung e.V., September 1992.

[Dud96] Dudenverlag: LexiRom Version 2.0. Microsoft Corporation und Bibliographisches Institut & F.A. Brockhausverlag AG, 1996.

[Gri98] Griffel, Frank: Componentware, Konzepte und Techniken eines Softwareparadigmas. dpunkt Verlag, Heidelberg, 1998.

[Gru95] Grupp, Bruno: Aufbau einer optimalen Stücklistenorganisation: offene Stücklisten, Variantengenerator, PPS-Rahmen, CAD-Connection, Praxisbeispiele. expert-Verlag, Rennigen-Malmsheim, 1995.

[HaMN92] Hansen, Hans Robert; Mühlbacher, Robert; Neumann, Gustaf: Begriffsbasierte Integration von Systemanalysemethoden. Physica-Verlag, Heidelberg, 1992

[Kra86] Krauser, Dieter: Methodik zur Merkmalbeschreibung technischer Gegenstände. Hrsg. DIN, Deutsches Institut für Normung e.V. Beuth Verlag, Berlin, 1986.

[Lan98] Lang, Klaus-Peter: Variantenkonstruktion betriebswirtschaftlicher Anwendungssoftware, Teil1: Methode der semantischen Komposition. Bericht 98/02 des Fachgebiets Wirtschaftsinformatik I der TU Darmstadt, Hrsg.: Prof. Dr. Erich Ortner, 1998.

[Leh98] Lehmann: Lehmann, Frank: Methodisches Entwickeln von Workflow-Management-Anwendungen. Dissertation, Fakultät für Verwaltungswissenschaft, Universität Konstanz, 1998.

[McI68] McIlroy, M. D.: Mass Produced Software Components, Software Engineering. Report on a conference sponsered by the NATO SCIENCE COMMITTEE, Garmisch, 1968.

[Mei90] Meinl, Franz: Sachmerkmale: Schlüssel zur technischen Gestaltung, Beschreibung und Information. expert-Verlag, Ehningen bei Böblingen, 1990.

[Nas53] Nasvytis, A.: Die Gesetzmäßigkeiten kombinatorischer Technik. Springer, Berlin, 1953.

[Ort97] Ortner, Erich: Methodenneutraler Fachentwurf. Zu den Grundlagen einer anwendungsorientierten Informatik. B.G. Teubner Verlagsgesellschaft, Stuttgart/Leipzig, 1997.

[Ott94] Ott, Hans Jürgen: Das "ingenieurgemäße" am Software Engineering. In: GI Softwaretechnik-Trends: Mitteilungen der Fachgruppen "Software-Engineering" und "Requirements-Engineering", Band 14, Heft 1, Februar 1994.

[PaBe93] Pahl, Gerhard; Beitz, Wolfgang: Konstruktionslehre: Methoden und Anwendung. 3. Aufl., Springer, Berlin, 1993.

[Par72] Parnas, D. L.: On the Criteria To Be Used in Decomposing Systems into Modules. Communications of the ACM, Vol. 15, Nr. 12, 1972, S. 1053-1058.

[Pre97] Pree, Wolfgang: Komponentenbasierte Softwareentwicklung mit Frameworks. dpunkt, Heidelberg, 1997.

[Ro94] Roth, Karlheinz: Konstruieren mit Konstruktionskatalogen. Band 2: Kataloge. 2.Aufl., Springer, Berlin, 1994.

[Sche98a] Scheer, A.-W.: ARIS - Vom Geschäftprozeß zum Anwendungssystem. Springer, Berlin, 1998.

[Sche98b] Scheer, A.-W.: ARIS - Modellierungsmethoden, Metamodelle, Anwendungen. Springer, Berlin, 1998.

[StRö94] Steinhilper, Waldemar; Röper, R.: Maschinen und Konstruktionselemente. 4. Aufl., Springer, Berlin, 1994.

[VDI82] VDI Richtlinie VDI 2222 Blatt 2: Konstruktionsmethodik: Erstellung und Anwendung von Konstruktionskatalogen. Verein Deutscher Ingenieure, Februar 1982.

[WeMü81] Wedekind, Hartmut; Müller, Theo: Stücklistenorganisation bei einer großen Variantenanzahl. In: Angewandte Informatik 9/81, 1981, S. 377-383.

[WeOr80] Wedekind, Hartmut; Ortner, Erich: Systematisches Konstruieren von Datenbankanwendungen: Zur Methodologie der Angewandten Informatik, Hanser Verlag, München, 1980.

[ZiMi95] Zilha-Szabo, Miklos Geza: Kleines Lexikon der Informatik und Wirtschaftsinformatik. Oldenbourg Verlag, München, 1995.

[Zw71] Zwicky, Fritz: Entdecken, Erfinden, Forschen im Morphologischen Weltbild. Droemer Knaur, München, 1971

Entwurf eines Marktplatzes für betriebswirtschaftliche Software-Bausteine

Thomas Kaufmann, Michael Hau

Abstract

Zukünftige betriebliche Anwendungssysteme werden weder als reine Individual-, noch als Standardsoftware entwickelt. Vielmehr setzen sich komponentenorientierte Anwendungen durch, die dem Best-of-Breed-Gedanken Rechnung tragen.

Marktmechanismen für eine Komponentenindustrie in der IV-Branche sind derzeit noch nicht vorhanden und die Auswahl geeigneter betrieblicher Software-Bausteine gelingt - wenn überhaupt - nur mit großem Aufwand. Ebenso mangelt es an Werkzeugen zur Auswahl und Integration von Software-Komponenten.

Im vorliegenden Beitrag ist der Entwurf eines Marktplatzes skizziert, der den Aufbau einer betrieblichen IV-Landschaft aus heterogenen Anwendungsbausteinen unterstützt.

1 Komponentenmodell für betriebswirtschaftliche Software-Bausteine

1.1 Komponentendefinition

Als Komponenten (Software-Bausteine oder Module) betrachten wir solche Bestandteile der Software-Landschaft in Unternehmen, die

a) eine definierte Schnittstelle aufweisen,

b) eine geschlossene, betriebswirtschaftlich sinnvolle Aufgabe erfüllen und

c) einzeln vermarktbar sind, demnach einen Preis besitzen.

Ein Elektronischer Produktkatalog oder eine Personaleinsatzplanungssoftware würden dieser Definition genügen. Sie schaffen bereits ohne Integration mit anderen Applikationen einen betrieblichen Mehrwert und werden von ihren Programmierern als eigenständige Produkte vertrieben. Häufig besitzen sie eine proprietäre Schnittstelle, um Daten mit anderen Anwendungen austauschen zu können (man denke an Bestellungen bzw. Qualifikationsprofile). Als Komponenten in diesem Sinne gelten hingegen nicht einzelne Klassen eines Frameworks oder Teile hoch integrierter Standardsoftware, die auf zentrale Datenbanken zugreifen.

Punkt 3 der obigen Definition bedeutet für den Kundenbetrieb, dass die erworbenen Komponenten für diesen sichtbar bleiben. Im Gegensatz zu den heute üblichen Bausteinbörsen (OCX, Java) gehen die Komponenten nicht nahtlos in ein Programm ein, sondern werden lediglich mit anderen Bausteinen zu einem Gesamtsystem integriert.

1.2 OAGIS-Protokoll

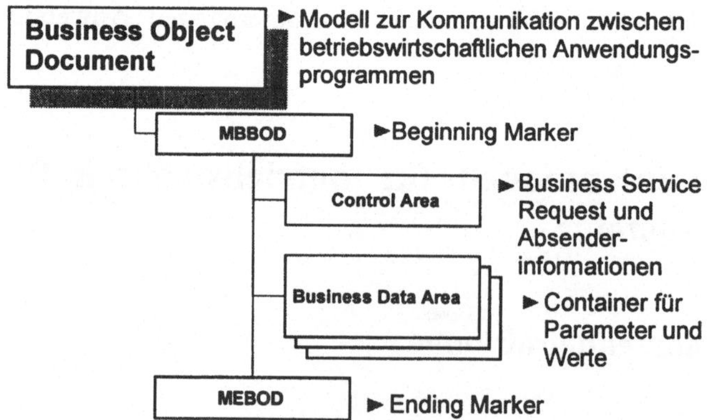

Abbildung 1: Struktur eines Business Object Document (BOD) (nach [OAG99, 2-1])

Für unsere weiteren Überlegungen gehen wir von einer Komponentenwelt aus, die nachrichtenorientiert kommuniziert. Dies geschieht nicht nur über Werkzeuge wie CORBA oder DCOM, die eine syntaktische Kopplung ermöglichen. Eine solche Middleware ist lediglich die Grundlage für eine semantische Integration über ein standardisiertes Protokoll, welches die Bedeutung der weitergegebenen Informationen festlegt.

Im Fall betriebswirtschaftlicher Anwendungssysteme kann die OAGIS (Open Applications Group Integration Specifications) der OAGI (Open Applications Group, Inc.; vgl. Abbildung 1) diese Aufgabe übernehmen.

Da es neben den Pflichtfeldern in der OAGIS auch optionale Bestandteile eines BOD sowie vom Benutzer frei definierbare Felder gibt, ist ein "Plug and Play"-Mechanismus nicht denkbar.

Die von der OAGI vorgeschlagenen Datenfelder bilden unserer Erfahrung nach jedoch einen Großteil der Anforderungen an innerbetriebliche Kommunikation zwischen Anwendungssystemen ab (vgl. [LKS99]).

1.3 Inhalte von Komponentenbeschreibungen

Für das zentrale Element eines Komponentenmarkts, das Repository, ist zu beschreiben, wie Bausteine zu klassifizieren sind, sodass sie ein Anwender leicht auffinden und integrieren kann (vgl. [CoW94]).

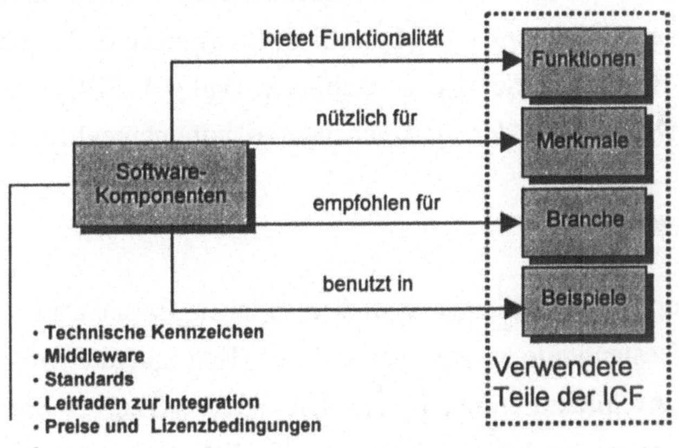

Abbildung 2: Nutzung der ICF zur Komponentenbeschreibung

Ausgangspunkt der hier vorgeschlagenen Beschreibung ist das ICF-System[1], welches für die Untersuchung des Zusammenhangs zwischen Unternehmensmerkmalen und funktionalen Anforderungen an betriebliche IV-Systeme (kurz: IV-Anforderungen) entwickelt wurde. ICF beschreibt Beispiele des IV-Einsatzes in Unternehmen anhand von Merkmals- und Funktionsbäumen sowie der Branche. Es stehen statistische Analyseverfahren zur Verfügung, um herauszufinden, welches die für eine Funktion ursächlichen Unternehmensmerkmale sind. Mit dem so erzeugten Wissensfundus ist anschließend eine regelbasierte Empfehlung möglich, welche einem Betrieb die aus seinen Merkmalen sinnvoll erscheinenden IV-Anforderungen zuweist. Ein Komponentenmarkt benötigt für die Beschreibung der dort gehandelten Module ähnliche Klassifikationskriterien, sodass die ICF eine für diesen Zweck vielversprechende Ausgangsbasis darstellt.

1.3.1 Technische Beschreibung

Die technische Beschreibung kann man anhand eines Schichtenmodells gliedern, welches sich nach der Abstraktion von der Hardware (im Sinne der "abstract machines") richtet. Auf jedem Abstraktionsniveau stellen Bausteine Anforderungen an ihre Umgebung. Wir folgen hier im Wesentlichen dem OSD-Standard (Open Software Description). Microsoft und Marimba schufen diese Beschreibung von Komponenten, um einen Push-Service zu etablieren (vgl. [W3C97]). Die Unterschiede resultieren vorwiegend aus dem abweichenden Komponentenbegriff.

1.3.2 Middleware

Die Beschreibung der Middleware teilt sich in zwei Gruppen. Zum einen sind solche Software-Bestandteile zu nennen, die die Heterogenität von Komponenten, Prozessen und Architekturen nivellieren. Dies kann z. B. über Metasprachen (IDL von CORBA), vereinheitlichte Objektmodelle (DCOM) oder aber virtuelle Maschinen geschehen. Diese werden hier unter dem Begriff Syntaxmittler geführt.

---

1 ICF = Industries, Characteristics, Functions, vgl. [ICF99, Mor98].

Zum anderen können durch Bussysteme Kosten für Schnittstellen gespart werden. Die Protokolle solcher Systeme besitzen eine vordefinierte Semantik, sodass sie als Semantikmittler bezeichnet werden können. Für einen Baustein ist zu beschreiben, ob sich seine Schnittstelle, aber auch die Semantik der Verarbeitung, z. B. an die OAGIS halten. Ist die Komponente so ausgelegt ist, dass sie OAGIS-Nachrichten versteht, so hat der Hersteller zu spezifizieren, welche Requests empfangen und welche versendet werden (können). Innerhalb der Requests ist anzugeben, welche der optionalen Felder benutzt werden.

Ist die Komponente zunächst nicht in der Lage, über OAGIS zu kommunizieren, so enthält die Beschreibung Hinweise, ob und wie ein Wrapper das Modul derart kapseln kann, dass es ihm möglich ist, auf entsprechende Aufrufe zu reagieren.

1.3.3 Funktionalität

1.3.3.1 Funktionen

Die Abbildung des Leistungsumfangs einer Komponente ist der kritischste Bestandteil eines Repository. Hier entscheidet sich, wie schnell passende Bausteine gefunden werden können. Es ist demnach nicht ausreichend, dem Suchenden Freitextbeschreibungen anzubieten. Auch einfache Retrieval-Möglichkeiten verbessern die Handhabung nicht entscheidend.

Der hier beschriebene Marktplatz ist spezifisch auf die Belange betriebswirtschaftlicher Anwendungssysteme zugeschnitten. Daher scheint es denkbar, einen Katalog von möglichen Funktionen aufzustellen, die ein Baustein abdecken kann.

Für die Domäne der Mathematik wurde ein derartiges problemorientiertes Repository bereits durch das *National Institute of Standards and Technology* erstellt. Der *Guide to Available Mathematical Software (GAMS)* (vgl. [NIS98]) besteht vor allem aus einer Problemtaxonomie, welche die Mathematik in verschiedene (untereinander möglichst überschneidungsfreie) Problemklassen einteilt. Diesen sind die entsprechenden Funktionen und Module aus verschiedenen mathematischen Funktionsbibliotheken zugeordnet.

Es liegt nahe, die an Problemklassen orientierte Beschreibung von Software-Bausteinen auf den Bereich der betrieblichen Anwendungssysteme zu übertragen. Hier ergeben sich jedoch zusätzliche Schwierigkeiten: Es existiert z. B. keine eindeutige Zuordnung von Funktionen zu Funktionalbereichen. Beispielsweise kann der Vertrieb oder Kundendienst die Bearbeitung von Kundenreklamationen ausführen.

Auch sind Begriffe in der Mathematik weitgehend eindeutig und unstrittig definiert. In der Betriebswirtschaft finden sich hingegen Homonyme und Synonyme, die eine einheitliche Benennung von Funktionen erschweren. Man denke etwa an die unterschiedlichen Termini in verschiedenen Branchen.

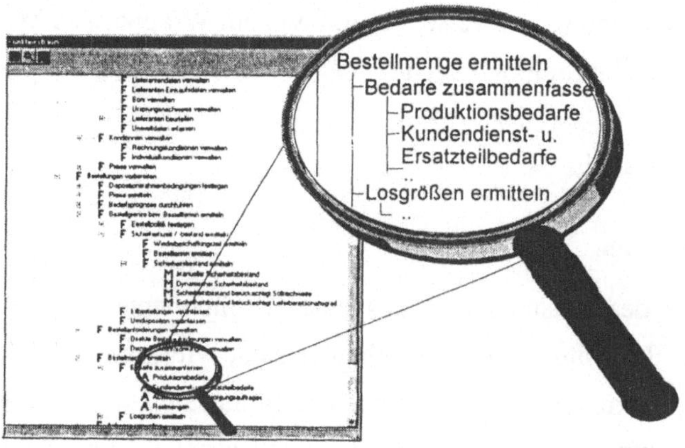

Abbildung 3: ICF-Funktionsbaum

Trotz dieser Schwierigkeiten erscheint eine durch Problemklassen gegliederte Beschreibung von Bausteinen sinnvoll und vielversprechend. Die Klassifikation, welche in der ICF-Datenbank zur Verschlagwortung von Beispielen betrieblicher IV-Systeme Verwendung findet, kann als Ausgangspunkt für den Wertebereich einer solchen Taxonomie dienen.

In einer hierarchisch geordneten Liste umfasst der Funktionsbaum derzeit etwa 2200 betriebswirtschaftliche Funktionen (Was ist zu tun?), Verfahrensweisen (Wie ist es zu tun?), Parameter und Ausprägungen. Das grundlegende Anordnungsprinzip ist dabei eine funktionale Dekomposition, wobei die Zuordnung zu den hierarchisch höher liegenden Funktionen nicht unbedingt eindeutig sein muss, wie das Beispiel des Mahnwesens zeigt, welches in der Buchhaltung wie im Vertrieb angesiedelt sein kann.

Vorteil einer Facettenbeschreibung für die Funktionalität der Bausteine ist die Möglichkeit einer gezielten und schnellen Suche nach solchen Modulen, die eine schon bestehende Anwendung sinnvoll ergänzen können. Aus der Hierarchie, in welcher die Funktionen stehen, lassen sich weitere Informationen ableiten, etwa das Maß der Überdeckung mit den kundenspezifischen Anforderungen, der Grad der Redundanz etc.

1.3.3.2 Freitextbeschreibung

Eine auf Funktionen beschränkte Beschreibung allein kann die Informationsbedürfnisse eines potentiellen Anwenders nicht befriedigen. Daher müssen weitere, über die reine Funktionalität hinausgehende Erläuterungen hinzufügen sein. In diesem Zusammenhang lassen sich die ergonomischen und graphischen Merkmale eines Moduls erläutern.

1.3.4 Sonstige Deskriptoren

Für potentielle Kunden von Anwendungssystemen ist es wesentlich zu erfahren, in welcher wirtschaftlichen Lage sich der Anbieter befindet und wie Kunden ihn beurteilen.

Über eine gezielte Abfrage lassen sich alle Bausteine ermitteln, die ein Hersteller anbietet. Auf diese Weise kann ein Kunde mögliche Schwerpunkte im betriebswirtschaftlichen Know-how eines SW-Hauses ermitteln.

Jeder Baustein ist mit Preis und anderen Lizenzbedingungen zu beschreiben. Zusätzlich zur eigentlichen Software können Schulung, Beratung oder Installation in der Leistung enthalten sein. Der Betreiber des Repository hat für die Vergleichbarkeit der angebotenen Anwendungsbausteine zu sorgen, da Unterschiede im Leistungsumfang eine automatische Gegenüberstellung erschweren.

Komponentenhersteller können neben technischen und funktionalen Beschreibungen auch die Zielgruppe ihrer Produkte angeben. Dies kann etwa über die verwendete Dialogsprache, die Branchen- oder Betriebstypzugehörigkeit oder allgemein über Unternehmensmerkmale, wie sie im ICF-System zu finden sind, geschehen. Es ist denkbar, dass spezialisierte Module damit gekennzeichnet werden, dass sie z. B. für den Massenfertiger, für den Betreiber von Hochregalen oder für Unternehmen mit engen Lieferanten- und Kundenbindungen von Vorteil sind. Wesentliche Selektionskriterien für Software, insbesondere wenn diese mit strategischer Intention gewählt wird, sind die Unternehmensziele und Kritischen Erfolgsfaktoren. Diese sind in ICF-Characteristics zu finden (vgl. [Mor98, 85 f.]).

2 Marktszenario und beteiligte Institutionen

2.1 Marktszenario

Das Szenario geht davon aus, dass sich der Software-Markt in Richtung reiferer Industrien weiterentwickelt (vgl. z. B. [Szy97], [Mün97, 51] sowie [Rös97]). Die Zulieferung von Komponenten spielt dabei eine große Rolle.

Insbesondere ein Komponentenrepository mit Beschreibungstechniken, Anleitungen zur Integration und Schaffung eines Marktplatzes gehört in Analogie zu Datenbanken, wie sie für die Software-Wiederverwendung gefordert werden, zu den Wegbereitern einer solchen Entwicklung. In Abb. 4 sind die Rollen in einem zukünftigen Komponentenmarkt mit ihren jeweiligen Aufgaben und Tätigkeiten dargestellt. Die Kommunikationsbeziehungen zwischen Repository und den am Marktgeschehen Beteiligten stellen gleichzeitig die Unterstützungsmöglichkeiten dar, welche eine derartige Software-Börse bereitstellen sollte.

2.2 Endanwender

Der Endanwender spezifiziert – wie auch in einer nicht komponentenorientierten IV-Landschaft – seine Anforderungen und Restriktionen bezüglich des zukünftigen IV-Systems. Da er jedoch eine größere Wahlmöglichkeit besitzt als bei der Einführung eines monolithischen AS, sind die Ziele und Restriktionen, die das Unternehmen an seine IV-Landschaft stellt, feingranularer zu erfragen. So ist z. B. zu entscheiden, welche semantischen Kommunikationsstrukturen das Rückgrat der Architektur bilden sollen. Eine solche Fragestellung ergibt sich bei einer Integration über zentrale Datenbanken nicht, wie sie sich in traditionellen, hoch integrierten Programmen findet.

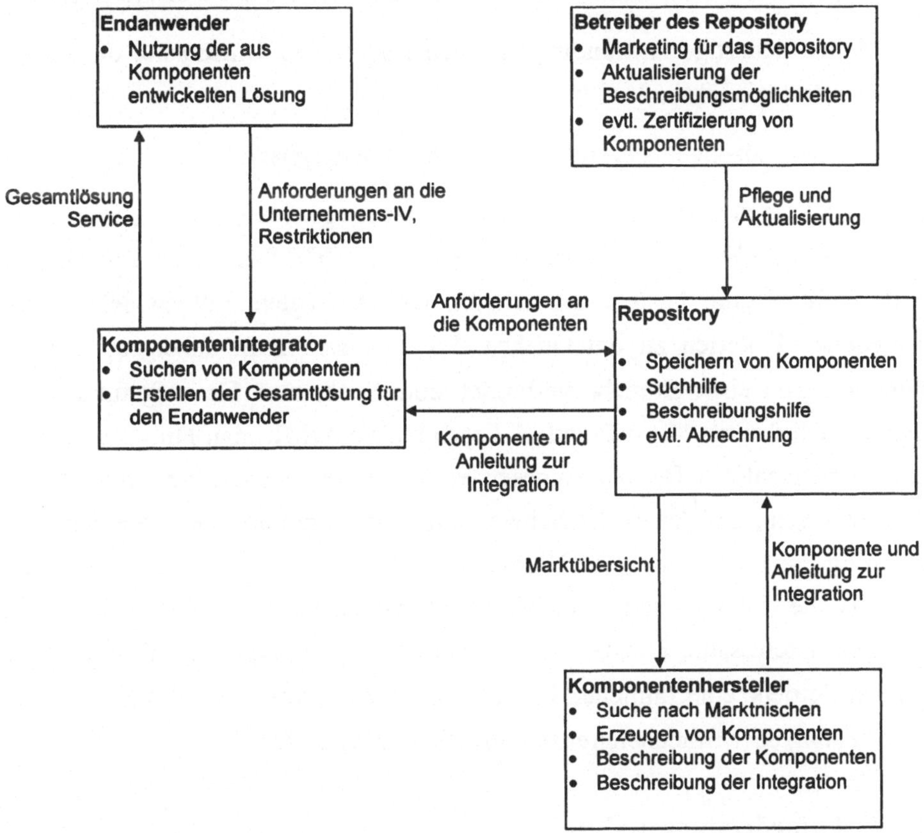

Abbildung 4: Marktszenario mit Rollen und deren Aufgaben

2.2.1 Voruntersuchung

Häufig besteht der einzige Anlass für eine Veränderung von betrieblichen Anwendungssystemen in einer gesetzlichen oder tariflichen Änderung. Ein guter IV-Leiter wird aber auch gelegentlich überprüfen, ob das eingesetzte Anwendungsportfolio noch eine zeitgemäße Unterstützung für das Unternehmen darstellt. In diesem Zusammenhang stellen sich Fragen wie:

- Welche Entwicklungen in der IV gibt es in der eigenen Branche?
- Entsprechen die implementierten Verfahren noch dem State-of-the-Art?
- Können neuartige Anwendungen einen Beitrag zur Umsetzung der Unternehmensstrategie leisten?
- Sind evtl. Lösungen aus anderen Branchen übertragbar?

Derartige Fragen beantworten zu können, setzt ein großes Erfahrungswissen im Bereich des betrieblichen IV-Einsatzes voraus. Die ICF-Datenbank kann hier wertvolle Hilfestellung leisten. Sie erlaubt, die abgelegten Fallbeispiele nach verschiedenen Kriterien zu untersuchen. So lässt sich z. B. anzeigen, welche IV-Funktionen in einer Branche verbreitet sind. Sucht man für aufgefundene Funktionen nach den als "Best Practice" bezeichneten, erhält man Hinweise darauf, ob die im betrachteten Betrieb eingesetzten Methoden noch aktuell sind. Neuartige Anwendungen, auf denen der Schwerpunkt der Sammlung liegt, werden als "Stimulating Practice" bezeichnet. Hier lassen sich evtl. Ideen für eigene Lösungen finden. Da alle Unternehmen durch Merkmalsausprägungen charakterisiert sind, ist es möglich, interessante Funktionalitäten daraufhin zu überprüfen, ob die sie einsetzenden Betriebe eine ähnliche Merkmalsstruktur aufweisen wie das eigene und sich eine Lösung über Branchengrenzen hinweg adaptieren lässt.

2.2.2 Anforderungsanalyse

Ergibt die Voruntersuchung, dass Mängel in der Unternehmens-IV bestehen, lässt sich im Repository gezielt nach Software-Bausteinen suchen, welche die bestehenden Lücken ausfüllen. Insbesondere kleinere Unternehmen werden sich hierzu eines Komponentenintegrators bedienen, welcher über Kenntnisse in den Bereichen Software-Projektmanagement und Komponentenintegration verfügt.

2.3 Komponentenintegrator

Aufgabe des Komponentenintegrators ist es, für die ermittelten Gesamtanforderungen geeignete Bausteine aus dem Repository zu suchen. Wegen der hohen Komplexität (kombinatorisches Problem, NP-vollständig) und weil der Zuschnitt der in einem Baustein unterstützten Teilprobleme auch von der Gestaltung der Komponenten im Repository abhängt, muss diese Arbeit i. d. R. iterativ (heuristisch) erfolgen. Sollten keine passenden Software-Bausteine vorhanden sein, so kann der Integrator Komponentenhersteller beauftragen, solche zunächst speziell für dieses Projekt zu erstellen (vgl. z. B. [UBK99]). Aufgefundene Module verbindet der Integrator gemäß der syntaktischen und semantischen Plattform, die er mit dem Anwender vereinbart hat.

Als Generalunternehmer haftet er für die Integrationsleistung und die Funktion der Teilsysteme. Hierin spiegelt sich sowohl die hohe Verantwortung der Integratoren als auch die hohen Anforderungen, die an die Qualität der einzelnen Module gestellt werden müssen.

2.3.1 Anforderungsanalyse

Die Anforderungsanalyse untergliedert sich in die Teilphasen Ist-Analyse, Schwachstellen-Analyse und Soll-Konzept. Ziel der Anforderungsanalyse ist eine aus der Kenntnis der Unternehmensmerkmale gewonnene Liste mit Anforderungen an Software-Bausteine, die neu in die Applikation zu integrieren sind oder aber andere Module ersetzen sollen.

2.3.1.1 Ist-Analyse

Die Unternehmens-IV, die sich zum Zeitpunkt der Erhebung im Einsatz befindet, ist anhand des im ICF-System enthaltenen hierarchischen IV-Funktionsbaumes zu beschreiben. Welche Programme, Module und Komponenten welche Funktionalität leisten, muss festgehalten werden. Dazu ist die IV so aufzugliedern, dass als Bezugspunkt für die Anforderungen die kleinsten Einheiten verwendet werden, welche getrennt abzuschalten bzw. auszutauschen sind; beispielsweise können dies eigenständige Programme, Module mit eigenem Freischaltcode oder über Parameter auszublendende Funktionen sein. Zu ersetzende Systeme sind dabei kenntlich zu machen. Der Betrieb erhält damit ein Profil seiner IV-Systeme und einen Überblick, welche Funktion von welchen IV-Systemen geleistet wird.

Es bietet sich darüber hinaus an, das Unternehmen mit den von ICF-Characteristics vorgegebenen Merkmalen und deren Ausprägungen zu beschreiben, um so die für IV-Systeme ursächlichen Tatbestände festzuhalten. Aufgrund der Charakterisierung lassen sich später Aussagen über die notwendige Funktionalität treffen. Zusätzliche, das Projekt bestimmende Rahmenbedingungen können ebenfalls erfragt werden, etwa Budgetrestriktionen oder Präferenzen für bestimmte Hersteller sowie Strategievorgaben.

2.3.1.2 Schwachstellen-Analyse und Soll-Konzept

Aus den in der Ist-Analyse erstellten Katalogen generiert das ICF-System eine Vorschlagsliste, welche die Funktionalität wiedergibt, die wünschens-, zumindestens aber überlegenswert erscheint. Die Ableitung kann zum einen über statistische Verfahren (ICF-Analysis) vorgenommen werden, die auf den gesammelten Beispielen betrieblicher IV-Anwendungen beruhen. Zum anderen lassen sich in ICF-Expert das Unternehmensmodell sowie das Ist-Funktionsmodell als Prämissen für Regeln benutzen, um ein Soll-Funktionsmodell zu erstellen.

Überlagert man (etwa grafisch anhand der im ICF-System implementierten Baumdarstellung) die drei Modelle, so deuten Abweichungen zwischen den Modellen auf verschiedene Arten von Schwachstellen.

Generell gilt, dass Nicht-Übereinstimmungen der verschiedenen Modelle keine unumstößlichen Aussagen bezüglich der für ein Unternehmen sinnvollen IV indizieren. Es ist zu berücksichtigen, dass die als Regeln gefassten Erfahrungswerte Ausnahmen haben.[2] Abweichungen, die vom Unternehmen nach einer Prüfung als

---

2 Zu den Grenzen der Übertragbarkeit von Software und den darin enthaltenen Funktionen siehe [Mit98]. Hier wurde versucht, ein Yield-Management-System von einer Flug- auf eine Eisenbahngesellschaft zu übertragen. Obwohl sich beide Unternehmen ähneln, misslang eine Adaption.

sinnvoll erachtet werden, können daher auch als Anhaltspunkte für die Verbesserung des Regelwerks dienen.

Das Sollkonzept beschreibt abschließend die notwendige Funktionalität des betrachteten Unternehmens. Aus der Menge der vom Ist- zum Soll-Modell hinzugekommenen Funktionen, die die Plausibilitätsprüfungen der Schwachstellen-Analyse erfolgreich bestanden haben, ergibt sich der Handlungsbedarf, welcher mit Komponenten zu realisieren ist.

2.3.2 Auswahl von Anwendungsbausteinen

Ist die Funktionalität, welche dem Unternehmen in seinem Anwendungsportfolio fehlt, durch den Einsatz der ICF oder anderer Formen der Schwachstellenanalyse bestimmt, so ergibt sich die Frage nach der besten Realisierung. Diese Suche nach der Best-of-Breed-Lösung ist dabei abhängig von den Restriktionen und Zielvorgaben des einsetzenden Betriebs und somit nur im jeweiligen Kontext optimal.

2.3.2.1 Unternehmensziele bei der Auswahl

Um - wie oben - von einem Optimum sprechen zu können, ist es notwendig, eine genaue Vorstellung über die Zielfunktion zu besitzen. Hier besteht eine Reihe von Möglichkeiten, von denen nachfolgend einige diskutiert werden sollen.

- Beherrschbarkeit der IV
  Insbesondere für kleinere und mittlere Unternehmen (KMU) ist es wichtig, die Komplexität ihrer IV-Systeme nicht ausufern zu lassen, da sie häufig nicht in der Lage sind, große und heterogene Systeme selbständig zu installieren und zu warten. Mögliche Unterziele sind daher die Minimierung der Zahl von

  1. Schnittstellen,
  2. Programmiersprachen, Hard- und Software-Plattformen sowie
  3. Software-Baustein-Lieferanten.

- Kostenkriterien

Die Beherrschbarkeit der IV wird sich vor allem in der Kategorie der Wartung positiv bemerkbar machen. Einfachere Software kann auch dazu führen, dass die Kosten für die Integration und damit für die Anschaffung niedriger sind. Budgetrestriktionen sind bei der Komponentenauswahl zu beachten.

- Bestmögliche Unterstützung der betrieblichen Abläufe
  Durch mangelhafte Unterstützung der betrieblichen Abläufe sowie schlechte Planungs- und Dispositionsverfahren entstehen in verschiedenen Unternehmensbereichen Kosten (z. B. zu hohe Lagerbestände, Materialverbräuche etc.) oder entgehen Umsätze und Gewinne (mangelnde Flexibilität, Lieferbereitschaft etc.). Soll die IV ihrer Rolle als strategische Waffe gerecht werden (vgl. [MeP86]), bietet es sich an, eine Funktionalität zu wählen, die als "Best Practice" bezeichnet wird. Ein Leitfaden zur komponentenorientierten Software-Entwicklung stellt entsprechende Hinweise bereit.

2.3.2.2 Vorselektion

Aus dem erwarteten großen Reservoir an Bausteinen ist automatisch derjenige Teil herauszufiltern, der für das betrachtete Unternehmen in Frage kommt. Der Anwender soll mit wenigen Parametern den Auswahlprozess steuern können und spezifiziert dazu neben der o. a. Funktionalität,

1. wie nicht benötigte Funktionalität behandelt werden soll. Fordert der Benutzer ein strenge Eingrenzung der Funktionalität, so erhält er eine tendenziell feingranularere Anwendungslandschaft.
2. inwieweit Funktionen mehrfach vorhanden sein dürfen. So halten AS, deren Bausteine originär für einen Stand-Alone-Einsatz geschrieben wurden, notwendigerweise auch redundante Daten. Die Middleware (Sync-BODs der OAGIS) sorgt für einen Datenabgleich.

Die Parameter lassen sich ebenso wie die oben beschriebenen Strategien auf Kosten abbilden. Es erfolgt eine Auswahl der Komponenten über eine Kostenbewertung, in die z. B. jedes Hinzunehmen eines weiteren Lieferanten mit einer festen Summe eingeht. Weiterhin ist es möglich, den Anpassungsaufwand abzuschätzen, indem der Integrator die OAGIS-Requests, welche die neuen Komponenten benötigen, darauf hin überprüft, ob sie schon in der Konfiguration des Kunden vorhanden sind oder sich aus den vorhandenen Modulen erzeugen lassen.

2.3.2.3 Selektion

Aus der Vorselektion hervorgegangene Bausteinkombinationen kann der Anwender genauer in Augenschein nehmen, beispielsweise über Demonstrationsversionen oder das Internet (vgl. [Axi99]). So ist insbesondere die Benutzungsoberfläche der Software-Bausteine daraufhin zu untersuchen, ob sie sich in das Gesamtbild des Anwendungssystems einpasst. Auch die Integrationsmöglichkeiten in bestehende oder geplante Prozesse sind zu analysieren.

2.3.3 Integration

Die genaue Integrationsanleitung muss Bestandteil jeder Modulbeschreibung sein. Von den Herstellern oder jenen Komponentenintegratoren, die einen Baustein schon in Projekten verwendet haben, ist - abhängig von der gewählten Middleware (hier für OAGIS) - festzuhalten,

a) welche BODs die Komponente benötigt bzw. welche sie optional verarbeiten kann (z. B. gemeinsam mit anderen Komponenten gepflegte Stammdaten),

b) wann der Aufruf erfolgen sollte und wie der Baustein darauf reagiert (sofortige Verarbeitung oder Sammeln der Nachrichten und Stapelverarbeitung),

c) welche Daten das Modul zur Verfügung stellt (wieder in Form von BODs),

d) welche Ereignisse und Methoden die Komponente zur Ansteuerung bietet (lediglich für nicht OAGIS-fähige Bausteine).

2.4 Komponentenhersteller

Software-Entwicklung für Wiederverwendung (vgl. [MeR94, 48 f.]) betreiben die Hersteller von Komponenten, die ihre Produkte in ein Repository ablegen. "Aufnahmebedingungen" sind detaillierte Beschreibungen zu Funktionalität, Voraussetzungen und Integration. Ebenso sollten die Komponenten so weit verallgemeinert sein, dass sie auf ähnlich gelagerte Probleme anwendbar sind. Die Verallgemeinerung von Software-Lösungen ist eine weitverbreitete Methode, um von individuellen Programmen zu Branchen- und Standardsoftware zu gelangen und so gute Speziallösungen rasch einem größeren Kundenkreis verfügbar zu machen.

Das Repository seinerseits kann den Komponentenherstellern wertvolle Hilfen bieten: Durch verschiedene Analysemöglichkeiten (etwa Clusteranalyse, Faktorenanalyse, Korrelationsbestimmungen von Unternehmensmerkmalen und IV-Anforderungen) ist es möglich, Marktnischen zu suchen. Auch zu groß geschnittene Module, die zuviel Funktionalität in sich vereinigen, können Anlass dazu sein, Konkurrenzprodukte zu entwickeln.

2.5 Betreiber des Repository

Aufbau und Pflege des Repository sind Aufgaben des Betreibers. Zunächst ist die Struktur der Bausteinbeschreibung (den Merkmalsset nebst seinen Ausprägungen) festzulegen und aktuell zu halten. Hieraus ergeben sich die Möglichkeiten des Zugriffs, der Benutzern während ihrer Recherche gewährt wird.

Diejenigen Begriffe, welche die Fachbereiche der einsetzenden Unternehmung betreffen (vor allem die Funktionalität der Komponenten), müssen in einer Form und Sprache ausgedrückt werden, die beide Seiten, Hersteller wie Anwender gleichermaßen, verstehen, die aber trotzdem eindeutig ist (vgl. [Ort97, 70-74], [Par91, 19] sowie [Gas82, 133]). Der Betreiber muss bei der Wahl der Merkmalsausprägungen berücksichtigen, dass die Software-Hersteller einen eher technisch, die Fachabteilungen einen eher betriebswirtschaftlich geprägten Sprachschatz haben. Die Beschreibung der Funktionalität sollte jedoch beiden Seiten eingängig illustrieren, welche Dienste ein Modul zu leisten vermag. Mit einer geeigneten Begriffswahl sowie zusätzlichen Beschreibungen unterstützt das Repository die schwierigsten Phasen der Software-Entwicklung: die Problemanalyse und die Anforderungsdefinition. Die im Repository verwendeten Begriffe lassen sich etwa im Glossar des Pflichtenhefts verwenden.

Es gibt neben dem Betrieb des Repository eine Reihe von Zusatzleistungen, die der Betreiber (oder von ihm beauftragte Unternehmen) anbieten kann. Angebotene Software-Bausteine können z. B. bezüglich ihrer Qualität, der Übereinstimmung von Beschreibung und Leistungsfähigkeit oder der Einhaltung von Standards überprüft und zertifiziert werden. Ebenso sind Abrechnungsmodelle nach dem Pay-per-Use-Gedanken oder ein Software-Push-Service denkbar, der den Software-Kauf zu einer Art "Abonnement"-Geschäft macht (vgl. [Zie97]).

3 Zusammenfassung

Das hier vorgestellte Szenario eines Marktplatzes für Komponenten fußt auf drei Säulen:

a) Es steht ein feingranulares Angebot an betriebswirtschaftlichen Software-Bausteinen zur Verfügung, die von jeweiligen Funktionsspezialisten erstellt und in einem Repository angeboten werden.

b) Man einigt sich sowohl auf syntaktische wie auch auf betriebswirtschaftlich-semantische, nachrichtenorientierte Standards zum Datenaustausch. Im vorgestellten Beispiel spielt die OAGIS diese Vermittlerrolle.

c) Die Funktionalität der Bausteine wird in einer vom Repository-Betreiber gepflegten, einheitlichen Sprache beschrieben. Das ICF-System bietet dazu eine Möglichkeit.

Sind diese Voraussetzungen erfüllt, so lassen sich Software-Auswahl und -Einführung in vielfältiger Weise unterstützen: Kunden erhalten potentiell besser angepasste Lösungen, wenn sie diesen Marktplatz nutzen. Software-Herstellern hilft er, Angebotslücken aufzuspüren und gezielt Software herzustellen, ohne eine Vielzahl von Annahmen über die künftigen Käufer treffen zu müssen.

Literatur

[Axi99] Axis (Hrsg.): Der Software-Test im Internet, http://test.software.de/, (Stand 17.06.99)

[CoW94] B. Convent, W. Wernecke: Bausteinverwaltung und Suchunterstützung – Basis für die Software-Wiederverwendung, *Handbuch moderner Datenverarbeitung*, Vol. 31, No. 180, 1994, S. 59 – 70

[Gas82] B. Gasch: Kooperative Entwicklung von Anwendungsspezifikationen unter besonderer Beachtung der Realisierung von Branchensoftware, Dissertation, Berlin, 1982

[ICF99] Bereich Wirtschaftsinformatik I, Universität Erlangen-Nürnberg (Hrsg.): ICF-online, http://www.wi1.uni-erlangen.de/projekte/kebba/icf.html, (Stand 17.06.99)

[LKS99] H. Ließmann, T. Kaufmann, B. Schmitzer: Bussysteme als Schlüssel zur betriebswirtschaftlich-semantischen Kopplung von Anwendungssystemen, *Wirtschaftsinformatik*, Vol. 41, No. 1, 1999, S. 12 – 19

[MeP86] P. Mertens, E. Plattfaut: Informationstechnik als strategische Waffe, *Information Management*, Vol. 1 , No. 2, 1986, S. 6 - 17

[MeR94] J. Meier, A. Röpert: Systematische Software-Wiederverwendung – Konzepte und Verfahren bei Siemens Nixdorf Informationssysteme AG, *Handbuch moderner Datenverarbeitung*, Vol. 31 No. 180, 1994, S. 46 - 58

[Mit98] N.N. Mitev: A Comparison Analysis of Information Technology Strategy in American Airlines and French Railways, in: R.W. Blanning, D.R. King (Hrsg.): Proceedings of the 31st Annual Hawaii International Conference on System Sciences, IEEE, Los Alamitos 1998, S. 611 – 621

[Mor98] P. Morschheuser: Individualisierte Standardsoftware in der Industrie: merkmalsbasierte Anforderungsanalyse für die Informationsverarbeitung, DUV, Wiesbaden 1998

[Mün97] V. Münch: Bausätze für Software-Kathedralen, *Online*, Vol. 34, No. 10, 1997, S. 48 - 52

[NIS98] National Institute of Standards and Technology (Hrsg.): Guide to Available Mathematical Software, http://math.nist.gov/, (Stand 17.06.99)

[OAG99] OAGI (Hrsg.): OAGIS - Open Applications Group Integration Specification. Release 6.1, Document Number 981231, http://www.openapplications.org/, (Stand 17.06.99)

[Ort97] E. Ortner: Methodenneutraler Fachentwurf: zu den Grundlagen einer anwendungsorientierten Informatik, B.G. Teubner, Stuttgart 1997

[Par91] H. Partsch: Requirements Engineering, Oldenbourg, München u.a. 1991

[Rös97] M. Rösch: Softwarekomponenten nicht vor 2001, *OBJEKTspektrum*, o.Jg., No. 3, 1997, S. 28 - 31

[Szy97] N. Szyperski: Component Software - A Market on the Verge of Success, *The Oberon Tribune*, Vol. 2, No. 1, 1997, S. 3 - 4

[UBK99] UBK (Hrsg.): Ausschreibungen, http://www.mavs.de (Stand 17.06.99)

[W3C97] World Wide Web Consortium (Hrsg.): The Open Software Description Format (OSD), White Paper, http://www.w3.org/TR/NOTE-OSD.htm, (Stand 17.06.99)

[Zie97] M. Ziegler: Push: Paradigmenwechsel im Internet?, *Diebold Management Report*, Vol. 27 No. 6, 1997, S. 15 - 18

Entwicklung einer Strategie für die Anwendungsentwicklung - Kernausrichtung Komponentenbasierte Entwicklung

Lothar Thanheiser

Abstract

Der vorliegende Beitrag berichtet über ein 1999 in der Praxis durchgeführtes Projekt zur Erarbeitung einer Strategie für eine Anwendungsentwicklung. Dabei wird der Schwerpunkt auf die Darstellung einer systematischen Vorgehensweise zur Erarbeitung einer Strategie und der dabei erzeugten Ergebnisse gelegt. Ein wesentliches Ergebnis dieser Strategie war die Ausrichtung auf die komponentenbasierte Entwicklung. Eine strategische Komponentenarchitektur wurde als Ausgangspunkt und Orientierung für die konkrete Umsetzung der Strategie entwickelt. Nach der Definition der Ziele und Strategien wurden die zur konkreten Umsetzung erforderlichen Pläne für die Daten und Applikationen, die Technologie und Organisation entwickelt und in einem gemeinsamen Strategiepapier zusammengefaßt.

1 Einleitung

1.1 Ausgangssituation

Das Unternehmen erbringt in unterschiedlichen Abteilungen Beratungs-, Entwicklungs- und Produktions-Dienstleistungen für die öffentliche Verwaltung. Diese Bereiche wurden in den letzten Jahren im Rahmen eines Reorganisations-Projektes neu aufgebaut, strukturiert und organisiert. Dabei wurden auf der Basis eines ganzheitlichen Unternehmens-Prozeßmodells u.a. folgende Bereiche neu gestaltet:

- ein umfassendes Vorgehensmodell für die Systementwicklung

- ein durchgängiges Methoden- und Werkzeugkonzept
- ein neues Projektmanagement-Verfahren
- Produktionsübernahme-Verfahren
- Systemmanagement (Problem-, Change-, Konfigurationsmanagement usw.)
- Kosten- und Leistungsrechnung
- Vertrieb und Marketing

Das Unternehmen entwickelt und betreibt seit über 25 Jahren Anwendungen für die öffentliche Verwaltung und hat sich in den letzten vier Jahren von einer Behörde zu einem selbständigen Dienstleistungsunternehmen entwickelt. In dieser Zeit war man sehr intensiv mit der Erarbeitung und der Implementierung neuer Konzepte beschäftigt und hat sich mächtig engagiert, um den Anschluß an private Wettbewerber zu halten. In der praktischen Umsetzung der Konzepte wird deutlich, daß viele Ressourcen durch bestehende Kundenverträgen in Altverfahren und Wartungsprojekten gebunden sind. Eine generelle Wendung hin zu professionellem Arbeiten und modernen Client-/Server-Verfahren gelingt deshalb nur langsam. Die entsprechenden Qualifikationen müssen noch weiter ausgebaut werden. Darüberhinaus muß in den nächsten Jahren die Wirtschaftlichkeit verbessert werden um auch zukünftig wettbewerbsfähig zu bleiben. Es bestand Unsicherheit über die generelle, langfristige Richtung und die zu setzenden Prioritäten.

1.2 Projektziele

Diese Situation führte dazu, daß wir in gemeinsamen Gesprächen einen Weg gefunden haben, wie eine klare Richtung und Orientierung für die Organisation und die Mitarbeitenden zu entwickeln ist. Es wurde ein Projekt initiiert, in dem, zusammen mit den Führungskräften der Anwendungsentwicklung, eine Strategie erarbeitet werden sollte. In einem gemeinsam entwickelten Projektauftrag wurden die Projektziele für das Strategieprojekt definiert:

- Die bestehenden Software-Produkte sind mit ihrem wesentlichen Aufgabengebiet dokumentiert und in Produktgruppen strukturiert (Sprache, Betriebssystem, Leistungsumfang, Kunde, Hardware usw.).

- Der Istzustand der Produkte wurde hinsichtlich seiner wesentlichen Merkmale eingeschätzt (Geschäftsprozeß-Unterstützung beim Kunden, Technolgie etc.).
- Die wesentlichen, zukünftigen Anforderungen des Marktes sind ermittelt.
- Die zukünftigen Leistungen der Anwendungsentwicklung sind definiert ("Leistungskatalog").
- Es liegt eine gemeinsame Zielsetzung und Strategie der Anwendungsentwicklung für die nächsten Jahre vor.
- Es liegt ein konkreter Maßnahmen-/Projekteplan zur Umsetzung der Strategie und zur Erreichung der Ziele vor.
- Die Organisation und die Mitarbeitenden sind auf die Ziele und Strategie ausgerichtet, d.h.
- Es liegt ein Personalentwicklungsplan und ein Migrationsplan vor, der aufzeigt, in welchen Schritten man von der heutigen Organisation zur neuen Organisation kommt.

2 Vorgehensmodell Strategieentwicklung

Die Erarbeitung der Strategie erfolgte nach dem folgenden Vorgehensmodell:

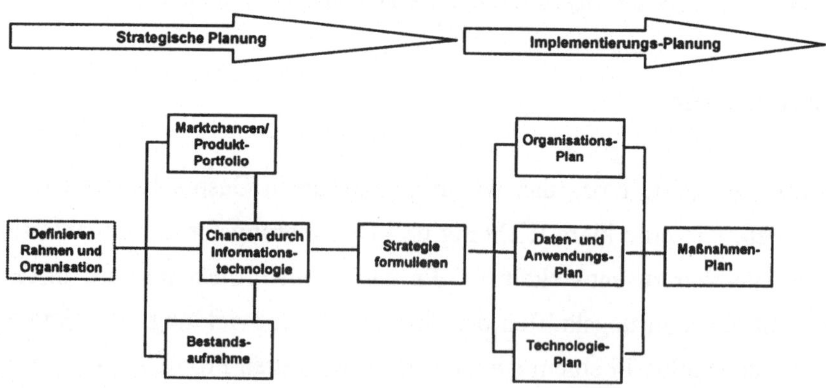

Abbildung 1: Überblick der Aktivitäten

Abbildung 1 zeigt die Hauptaktivitäten des Vorgehens. Zu jeder Hauptaktivität gehören einige Aktivitäten. Die Ergebnistypen jeder Aktivität sind genau festgelegt. Im Rahmen des Projektes sollten im wesentlichen folgende Aktivitäten durchgeführt und Ergebnisse erzeugt werden:

- Dokumentation des Istzustands
  - Systemprofil für alle Anwendungen
  - Dateien- und Datenbankbestand
  - Technikarchitektur
  - Matrix Anwendungen/unterstützte Geschäftsprozesse
  - Anwendungen-/Objekte-Matrix
- Einschätzung des Istzustands
  - Einschätzen Operations, Technologie, Kapazität
  - Einschätzen der Unterstützung der Geschäftsprozesse
  - Einschätzung der Effektivität der AE
  - Einschätzen der eigenen Position gegenüber dem Wettbewerb
- Identifizieren Marktchancen
  - Überprüfen Markt und Wettbewerb
  - Definieren unserer Rolle in der Organisation und am Markt
  - Definieren Leistungskatalog der AE
- Chancen durch Informationstechnologie identifizieren
  - Analysieren IT-Trends
  - Definieren wesentlicher IT-Ziele
  - Identifizieren Chancen für Verbesserungen
- Informationstechnologie-Strategie erarbeiten
  - TOP-Strategie

  - Konzeptionelle Architektur
  - Analysieren Auswirkungen und Identifizieren Projekte
- Daten- und Anwendungsplan
- Technologie-Anforderungen
- Organisations-Plan (inkl. Personalentwicklungs-Plan)
- Konsolidierter Maßnahmen-Plan zur Umsetzung der Strategie

3 Bestandsaufnahme

Software- und Datenbestand nachdokumentiert

Es sind derzeit mehr als 60 Software-Produkte im Bestand, die aktiv bei Kunden im Betrieb sind und weiterentwickelt und gewartet werden. Die wesentlichen Produkte und Datenbanken wurden im Rahmen der Bestandsaufnahme auf einer groben Ebene mühsam nachdokumentiert. Dies brachte für alle Beteiligten die erforderliche Transparenz für weitere Einschätzungen.

Vielfalt der Plattformen

Die Anwendungen wurden im Laufe vieler Jahre (teilweise seit 1972) kundenindividuell entwickelt und weiterentwickelt und befinden sich auf verschiedensten technischen Plattformen (IMS, ISAM, VSAM, ADABAS, DB2, ORACLE u.v.a.).

Keine Dokumentation

Die vorhandenen Anwendungen sind kaum dokumentiert. Es existieren teilweise Benutzerhandbücher und punktuell grobe Verfahrenshandbücher. Dokumentation wird als zusätzlicher Aufwand empfunden, den der Kunde nicht bezahlt.

Autorenabhängigkeit

Dadurch ist man im Laufe der Jahre immer abhängiger von den Autoren der Software geworden und die Autoren sind dadurch gebunden.

Mangelnde Transparenz

Durch die starke Produkt- und Wartungsorientierung in definierten Bereichen und das dort praktizierte ad-hoc-Anforderungsmanagement gibt es sehr wenig Transparenz über geplante und geleistete Aufwände zu den realisierten Anforderungen.

Redundanzen

Durch die kundenspezifische Entwicklung der einzelnen Anwendungen entstand im Laufe der Zeit eine Menge an Redundanzen. Viele Anwendungen greifen auf die selben logischen Daten zu (Bürger, Orte, Gebäude etc.), haben sie aber jeweils redundant entwickelt und gespeichert.

Eine Einschätzung des Istzustands machte deutlich, daß diese Situation nur durch konsequente, sicher erst mittelfristig wirkende Maßnahmen nachhaltig verbessert werden kann. Die Anforderungen des Wettbewerbs machen aber eine Richtungsänderung dringend erforderlich.

4 Ziele und Strategien

Mit den definierten Geschäftszielen wurde der angestrebte Zustand in einigen Jahren beschrieben. Sie sind zum einen in textlicher Form formuliert, sind aber auch in Form einer Daten- und Anwendungs-, Technik-Architektur beschrieben. Es war unser Bestreben, die Ziele auch durch konkrete Objekte/Komponenten auf einer strategischen Ebene zu präzisieren.

4.1 Geschäftsziele

Die wesentlichen strategischen Ziele der Anwendungsentwicklung in den nächsten Jahren sind:

- Wir bieten am Markt moderne, modulares Produkte an ("Standard-Software" für die öffentliche Verwaltung)
- Wir erschließen neue Geschäftsfelder (Internet, SAP etc.)
- Wir erschließen neue Märkte auf Bund-, Länder- und kommunaler Ebene

- Unsere Produktlandschaft wird durch wiederverwendbare Bausteine/Komponenten bestimmt
- Termin- und Budgettreue in unseren Projekten
- Transparenz in unseren Projekten und Produkten
- Unsere Produktivität und Qualität ist meßbar und wird sukzessive verbessert
- Unsere Produkte sind weitgehend plattformunabhängig
- Wir können eine positive Wirtschaftlichkeit ausweisen
- Unsere Mitarbeiter-Qualifikation ist auf die Marktanforderungen ausgerichtet
- Die Technologie-Plattformen sind auf ein Minimum reduziert (ORACLE, DB2, ADABAS, JAVA)

4.2 Strategische Architektur

Die nachfolgend skizzierte Architektur beschreibt aus strategischer Sicht die Ziel-Architektur der Daten und Produkte der Anwendungsentwicklung in 5 Jahren. Diese konzeptionelle Architektur ist eine Planungsgrundlage für alle Projekte und Entwicklungen. Sie steuert eine frühzeitige Erkennung der Wiederverwendbarkeit der Bausteine und damit eine Produktivitäts- und Qualitätssteigerung in der Anwendungsentwicklung.

Strategisches Objektmodell

Ausgangspunkt für die Planung unserer strategischen Komponenten sind die Geschäftsobjekte (Business Objects) unserer Kunden bzw. unseres Marktes.

Wesentliches Merkmal der strategischen Architektur ist eine Generalisierung der individuellen Objekt- und Modulstrukturen, d.h. alle Objekttypen sind logisch nur einmal vorhanden und werden nur von einem darauf abgestimmten Modul bearbeitet. Alle Produkte verwenden diese Komponenten ("Component Ware").

Gebäude
Wohnung
Abgaben
Einkommenssteuer
Lohnsteuer
Gewerbesteuer
KFZ-Steuer
Kanalgebühren
Müllabfuhr
befindet sich
Gemeinde
Flurstück
Grundstück
Stadtteil
Straße
Örtlichkeiten
wohnt in/ besitzt
bezahlt
Zahlung
leistet
besitzt
Bürger
ist angesiedelt
arbeitet für
erhält
Siemens
ZKHO
Stadtwerke
Wirtschafts-betriebe
ist beteiligt an
besitzt/ betreibt
besitzt
Leistung
Sozialhilfe
Rente
Wohngeld
Kindergeld
Aussiedler...
Verfahren/ Ereignis
ist beteiligt an
Verkehrs-mittel
Dokument
Wahl
Strafverfahren
Bußgeldverfahren
Feuerwehreinsatz
PKW
LKW
Schiff
Flugzeug
Personalausweis
Pass
Fahrerlaubnis

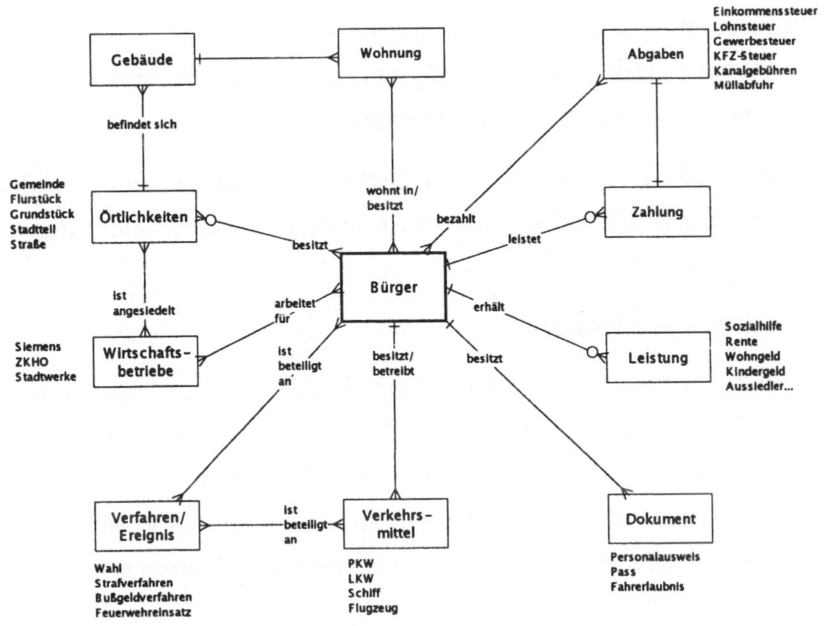

Abbildung 2: Strategisches Objektmodell

Wertschöpfungskette der Kunden

Unsere zukünftigen Produkte müssen den Bedarf des Marktes und somit unserer Kunden befriedigen.

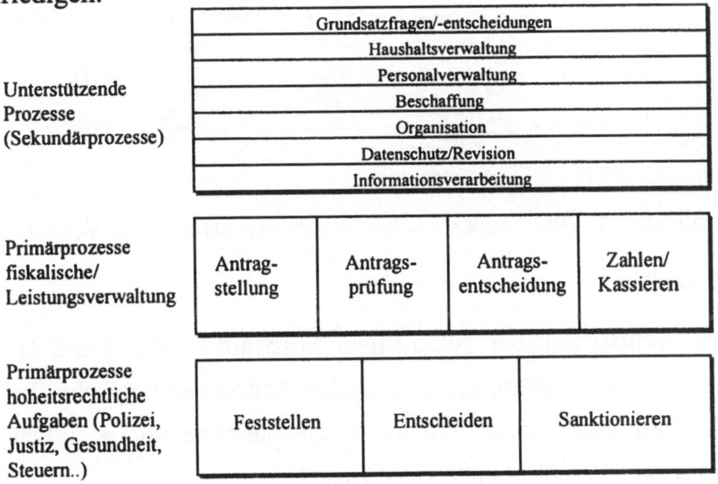

Unterstützende Prozesse (Sekundärprozesse)
Grundsatzfragen/-entscheidungen
Haushaltsverwaltung
Personalverwaltung
Beschaffung
Organisation
Datenschutz/Revision
Informationsverarbeitung
Primärprozesse fiskalische/ Leistungsverwaltung
Antrag-stellung
Antrags-prüfung
Antrags-entscheidung
Zahlen/ Kassieren
Primärprozesse hoheitsrechtliche Aufgaben (Polizei, Justiz, Gesundheit, Steuern..)
Feststellen
Entscheiden
Sanktionieren

Abbildung 3: Wertschöpfungskette öffentliche Verwaltung

Deshalb müssen unsere Software-Produkte die Wertschöpfungskette unserer Kunden sichtbar unterstützen. Die Wertschöpfungskette ist eine grafische Darstellung und Einordnung der Aktivitäten unserer Kunden.

Im Grundsatz sind diese drei unterschiedlichen Bereiche zu unterscheiden. Die Standardisierung und Wiederverwendbarkeit unserer Produkte richtet sich auch an diesem Schema aus.

Prozesse und Informationsfluß

Ausgangspunkt der funktionalen Betrachtung sind die verschiedenen Funktionsbereiche und Informationsflüsse in der öffentlichen Verwaltung. Darunter verstehen wir hier die Geschäftsprozesse, die im jeweiligen Funktionsbereich ablaufen. Diese werden losgelöst von der Aufbauorganisation gesehen, da diese sich des öfteren ändert und auch in anderen Bundesländern u.U. anders strukturiert sein kann.

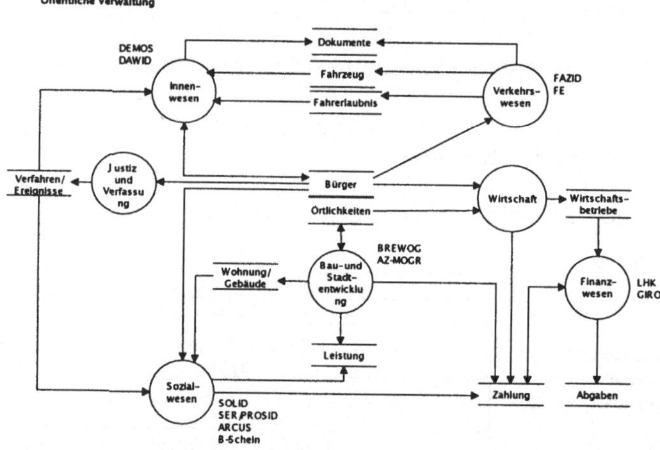

Abbildung 4: Überblick Geschäftsprozesse öffentliche Verwaltung

Produkt-Portfolio

Zur weiteren Beurteilung der zukünftigen Software-Produkte des Unternehmens wurden diese in ein Portfolio, mit den beiden Achsen Strategische Bedeutung und Wirtschaftlichkeit, eingeordnet. Wir haben uns dabei auf die wichtigsten Produkte konzentriert, da sie weit über 80 % der Erlöse bringen.

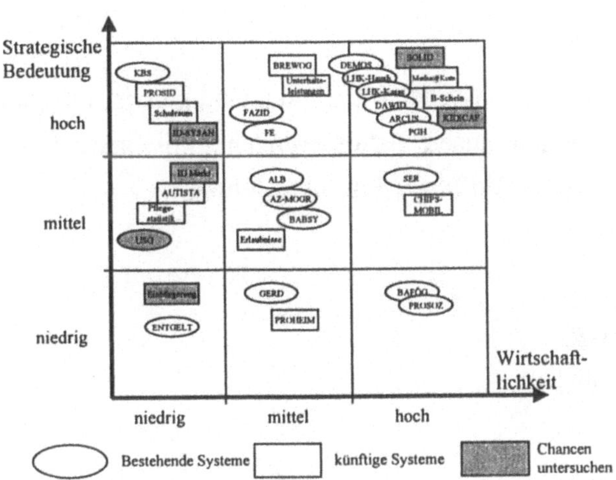

Abbildung 5: Portfolio der Software-Produkte

Strategische Anwendungsarchitektur

In der nachfolgenden Matrix sind die als strategisch definierten Systeme und deren Verwendung der Objekte zu erkennen (U = used).

	BÜRGER	LEISTUNG	ZAHLUNG	VERFAHREN/ EREIGNIS	WIRTSCHAFTS-BETRIEBE	ÖRTLICHKEIT	ABGABEN	VERKEHRSMITTEL	DOKUMENT	WOHNUNG	GEBÄUDE
DEMOS	U			U		U					
DAWID	U	U		U		U			U		U
FAZID	U				U	U	U	U	U		
ARCUS 3.0	U	U				U		U	U		
BREWOG	U	U				U				U	U
FE	U					U	U		U		
PROSID	U	U	C								
Schulungsraum-Verwaltung	U		U	U		U					U
Berechtigungsscheine	U									U	
SOLID	U	U	U			U			U	U	
Media@Kom	U	U	U			U	U	U	U	U	U
CHIPS-MOBIL	U										

Die strategische Anwendungsarchitektur leitet sich indirekt aus dem Prozeßmodell ab und zeigt die Prozesse unserer Kunden (die durch Applikationen unterstützt werden) und deren Verwendung von Objekten bzw. Komponenten.

Technikarchitektur

Die Entwicklung einer umfassenden Technikarchitektur ist die Aufgabe der Produktion. Nachfolgend sind unsere Anforderungen an die zukünftige Technikarchitektur für die strategischen Software-Produkte definiert.

Zielumgebung:

- ORACLE-DBMS
- Internet-Fähigkeit
- JAVA
- CORBA-konforme Produkte

Entwicklungsumgebung:

- Designer/2000 und Developer/2000
- ORACLE DBMS Version 8
- Rational Rose (für objektorientierte Entwicklung)

ORACLE-J-Developer-Suite ist ein Programmpaket zur Erstellung von JAVA-Applikationen auf der Basis einer Komponenten-Architektur. Der Einsatz dieses Produktes wird kurzfristig überprüft.

4.3 Strategien der Anwendungsentwicklung

Die Strategie beschreibt den Weg zur Erreichung der Ziele. Die Ziele sollen u.a. durch die nachfolgenden Strategien erreicht werden:

- Durch komponentenbasierte Entwicklung erreichen wir eine hohe Wiederverwendbarkeit und verbessern nachhaltig unsere Produktivität und Qualität.
- Professionelles Projektmanagement und -controlling findet in allen Neu- und Weiterentwicklungsprojekten statt.

- Alle Neu- und Weiterentwicklungsprojekte werden systematisch nach Vorgehensmodell mit den neuen Methoden und CASE-Werkzeugen geplant und durchgeführt.
- Konsequentes Qualitätsmanagement in allen strategischen Projekten.
- Eine Aufwandsschätzmethode (Function Point) wird zur Schätzung und Nachkalkulation aller Projekte eingesetzt.
- Plattformunabhängige und mandantenfähige Anwendungen werden erstellt.
- Zielgerichtete Organisations- und Personalentwicklung (Führung, Training, Coaching).
- Unsere Weiterentwicklung wird konsequent in Versionen und Releases geplant und durchgeführt.
- Unsere strategisch relevanten Software-Produkte sind durch Migration modernisiert worden.

Strategie Komponentenbasierte Entwicklung

Die festgestellten Anforderungen zeigen sehr deutlich, daß viele Anwendungen auf die selben Objekte zugreifen. Zukünftig sollen Redundanzen und Doppelarbeit vermieden werden und den Benutzern sollen einheitliche und moderne Benutzeroberflächen zur Verfügung stehen. Die Produktivität und Qualität der angebotenen Produkte soll verbessert werden. Nach reiflichen Überlegungen zeigten sich die Ansätze der Komponentenbasierten Entwicklung als ein geeignetes Hilfsmittel, die definierten Ziele und Strategien optimal zu unterstützen. Dieser für die Organisation neue Weg muß sukzessive erschlossen werden. Erste Festlegungen auf strategischer Ebene wurden definiert. Die Eigenschaften einer Komponente sind [Szy98]:

- Eine Komponente ist ein unabhängig einsetzbarer Baustein.
- Eine Komponente wurde von Dritten entwickelt.
- Eine Komponente hat keinen fortdauernden Status.

Eine Software-Komponente

- ist ein entwickelter Baustein mit vertraglich spezifizierten Schnittstellen und expliziter Kontextunabhängigkeit.
- Kann unabhängig eingesetzt sein und die Entwicklung liegt in der Verantwortung eines Dritten.

Aus dem entwickelten Daten- oder Objektmodell konnten die strategisch relevanten Komponenten der zukünftigen Produktlandschaft abgeleitet werden (Bürger, Örtlichkeit, Leistung etc.). Dafür sollen in den nächsten Jahren die Komponenten gezielt (nach Plan) entwickelt und in die Produktlandschaft integriert werden.

CORBA

Mit dem Standard CORBA steht ein zukunftsträchtiges Konzept zur Verfügung, welches die Strategien gut unterstützt. Die Common Object-oriented Request Broker Architecture (CORBA) ist ein Konzept der Object-Management-Group (OMG), einem Zusammenschluß von mehr als 700 Mitgliederfirmen, darunter führende Hersteller wie IBM, SUN, DEC, HP und Microsoft. Das CORBA-Konzept schreibt vor, wie entfernte Objekte bzw. Komponenten (in anderen Umgebungen) miteinander kommunizieren sollen. Diese Architektur ist Bestandteil einer noch umfassenderen Norm - der Object Management Architecture, die den umfassenden Rahmen für eine umfassende Komponentenlandschaft abstecken soll. CORBA ist kein Produkt, sondern eine Anleitung zur Entwicklung von Produkten. Die Produkte selbst werden von diversen Herstellerfirmen bereitgestellt. Um als CORBA-konform zu gelten, muß ein Produkt von der OMG zertifiziert werden. Daran werden wir uns bei zukünftigen Entwicklungen orientieren.

5 Implementierungsplanung

Die Umsetzung der Strategie erfordert konkrete Maßnahmen zur Entwicklung der zukünftigen Komponentenarchitektur, zur Bereitstellung der Technikarchitektur und zur Entwicklung der Organisation und des Personals.

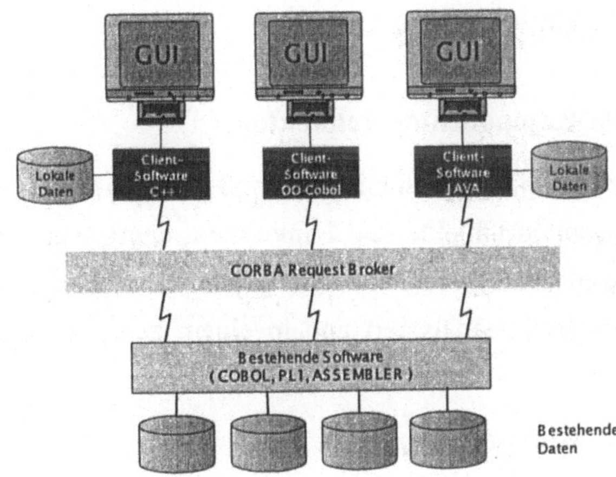

Abbildung 6: Einsatz des CORBA-Standards

5.1 Anwendungs- und Datenplanung

Bezogen auf die Erreichung der definierten Anwendungen und Komponenten stehen alternativ die folgenden Migrationsstrategien zur Auswahl [Sne99]:

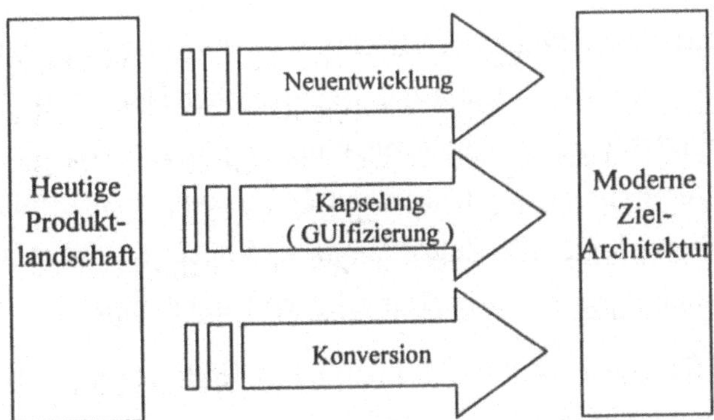

Abbildung 7: Alternative Migrationsstrategien

Im Rahmen der Umsetzungsplanung werden alle strategisch relevanten Produkte (siehe Portfolio) nach diesem Schema definiert.

5.2 Komponentenplanung

Präzisierung der Komponentenarchitektur

Die strategische Komponentenarchitektur muß präzisiert und verfeinert werden. Es müssen alle relevanten Objekte und Funktionen identifiziert und strukturiert werden. Dazu müssen die bestehenden und geplanten Produkte zusammen mit den Produktverantwortlichen analysiert und in einem zentralen Repository dokumentiert werden.

Entwicklung der Komponenten

Die für unsere Produkte wesentlichen Komponenten müssen anwendungsunabhängig und damit wiederverwendbar konzipiert und realisiert werden. Dies geschieht im Rahmen der strategischen Neuentwicklungs-Projekte. Die Entwicklung der Komponenten wird in enger Abstimmung mit dem Bausteinmanagement erfolgen.

Neuentwicklungs-Projekte

Die Migrationsstrategie Neuentwicklung wurde für vier wesentliche Software-Produkte entschieden. Diese Produkte wurden definiert und beschrieben.

Kapselung (GUI-fizierung)

Im Zuge der Weiterentwicklung der bereits bestehenden und strategischen Produkte wird zunächst eine Modernisierung der Benutzeroberfläche und damit eine Optimierung von Arbeitsflüssen in der Verwaltung angestrebt. Die Benutzeroberfläche und die lokale Verarbeitungslogik wird mit JAVA oder C neu implementiert. Die globale Verarbeitungslogik, die Zugriffslogik und auch die Daten selbst bleiben in ihrer ursprünglichen Form in der herkömmlichen Umgebung.

Die Kandidaten für diese Art der Optimierung in 1999 und 2000 wurden definiert. Eine genaue Planung mit den Kunden erfolgt.

Konversion von Altanwendungen

Bei einer Konversion kommt es im Gegensatz zur Neuentwicklung darauf an, möglichst viel von dem bestehenden System in die neue Lösung einzubringen. Einerseits werden die Daten, andererseits die Programme in eine andere Umgebung transferiert. Datenkonversion in eine moderne Architektur bedeutet, daß die Daten von einer z.B. hierarchischen Struktur (z.B. IMS) in eine relationale Struktur (z.B. ORACLE) konvertiert werden.

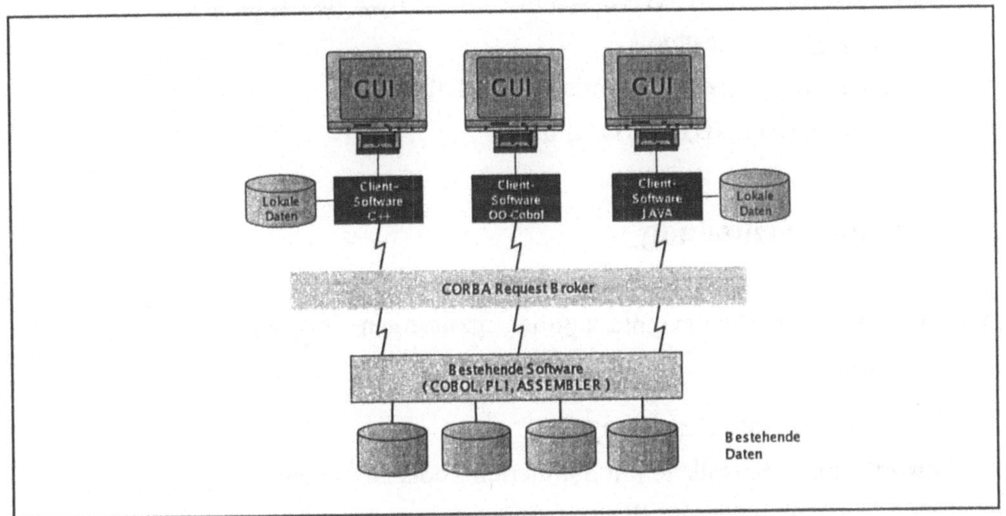

Abbildung 8: Einbindung der Altsysteme

Bewertung bestehender Produkte

Die Wahl der richtigen Migrationsstrategie kann viel Geld sparen. Deshalb müssen die strategisch relevanten Altsysteme vor der Entscheidung über die Migrationsstrategie bewertet werden. Denn erst anhand der daraus entstehenden Kennzahlen wird erkennbar, ob die Programme konvertierbar oder kapselbar sind und welcher Aufwand erforderlich ist.

Nachdokumentation

Die Nachdokumentation eines alten Software-Produkts ist eine wichtige Voraussetzung für die Analyse und Bewertung der Wiederverwendbarkeit desselben.

Entwicklungs- und Wartungsverfahren

Der Einsatz des Bausteinmanagements, Projektmanagements, Vorgehensmodells, der Methoden und CASE-Werkzeuge ist verbindlich für alle Neu- und Weiterentwicklungsprojekte. Dies ist eine wesentliche Voraussetzung für die erforderliche Transparenz und Steuerbarkeit in der Komponentenbasierten Entwicklung. Daneben muß der Entwicklungsprozeß - entsprechend den vorliegenden Konzepten - durch weitere Werkzeuge produktivitäts- und qualitätssteigernd unterstützt werden:

- Implementierung eines Werkzeugs für Anforderungsmanagement
- Beschaffung eines Testtools
- Implementierung einer Aufwandsschätz-Methode
- Neue Methoden (CBD, OO) erschließen

5.3 Technologieplanung

Die Aktivitäten zur Implementierung der zukünftigen Technikarchitektur sind im wesentlichen:

- Technikarchitektur präzisieren
- Entwicklungsarbeitsplätze mit definierten Tools ausstatten
- JAVA-Umgebung bereitstellen
- CORBA-Technologie bereitstellen

5.4 Organisationsplanung

Umsetzung der Organisation

Die definierte Ziel-Organisationsstruktur muß implementiert werden. Dazu gehören die nachfolgenden Maßnahmen:

- Implementierung Produktmanagement
- Bausteinmanagement implementieren
- Organisationseinheit Support aufbauen
- Rollenkonzept in Projekten umsetzen

Personalentwicklung

Die Mitarbeitenden sollen entsprechend der vorliegenden Anforderungsprofile und Zielqualifikationen systematisch entwickelt werden. Diese Zielqualifikationen sind in den entsprechenden Funktionsbildern beschrieben. Wesentliche zu entwickelnde Funktionen/Rollen in der Anwendungsentwicklung sind dabei u.a.:

- Projektmanagement
- Anwendungs-Design
- Software-Test
- Qualitätsmanagement
- Produktmanagement

Die Maßnahmen in diesem Zusammenhang sind vor allem:

- Qualifizierung fortsetzen (siehe Ausbildungsplan 1999/2000)
- Coaching der Teams durch erfahrene Berater

Literatur

[Szy98] Clemens Szyperski: Component Software, Addison-Wesley, 1998

[Sne99] Harry M. Sneed: Objektorientierte Softwaremigration, Addison-Wesley, 1999

Ein Ansatz zur zielorientierten Simulation von Geschäftsprozeßmodellen

Michael Brandt und Volker Gruhn und Rüdiger Striemer

Abstract

In diesem Artikel wird ein Ansatz zur Simulation von Geschäftsprozeßmodellen vorgestellt. Dieser Ansatz zeichnet sich dadurch aus, daß ein Modell von benutzerdefinierten Zielen mit Hilfe von Simulationsreihen überprüft wird. Dieser Ansatz wird auf Prozeßmodelle, die durch FUNSOFT-Netze dargestellt werden, angewendet. Es wird an einem Beispiel erörtert, wie ein Zielmodell aufgestellt wird und wie Widersprüche in diesem Zielmodell durch Simulationsreihen ermittelt werden können. Möglichkeiten zur Optimierung des Prozeßmodells im Hinblick auf die definierten Ziele werden vorgestellt.

1 Zielorientierte Durchführung von Simulationsreihen mit Geschäftsprozeßmodellen

Die Geschäftsprozeßmodellierung wird seit vielen Jahren in der Praxis eingesetzt, um die Abläufe in Unternehmen transparent zu machen, zu verbessern oder sie einer automatisierten Unterstützung z.B. durch Workflow-Management-Systeme zuzuführen [ARM97,GHS95]. Nicht zuletzt diese unterschiedlichen Zielsetzungen haben dazu geführt, daß eine Reihe von Modellierungsmethoden [Kuh95] und unterschiedliche Werkzeuge (Übersichten finden sich in [Kor95, FFH96]) entwickelt wurden. Einige dieser Werkzeuge haben sich am Markt etabliert und werden in mitunter sehr großen Projekten eingesetzt. Zur Verbesserung von Geschäftsprozessen wird neben der reinen Modellierung seit einiger Zeit der Einsatz von Simulationsverfahren vorgeschlagen und praktisch umgesetzt, mit Hilfe derer das dynamische Verhalten von Geschäftsprozeßmodellen überprüft werden kann [BFG94]. Auf diese Art und Weise können Verbesserungspotentiale ermittelt werden, die bei einer reinen Betrachtung des Modells nicht aufgezeigt werden können. Allerdings haben sich in der Praxis unter anderem zwei Probleme gezeigt: Zum einen ist die Menge der möglichen Untersuchungen (genauer: der Typen von Untersuchungsergebnissen) in der Regel beschränkt, zum anderen reichen einfache Simulationen häufig nicht aus, um befriedigende Ergebnisse zu erzielen, wie wir nachfolgend motivieren wollen.

Modellierungs- und Simulationswerkzeuge bieten in der Regel eine fest definierte Menge von denkbaren Untersuchungen an. So können anhand durchgeführter Simulationen etwa die durchschnittliche Durchlaufzeit oder kritische Pfade ermittelt werden. Solche Ergebnisse sind für die Verbesserung der Geschäftsprozesse sicherlich von großem Interesse, jedoch stellen sie normalerweise nur einen Teil der Informationen dar, die für eine Verbesserung benötigt werden. Vielmehr geht es häufig um die spezifischen Anforderungen des Unternehmens, welche normalerweise durch standardisierte Simulationsverfahren nicht geeignet evaluiert werden können (etwa die Anforderung, daß ein Kunde in einem Call Center immer vom gleichen Sachbearbeiter betreut wird ("one face to the customer")). Aus diesem Grund sollten der Geschäftsprozeßsimulation eine Phase der Zielfindung vor- und eine Phase der Zielmessung nachgelagert sein. Der vorliegende Beitrag beschreibt einen Ansatz, in dem die Ziele und Anforderungen des Unternehmens explizit als Input und Evaluationsobjekt der Geschäftsprozeßsimulation modelliert werden.

Ein weiterer Grund für die Unzulänglichkeit vieler existierender Simulationswerkzeuge liegt in der mangelnden Unterstützung von Simulationsreihen. Einfache Simulationen reichen in der Regel nicht aus, um ein angestrebtes Optimum der Geschäftsprozeßgestaltung zu ermitteln. Um einzelne Experimente mit gegebenen Einstellungen des Geschäftsprozeßmodells durchzuführen, mag eine Simulation sehr gute Ergebnisse liefern. Wird jedoch aus einer ganzen Menge von möglichen Einstellungen der Parameter des Geschäftsprozesses die optimale Variante gesucht, ist eine "manuelle" Durchführung zahlreicher Simulationen erforderlich. Aus diesem Grund wurde für den vorliegenden Ansatz die Durchführung von Simulationsreihen konzipiert.

In dem vorliegenden Beitrag wird zunächst der Übergang von der herkömmlichen Geschäftsprozeßsimulation zu Simulationsreihen motiviert und die grundlegenden Zusammenhänge bei der Durchführung solcher Simulationsreihen beschrieben. Anschließend wird die Gestaltung eines Zielmodells als Input für Simulationsreihen dargestellt. Daran anschließend wird kurz darauf eingegangen, welche Erweiterungen am Geschäftsprozeßmodell notwendig sein können, um eine möglichst große Menge von Zielen abbilden zu können. Die nachfolgenden Abschnitte beschäftigen sich mit der Durchführung der Simulationsreihen sowie mit der Messung der Zielerreichungsgrade. Abschließend wird eine Beispielanwendung beschrieben.

2 Simulation von Geschäftsprozeßmodellen auf der Basis von FUNSOFT-Netzen

Im Rahmen des Managements von Geschäftsprozessen können Prozeßmodelle in vielfältiger Weise analysiert werden. Während der Nachweis von Eigenschaften von Prozeßmodellen und die post-mortem-Analyse bereits beendeter Prozesse nur selten durchgeführt werden, ist die Simulation von Prozessen ein üblicher Weg, um Prozeßmodelle zu untersuchen.

Ziel der Simulation eines Prozesses ist es, einen Eindruck bezüglich der potentiell auftretenden Prozeßzustände zu vermitteln. Potentielle Schwachstellen sollen veranschaulicht und Verbesserungspotentiale offenbart werden, ohne daß die für einen realen Prozeß erforderlichen Ressourcen verbraucht werden. Deshalb werden in einer Geschäftsprozeßsimulation die Effekte des Ausführens von Aktivitäten imitiert. Das bedeutet, daß nicht reale Objekte und Dokumente verarbeitet werden, sondern daß statt dessen Platzhalter für Objekte und Dokumente erzeugt und gemäß der im Prozeßmodell festgelegten Regeln von Aktivität zu Aktivität weitergereicht werden. Die Werte von Objekten und Dokumenten können dabei naturgemäß nicht berücksichtigt werden, so daß hier eine Abstraktion stattfindet, die die Aussagekraft der Simulationsergebnisse beeinträchtigen kann.

In realen Prozessen treten oft Zugriffskonflikte auf, das heißt, es muß während des Prozesses entschieden werden, welche Aktivität auf ein Dokument zugreifen soll, um es weiterzuverarbeiten. An solchen Stellen bieten sich für die Simulation von Prozessen zweierlei Möglichkeiten: entweder die Konflikte werden während der Simulation individuell entschieden (beispielsweise dadurch, daß der Anwender befragt wird) oder es werden Wahrscheinlichkeiten für die Konfliktlösung in das Modell aufgenommen. Die erste Alternative erlaubt individuelle Simulationen, die zweite unterstützt automatische Simulationen.

Die Simulation von Geschäftsprozessen kann auf zwei Arten ausgewertet werden. Zum einen wird der Verlauf einer Simulation von den gängigen Simulationswerkzeugen animiert, das heißt, es ist möglich nachzuvollziehen, welche Aktivitäten wann schalten, welche Informationen sie lesen, welche sie erzeugen und wieviel Objekte und Dokumente an welchen Stellen auf Weiterverarbeitung warten. Mit Hilfe dieser Animation wird ein prototyp-orientiertes Vorgehen bei der Entwicklung von Geschäftsprozeßmodellen unterstützt, denn es wird sehr früh ein Eindruck vom Verhalten von Geschäftsprozessen vermittelt.

Zum zweiten wird während einer Simulation das Auftreten sogenannter grundlegender Simulationsereignisse protokolliert. Diese grundlegenden Simulationsereignisse sind das Lesen von Objekten durch Aktivitäten, das Schreiben von Objekten durch Aktivitäten sowie das Auftreten von Konflikten (mehrere Aktivitäten konkurrieren um den Zugriff auf ein Objekt). Simulationsprotokolle können in vielfältiger Hinsicht statistisch ausgewertet werden. Typische Ergebnisse betreffen die Durchführungszeit für einen Prozeß, seinen kritischen Pfad und die durchschnittliche Verweilzeit von Dokumenten und Objekten [DG91].

Der FUNSOFT-Netz-Ansatz basiert auf der Modellierung von Geschäftsprozessen mit Hilfe abstrakter Petrinetze, sogenannter FUNSOFT-Netze [DGS89]. Die Simulation von Prozessen in diesem Ansatz unterstützt Animation von Simulationen und die nachträgliche Auswertung von Simulationen [Gru96, DG98]. Die Anwendung des FUNSOFT-Netz-Ansatzes zur Simulation von Geschäftsprozessen hat gezeigt, daß Simulationen insofern irreführend sein können, als daß sie nur einzelne Verhaltensaspekte eines Prozeßmodells veranschaulichen, während andere möglicherweise gänzlich unberücksichtigt bleiben. Da eine Prozeßsimulation immer nur ein mögliches Verhalten eines realen Prozesses zeigt, besteht die Gefahr, daß sich gerade in den nicht betrachteten Prozeßvarianten Verhalten verbergen, die genauer geprüft werden müßten. Genauso kann der Fall eintreten, daß eine bestimmte Prozeßvariante auf Grund von Simulationen verbessert wird und daß diese nur sehr selten in der Praxis auftritt. Beides bedeutet, daß die Aussagekraft von Simulationsergebnissen maßgeblich erhöht werden kann, indem nicht nur einzelne Simulationen durchgeführt werden, sondern indem Reihen von Simulationen durchgeführt werden, in denen Wahrscheinlichkeiten über die zu wählenden Prozeßvarianten berücksichtigt werden. Die in diesem Artikel vorgeschlagene Berücksichtigung von Simulationsreihen dient dazu, diese Probleme zu überwinden und die Aussagekraft von Simulationsergebnissen zu verbessern.

Ein weiteres Defizit, das durch die Anwendung des FUNSOFT-Netz-Ansatzes deutlich wurde, betrifft die Definition von Simulationszielen. Solange die Ziele einer Simulation nicht explizit gemacht werden, werden Prozeßschwachstellen eher zufällig identifiziert. Wenn demgegenüber das Ziel einer Simulation explizit vereinbart wird (zum Beispiel, das Ziel die Durchführungskosten für bestimmte Prozeßteile zu ermitteln und zu optimieren), so können entsprechende Indikatoren zielgerichtet ermittelt und untersucht werden. Auf diese Weise wird aus der allgemeinen Simulation mit dem Ziel der Vermittlung eines Eindrucks des Prozeßverhaltens eine zielorientierte Simulation, die auf bestimmte Aspekte des Prozeßverhaltens ausgerichtet ist.

3 Das Zielmodell

Nachdem bereits motiviert wurde, daß Simulationen wie auch Simulationsreihen stets zielorientiert durchgeführt werden sollten, wird im vorliegenden Abschnitt der Aufbau des Zielmodells beschrieben. Das Zielmodell dient zu den Zwecken der Definition und Aushandlung der angestrebten Ziele sowie zu deren späterer Überprüfung anhand der Ergebnisse der Simulationsreihe. Es wird in einem moderierten Prozeß bestimmt. Dazu werden alle beteiligten Personenkreise (z.B. Mitarbeiter aus den Fachabteilungen, Management, Betriebsrat, etc.) zu einem Workshop geladen, innerhalb dessen die Ziele für die Gestaltung des Geschäftsprozeßmodells wie auch der später einzuführenden Workflow-Anwendung ausgehandelt und vereinbart werden. Dazu wird ein Werkzeug verwendet, welches eine "elektronische Metaplanwand" zur Verfügung stellt (Abbildung 1).

Abbildung 1: Workshop zur Zieldefinition

Mit Hilfe dieses Werkzeuges wird nun zunächst ein Brainstorming durchgeführt. In dieser Phase sollen alle Ziele der einzelnen Bedarfssteller ermittelt werden. Diese Ziele können sehr unterschiedlicher Natur sein. Beispielsweise können sich allgemeine Ziele wie "Kosten reduzieren" und speziellere Ziele wie "Durchschnittliche Personalkosten der Auftragsbearbeitung um 10% reduzieren" finden. Ein Ziel, das von Seiten der Mitarbeiter geäußert werden könnte, ist etwa "Belastungsneutrale Aufteilung der Arbeiten". Nun gilt es, die Ziele zu ordnen und Redundanzfreiheit zu erreichen. Dazu wird eine Zielhierarchie erstellt, in der jedes Ziel einem Oberziel zugeordnet wird (Abbildung 2). Für jedes Ziel wird eine Reihe von Attributen angegeben, die von Bedeutung für die spätere Analysephase sind.

In einem nächsten Schritt müssen nun die Ziele so verfeinert und beschrieben werden, daß eine während der Durchführung einer Simulationsreihe stattfindende automatisierte Meßbarkeit der Zielerreichungsgrade ermöglicht wird. Dazu wird das in Abbildung 3 dargestellte Metamodell verwendet. Der Zielerreichungsgrad eines Ziels wird durch einen sog. Indikator gemessen. Dieser wird berechnet, indem während der Simulation bestimmte Ereignisse (z.B. eine Aktivität wird beendet) auftreten, die wiederum die Berechnung von sog. Funktionsvorschriften (z.B. "erhöhe Indikator X um Wert Y") auslösen.

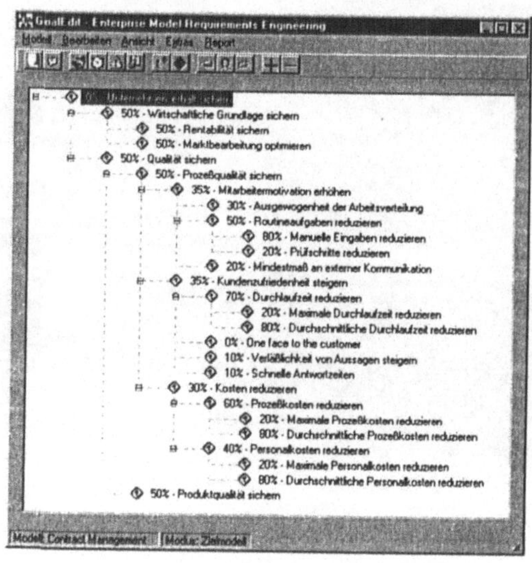

Abbildung 2: Ausschnitt aus einem Zielmodell

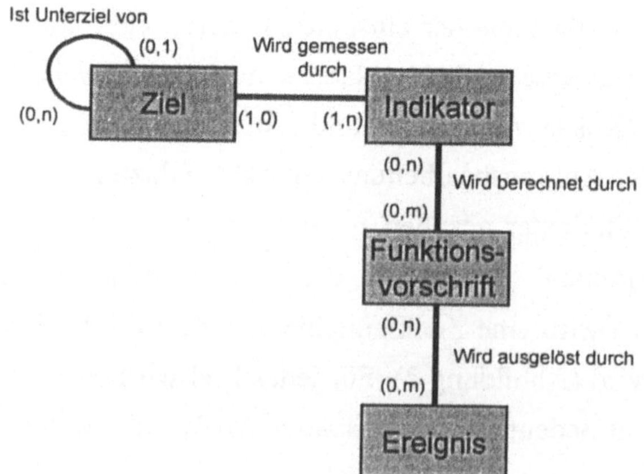

Abbildung 3: Vereinfachtes Metamodell zur Zielmodellierung

Beispiel: In einem Unternehmen existiert ein Ziel "Fehlerrate bei der Erstellung von Bescheiden minimieren". Der zugehörige Indikator ist die "Fehlerrate". Immer dann, wenn ein Bescheid überprüft wird (d.h. das Ereignis "Aktivität Überprüfen" ist beendet" ist eingetreten), wird durch eine Funktionsvorschrift die Fehlerrate in Abhängigkeit von dem Ergebnis der Aktivität neu berechnet.

Das Beispiel zeigt, daß das Zielmodell in enger Abstimmung mit dem Geschäftsprozeßmodell entwickelt werden muß. Interdependenzen ergeben sich auf zwei Ebenen: Zum einen werden die im Zielmodell beschriebenen Indikatoren durch im Geschäftsprozeßmodell ausgelöste Ereignisse neu berechnet. Wird also das Zielmodell entwickelt, müssen diese Ereignisse im Geschäftsprozeßmodell festgelegt sein. Zum anderen werden bei der Berechnung von Funktionsvorschriften Informationen aus dem Geschäftsprozeßmodell bzw. aus dem simulierten Geschäftsprozeß verwendet. Diese Referenzen erfordern ebenfalls, daß die jeweiligen Informationen im Geschäftsprozeßmodell bereits festgelegt sind. Aus diesem Grund werden beide Modelle iterativ entwickelt. Schwierig wird es immer dann, wenn die in den Funktionsvorschriften benötigten Informationen aus dem Geschäftsprozeßmodell in dem Metamodell der benutzten Prozeßmodellierungssprache nicht vorgesehen sind. Ein Beispiel hierfür ist ein Ziel wie "Kostensenkung", eine Funktionsvorschrift wie "protokolliere Kosten" und eine Prozeßmodellierungssprache, die die Beschreibung von Kosten nicht zuläßt. Um die Untersuchung vielfältiger und nicht vollständig vorhersehbarer Simulationsziele zu ermöglichen, sollte das Metamodell der verwendeten Simulationssprache erweiterbar sein.

4 Erweiterungen des Geschäftsprozeßmodells

Bei der Berechnung von Indikatoren werden Informationen (z.B. Kostendaten, Statusdaten) aus dem Geschäftsprozeßmodell verwendet. Wird z.B. ein Indikator "Kosten pro Auftrag" definiert, der immer dann aktualisiert wird, wenn eine kostenverursachende Aktivität bearbeitet wird, dann muß diese Kosteninformation auch im Geschäftsprozeßmodell gegeben sein. Dies ist für den Fall der Kosten in den meisten Modellierungssprachen der Fall. Häufig aber werden auch solche Informationen benötigt, die im Geschäftsprozeßmodell nicht enthalten sind. Wird etwa ein Indikator "Durchschnittliche Kommunikationsintensität" definiert, der aus arbeitswissenschaftlicher Sicht eine Beurteilung von Arbeitsplätzen erlaubt [HGH98], so muß die Information über die Kommunikationsintensität einzelner Aktivitäten im Geschäftsprozeßmodell enthalten sein [HS98]. Dies ist in den meisten Modellierungssprachen nicht der Fall, weil ein solches Attribut nicht vorgesehen ist. Aus diesem Grund wurde für den FUNSOFT-Netz-Ansatz eine Erweiterbarkeit des Metamodells konzipiert.

Unter einem Metamodell versteht man einen "Gestaltungsrahmen, der die verfügbaren Arten von Modellbausteinen (Objekttypen) und die Beziehungen zwischen den Modellbausteinen zusammen mit ihrer Semantik festlegt, sowie die Regeln für die Verwendung und Verfeinerung von Modellbausteinen und Beziehungen definiert." [FS94]. Das Metamodell für den FUNSOFT-Netz-Ansatz etwa sieht vor, daß Aktivitäten existieren, welche Informationsobjekte konsumieren und produzieren und bestimmte Attribute wie etwa Kostengrößen besitzen. Die Erweiterbarkeit des Metamodells erlaubt, daß neue Attribute hinzugefügt werden können (z.B. das Attribut "Kommunikationsintensität" für Aktivitäten) oder auch neue Objekttypen definiert werden können. Auf diese Art und Weise sind nun alle für die Berechnung der Indikatoren notwendigen Informationen im Geschäftsprozeßmodell definierbar. Eine genaue Beschreibung des Ansatzes zur Erweiterbarkeit des Metamodells findet sich in [Str99].

5 Indikatoren und variable Parameter

Wenn das Geschäftsprozeßmodell und das Zielmodell erstellt wurden, so steht als nächster Arbeitsschritt die Verknüpfung der beiden Systeme an, um die Ergebnisse einer Simulationsreihe anhand des definierten Zielsystems zu analysieren. Die zentrale Rolle bei dieser Verknüpfung spielen die bereits in den vorherigen Abschnitten beschriebenen Indikatoren.

5.1 Indikatoren

Die Verknüpfung zwischen dem Geschäftsprozeßmodell und dem Zielmodell wird hergestellt, indem alle definierten Indikatoren eines Zielmodells ermittelt werden und in das FUNSOFT-Netz exportiert werden. Dort werden die Indikatoren etabliert, indem sie mit Ereignissen und Funktionsvorschriften (siehe Abbildung 3) auf geeignete Weise verknüpft werden. Ist dieser Vorgang abgeschlossen, so kann mit der Durchführung der Simulationsreihe begonnen werden. Für jeden Indikator wird genau ein Wert pro Simulation gespeichert. Zu diesem Zweck werden die Indikatoren ihrerseits mit Ereignissen verknüpft, die während einer Simulation den Wert eines Indikators verändern können.

Beispiel: In einem Unternehmen werden täglich Kundenaufträge in großer Zahl bearbeitet. Für jeden Auftrag sollen die anfallenden Kosten, die mit diesem Auftrag verbunden sind, berechnet werden. Ein Indikator "Kosten pro Auftrag" wird definiert, der das Ziel "Senkung der durchschnittlichen Kosten pro Auftrag" im Zielsystem mit Daten versorgt. Ein Ereignis, welches den Indikator während einer Simulation verändert, wäre die Bearbeitung eines Auftrags innerhalb des FUNSOFT-Netzes, welches das zu untersuchende Geschäftsprozeßmodell repräsentiert. Wird eine solche Aktivität durchgeführt, würde sie den für sie definierten Kostenbetrag zum aktuellen Kostenstand des fokussierten Indikators addieren.

Wenn eine Simulationsreihe abgeschlossen wird, die z.B. aus 30 Einzelsimulationen besteht, so wird jeder zuvor in das Zielsystem importierte Indikator mit 30 Meßwerten versorgt, die dann wieder in das Zielsystem exportiert und dort analysiert werden. Die Analyse dieser Daten wird im Abschnitt 6 genauer beschrieben.

5.2 Variable Parameter

Der Begriff "Simulation" kann stark vereinfacht als "Experimentieren mit einem Modell" verstanden werden. Eine Simulationsreihe besteht aus einer Folge von Experimenten mit einem solchen Modell. Dabei definieren die variablen Parameter eines Modells die Starteinstellung (Systemgrundeinstellung) eines Experimentes.

Durch die Veränderung von variablen Parametern von Simulation zu Simulation werden jeweils neue Systemgrundeinstellungen erzeugt, deren Einfluß auf das zugrundeliegende Modell durch ein Experiment überprüft wird.

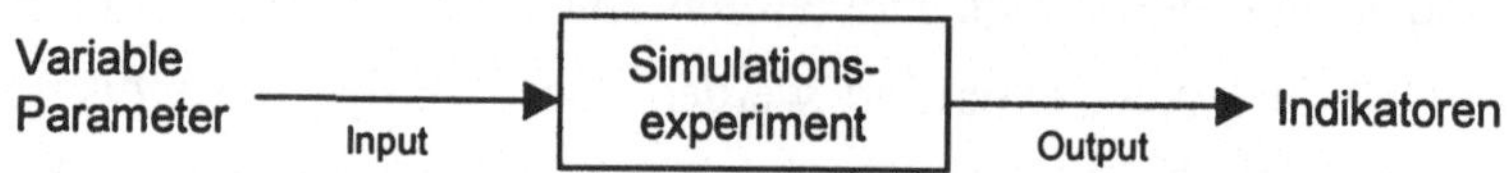

Abbildung 4: Verknüpfung von variablen Parametern und Indikatoren

Welchen Einfluß die variablen Parameter auf das Modell haben, wird durch die mit dem Modell verknüpften Indikatoren gemessen. Abbildung 4 stellt den Zusammenhang zwischen variablen Parametern und Indikatoren dar.

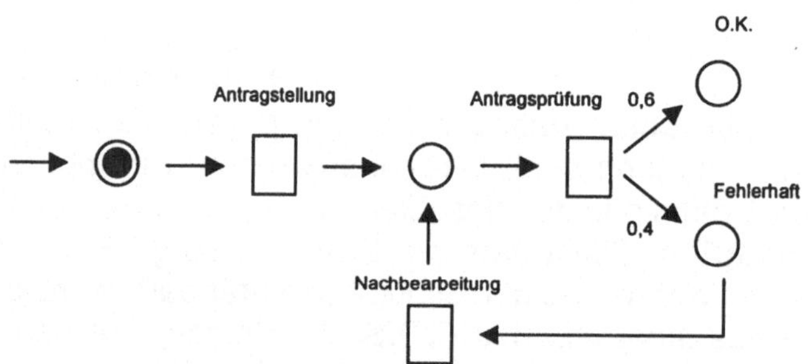

Abbildung 5: Beispiel für ein FUNSOFT-Netz

Beispiel (Abbildung 5): Freie Mitarbeiter einer privaten Krankenversicherung stehen jeden Tag vor der Aufgabe, mit potentiellen neuen Kunden gemeinsam den Antrag auf Aufnahme in die private Versicherung auszufüllen.
Aufgrund der Komplexität des Antrags werden nur 60% der Anträge (Gekennzeichnet durch die Ausgangskantenbeschriftung 0,6 der Aktivität "Antragsprüfung") beim ersten Versuch vollständig und korrekt abgeliefert. 40% der Anträge (Gekennzeichnet durch die Ausgangskantenbeschriftung 0,4 der Aktivität "Antragsprüfung") müssen nachbearbeitet bzw. korrigiert werden. Jede Nachbearbeitung eines Antrags bedeutet eine Steigerung der Bearbeitungskosten, sowie einen erhöhten Personal- und Zeitaufwand. An dieser Stelle könnte durch eine Simulationsreihe untersucht werden, wie sich eine qualitative Verbesserung (z.B. durch Personalschulung) der Aktivität "Antragstellung" auf das untersuchte Geschäftsprozeßmodell auswirkt. Als variable Parameter können zu diesem Zweck die beiden genannten Kantenattribute fungieren.

Die Geschäftsprozeßmanagementumgebung CORMAN ist ein Werkzeug, welches die Modellierung, Simulation und Ausführung von Geschäftprozessen auf der Basis von FUNSOFT-Netzen ermöglicht. Für die Behandlung von variablen Parametern wurde ein Werkzeug entwickelt und in die CORMAN-Umgebung integriert, welches die Erfassung und Speicherung von variablen Parametern ermöglicht. Bei diesem Werkzeug handelt es sich um einen Editor, der eine "Browserfunktionalität" für alle möglichen FUNSOFT-Netz-Entitäten besitzt. (Siehe Abbildungen 6 und 7).

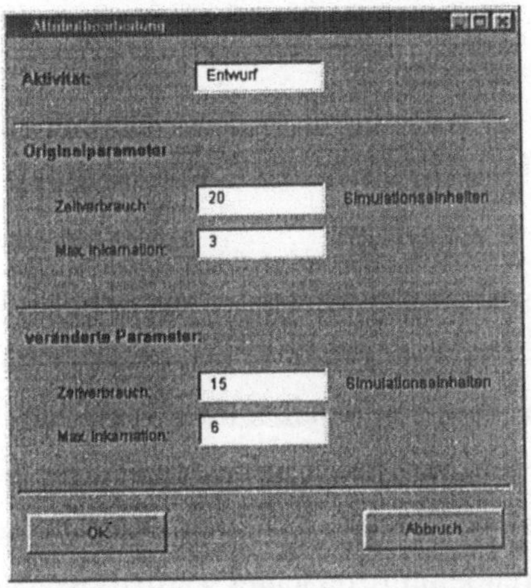

Abbildung 6: Werkzeugunterstützung (1)

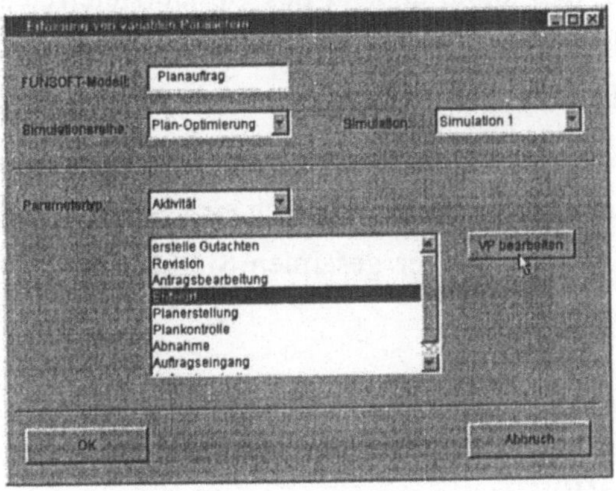

Abbildung 7: Werkzeugunterstützung (2)

Dieser Editor ermöglicht die systematische Zusammenstellung von Mengen variabler Parameter. Für jede einzelne Simulation wird eine solche Parametermenge für die Initialisierung des aktuellen FUNSOFT-Modells herangezogen, bevor eine Simulation durchgeführt wird.

Für jede einzelne Simulation einer Simulationsreihe werden die Meßwerte für die bereits dargestellten Indikatoren gesichert. Auf der Grundlage dieser Messungen wird dann das in den vorherigen Abschnitten bereits eingeführte Zielmodell analysiert, was im folgenden Abschnitt genauer betrachtet wird.

6 Analyse der Simulationsergebnisse

Dieser Abschnitt beschreibt, wie die Ergebnisse einer Simulationsreihe analysiert werden, um einen möglichst großen Nutzen aus den angefallenen Simulationsdaten zu ziehen. Dabei werden zwei unterschiedliche Verfahren angewandt, um die Ergebnisse einer Simulationsreihe zu bewerten. Zum einen wird für jede einzelne Simulation der Gesamtzielerreichungsgrad (Zielerreichungsgrad des übergeordneten Ziels) angegeben. Dadurch kann beobachtet werden, welche Einstellung von variablen Parametern zu einem guten Simulationsergebnis geführt hat. Es sei allerdings darauf hingewiesen, daß allein anhand des Gesamtzielerreichungsgrades keinerlei Optimierung stattfinden kann, sondern dieser lediglich gewisse Hinweise über die Qualität des Modells liefern kann, die dann Basis für eine Diskussion sein können. Zum anderen werden Schlüsse über die Abhängigkeit der einzelnen Ziele des Zielsystems untereinander gezogen, indem durch eine Korrelationsanalyse simulationsübergreifend die Ergebnisse einer gesamten Simulationsreihe betrachtet und ausgewertet werden.

6.1 Bestimmung des Zielerreichungsgrades des Zielsystems für eine Simulation

Wurde eine Simulationsreihe durchgeführt, so erhält man nach ihrem Ablauf eine

Ergebnismatrix, die folgendes Aussehen hat:

	Indikator 1	Indikator 2	...	Indikator m
Simulation 1	I_1-S_1	I_2-S_1	...	I_m-S_1
Simulation 2	I_1-S_2	I_2-S_2	...	I_m-S_2
...	...	...	...	...
Simulation n	I_1-S_n	I_2-S_n	...	I_m-S_n

Tabelle 1: Ergebnismatrix einer Simulationsreihe

Für jeden Indikator wird pro Simulation genau ein Simulationsergebnis bestimmt. Es wird damit begonnen, für jedes Ziel der untersten Ebene des Zielsystems (siehe Abbildung 8) den Zielerreichungsgrad auf der Basis des zugehörigen Indikators zu berechnen. Folgendes Beispiel zeigt die Vorgehensweise bei einer solchen Berechnung.

Beispiel: Eine aus einem Zielsystem abgeleitete praxisnahe Unternehmensanforderung könnte lauten: "Die monatlichen Telefonkosten des Unternehmens sollen 10.000 DM nicht übersteigen". Liegen die gemessenen Kosten bei 10.000 DM, dann gilt die Anforderung als zu 100% erfüllt und ihr Zielerreichungsgrad beträgt ebenfalls 100%. Werden Kosten gemessen, welche die 10.000 DM Grenze überschreiten, dann liegt der Zielerreichungsgrad unter 100%. So ergibt sich z.B. für eine Rechnung in Höhe von 11.000 DM ein Zielerreichungsgrad von 90%. Für Kosten unterhalb der 10.000 DM Grenze ergibt sich jeweils ein Wert über 100%.

Sind Ziele nicht auf der untersten Stufe der Zielhierarchie angeordnet, so wird ihr Zielerreichungsgrad durch folgende Berechnungsvorschrift ermittelt:

$$G_j = \sum_{i=1}^{Mj} G_{ji} \times A_{ji}$$

Mit Gji = Zielerreichungsgrad des i-ten Unterziels von Ziel j

Aji = Zielerreichungsanteil des i-ten Unterziels von Ziel j

Mj = Anzahl der Unterziele von Ziel j

Auch hier kann der Anwender angeben, in welchem Maße ein Unterziel an der Erfüllung des ihm zugeordneten Oberziels beteiligt ist. Im folgenden Beispiel wird dieser Zusammenhang erläutert. Die Abbildung 8 zeigt die Berechnung des Zielerreichungsgrades aller Ziele eines kleinen beispielhaften Zielsystems für eine Durchführung einer Simulationsreihe.

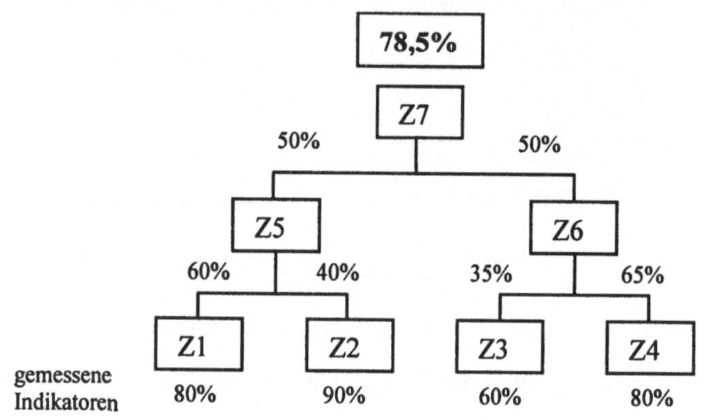

Abbildung 8: Berechnung von Zielerreichungsgraden

Die Zielerreichungsgrade der Ziele (Z1 bis Z4) werden direkt aus den zugehörigen Indikatoren abgeleitet, die während einer Simulation gemessen wurden. Der Zielerreichungsgrad von Z5 wird durch die Unterziele Z1 und Z2 berechnet. Dabei ist Z1 zu 60% und Z2 zu 40% an der Erreichung von Z5 beteiligt. Im diskutierten Beispiel wurde ermittelt, daß Z1 zu 80% und Z2 zu 90% erfüllt ist, so daß sich für Z5 ein Zielerreichungsgrad von 84% ergibt. Führt man diese Berechnung für alle Ziele fort, so ergibt sich ein Gesamtzielerreichungsgrad von 78,5% für die betrachtete Simulation. Für jede einzelne Simulation einer Reihe wird der Gesamtzielerreichungsgrad bestimmt. Diese Ergebnisse liefern einen ersten Anhaltspunkt auf die Qualität der jeweils verwendeten Systemgrundeinstellung. Es ist nicht davon auszugehen, daß das Simulationsergebnis mit dem höchsten Zielerreichungsgrad auch automatisch auf der für das Unternehmen günstigsten Belegung der variablen Parameter basiert.

6.2 Bestimmung der Relationen zwischen den Zielen

Die zweite Form der Analyse von Simulationsreihen versucht, Beziehungen zwischen den einzelnen Zielen eines Zielsystems herzuleiten. Dabei sollen drei verschiedene Arten von Relationen zwischen ihnen dargestellt werden.

- Die Relation zweier Ziele zueinander ist *konfliktär*, wenn die Erhöhung des Zielerreichungsgrades eines Ziels in der Mehrheit der Simulationsexperimente mit der Absenkung des Zielerreichungsgrades eines anderen Ziels einher geht.
- Die Relation zweier Ziele zueinander ist *kooperativ*, wenn die Erhöhung des Zielerreichungsgrades eines Ziels in der Mehrheit der Simulationsexperimente mit der Erhöhung des Zielerreichungsgrades eines anderen Ziels einher geht.
- Die Relation zweier Ziele zueinander ist *neutral*, wenn weder eine kooperative noch eine konfliktäre Relation zwischen den Zielen nachgewiesen werden kann.

Für alle möglichen Paare von Zielen der untersten Ebene eines Zielsystems soll einer der drei Relationstypen angegeben werden. Als mathematisches Modell für Bestimmung dieser Beziehungen wurde die statistische Methode der Korrelationsanalyse herangezogen. Die Korrelationsstatistik gibt Antwort auf die Frage: Wie stark ist der Zusammenhang zwischen den Variablen X und Y, wenn es sich bei diesen um eine bivariable Verteilung handelt. Im betrachteten Fall handelt es sich um eine solche Verteilung, da für zwei Variablen (Ziele) jeweils eine Ergebnismenge (je ein Wert für eine Simulation) angegeben wird.

Aus dieser Analyse läßt sich dann nicht nur ableiten, ob zwei verschiedene Ziele zueinander konfliktär (kooperativ) sind, sondern es wird eine Maßzahl – der Korrelationskoeffizient - für den Grad des Konflikts (den Grad der Kooperation) angegeben.

In [Bor77] wird gezeigt, daß der Korrelationskoeffizient zwischen zwei Variablen immer zwischen -1 und +1 liegt. Bezogen auf das hier betrachtete Problem bedeutet das, daß ein Korrelationskoeffizient, der sich der –1 nähert mit einem Konflikt zwischen zwei Zielen gleichzusetzen ist. Im anderen Fall ist ein positiver Korrelationskoeffizient zwischen zwei Zielen mit einer positiven Beziehung zwischen diesen gleichzusetzen.

Eine Beispielanwendung für diese Form der Analyse und eine grafische Aufbereitung der beschriebenen Korrelationen finden sich in [Bra98].

7 Zusammenfassung und Ausblick

Die gängigen Prozeßsimulationswerkzeuge setzen auf die Veranschaulichung von Prozeßverhalten. Der in diesem Artikel vorgeschlagene Ansatz nutzt die Vorteile solcher Veranschaulichungen und erweitert sie in zweierlei Richtung:

- Simulationen müssen zielgerichtet durchgeführt werden, deshalb müssen Simulationsziele definiert und auf ihre Konsistenz überprüft werden.
- Gerade im Hinblick auf den Zielerreichungsgrad reichen einzelne Simulationen nicht aus, so daß Simulationsreihen unterstützt werden.

Die Anwendung beider Erweiterungen zur Untersuchung von Geschäftsprozessen in der öffentlichen Verwaltung und in der Versicherungswirtschaft hat zu aussagekräftigen Simulationsergebnissen geführt, die ohne diese Erweiterungen nur zufällig möglich gewesen wären. Insbesondere im Hinblick auf Prozeßkosten und Verteilungen großer Mengen von zu bearbeitenden Objekten konnten Ergebnisse erzielt werden, die auf der Grundlage einzelner Simulationen nicht erreichbar gewesen wären.

Zukünftige Erweiterungen unseres Ansatzes zielen auf die Simulation verteilter Geschäftsprozesse und auf die Untersuchung geeigneter Verteilungsszenarien für solche Prozesse ab. Hierdurch wird vor allem auf Geflechte von Prozessen mit unterschiedlichen Autonomiestufen eingegangen. Ziel dieser Erweiterungen ist es, den Zusammenhang zwischen Prozeßteilen, die aus lokaler Sicht optimal sind, und übergeordneten Gesamtprozessen zu beleuchten.

Literatur

[ARM97] Alonso, G.; Reinwald, B.; Mohan, C.: Distributed Data Management in Workflow Environments, in: Proceedings of the 7th International Workshop on Research Issues in Data Engineering, Birmingham, UK, April 1997

[Bra98] Brandt, M.: Analyse von Anforderungen an Unternehmensmodelle durch Simulationsreihen mit FUNSOFT-Netzen, Diplomarbeit, Universität Dortmund, 1998

[Bor77] Bortz, J.: Lehrbuch der Statistik, 1977

[BFG94] Bandinelli, S.; Fuggetta, A.; Ghezzi, C.; Lavazzy, L.: SPADE: An Environment for Software Process Analysis, Design and Enactment, In: A. Finkelstein, J. Kramer, B. Nuseibeh (eds.), Software Process Modelling and Technology, John Wiley & Sons, London, England, 1994, S. 223-244

[DG91] Deiters, W.; Gruhn, V.: Software Process Model Analysis Based on FUNSOFT-Nets, in: Mathematical Modeling and Simulation, No. 4/5, 1991

[DG98] Deiters, W.; Gruhn, V.: Process Management in Practice - Applying the FUNSOFT Net Approach to Large Scale Processes, In: Special Issue on Process Technology / Automated Software Engineering, 1998

[DGS89] Deiters, W.; Gruhn, V.; Schäfer, W.: Process Programming: A structured Multi-Paradigm Approach Could be Achieved, in: Proceedings of the 5th International Software Process Workshop, Kennebunkport, Maine, US, September 1989

[FFH96] Finkeißen, A.; Forschner, M.; Häge, M.: Werkzeuge zur Prozeßanalyse und -Optimierung: Ergebnisse einer Studie zur Bewertung unter betriebswirtschaftlichen Gesichtspunkten, in: Controlling, Heft 1, 1996, S. 58-67

[FS94] Ferstl, O.; Sinz, E.: Grundlagen der Wirtschaftsinformatik, 2. Aufl., 1994

[GHS95] Georgakopoulos, D.; Hornick, M.F.; Sheth, A.: An Overview of Workflow Management: From Process Modeling to Workflow Automation Infrastructure, in: Journal of Distributed and Parallel Databases, Volume 3, Number 2, 1995

[Gru96] Gruhn, V.: Geschaeftsprozess-Management als Grundlage der Software-Entwicklung, Informatik Forschung und Entwicklung, 11:94--101, Juli 1996.

[HGH98] Hoffmann, M.; Goesmann, T.; Herrmann, Th.: Erhebung von Geschäftsprozessen bei der Einführung von Workflow-Management-Systemen, in: Herrmann, Th.; Scheer, A.-W.; Weber, H. (Hrsg.): Verbesserung von

Geschäftsprozessen mit flexiblen Workflow-Management-Systemen, Band 1: Von der Erhebung zum Sollkonzept. Heidelberg et al.: Physica, 1998, S. 15-72

[HS98] Hagemeyer, J.; Striemer, R.: Anforderungen an die Erweiterung von Metamodellen für die Geschäftsprozeßmodellierung und das Workflow Management, in: Herrmann, Th.; Scheer, A.-W.; Weber, H. (Hrsg.): Verbesserung von Geschäftsprozessen mit flexiblen Workflow-Management-Systemen, Band 1: Von der Erhebung zum Sollkonzept. Heidelberg et al.: Physica, 1998, S. 161-180

[Kor95] Kortzfleisch, H.: Werkzeuge für die computergestützte Organisationsgestaltung: Marktübersicht und betriebswirtschaftliche Beurteilung, in: Wirtschaftsinformatik, Heft 4, 1995, S. 384-392

[Kuh95] Kuhl, M.: Abbildungsmethoden und Vorgehensmodelle der verschiedenen Geschäftsprozeßmodellierungsansätze - Darstellung und kritischer Vergleich, Diplomarbeit, Universität Bochum, 1995

[SNT98] Sakamoto, K.; Najakoji, K.; Takagi, Y.; Niihara, N.: Toward Computational Support for Software Process Improvement Activities, In: Proceedings of the 20th International Conference on Software Engineering, Kyoto, Japan, April, 1998, S. 22-32

[SSW95] Schöf, S.; Sonnenschein, M.; Wieting, R.: Efficient Simulation of THOR Nets, In: G. de Michelis, M. Diaz (eds.), P. Huber, K. Jensen, R.M. Shapiro, Hierarchies in Coloured Petri Nets, in: Proceedings of the 16th International Conference on Application and Theory of Petri Nets, Torino, Italien, 1995, erschienen als Lecture Notes in Computer Schience Nr. 935, S. 412-431

[Str99] Striemer, R.: Ein zielbasierter Ansatz für das Requirements Engineering modellbasierter Informations- und Kommunikationssysteme, Diss., Technische Universität Berlin, 1999

Dokumentation und Systemmanagement

Jürgen Krüll und Thorsten Spitta

Abstract

Der Artikel stellt die Problematik von Dokumentation im Rahmen des Systemmanagements dar. Es wird ein Lösungsansatz vorgestellt, der Dokumentation zum integralen Bestandteil des Systemmanagements macht und so die Aktualität und Konsistenz der Systemdokumentation mit dem tatsächlichen Systemzustand sicherstellt.

1 Das Problem

Die Konzepte einer dokumentenorientierten Softwareentwicklung sind fast so alt wie das Gebiet Software-Engineering selbst [Boe76], [Den93]. So ist zwar die Softwaredokumentation in der Praxis verbesserungsbedürftig [SMT98], [Spi98], aber zumindest Softwarehäuser, wollen sie denn länger überleben, halten sich an die Regel *keine Programme ohne Spezifikation.*

Demgegenüber finden sich zur Frage der Dokumentation von Betriebssystem- und Netzwerkkonfigurationen so gut wie keine Konzepte. Dies ist umso verwunderlicher, als die Abhängigkeit selbst sehr großer Organisationen von einzelnen Personen im Bereich des Systemmanagements besonders groß ist. Es spricht Vieles dafür, dass Systembetreuer Gebilde von einer Komplexität handhaben, die das menschliche Gehirn ohne Hilfestellung nicht mehr koordinieren kann.

Doch worin liegt der Unterschied zwischen einer Software- und einer Systemdokumentation? Er liegt in den Dimensionen Lokalität, Parametrisierung und Zeitnähe. *Lokalität* meint, dass ein Administrator Konfigurationen und Programme an vielen Stellen seines Netzes zur Ausführung bringen muss, dies aber möglichst von einem einzigen Punkt aus. Also braucht er an genau diesem Punkt die Dokumentation zu allen Knoten. *Parametrisierung* meint, dass der Administrator Standardsoftware betreibt, die er in äußerst vielfältigen Varianten konfiguriert, entsprechend den Anforderungen seiner Organisation und deren Installation. Hier ist besonders wichtig, ihm Mittel zur Dokumentation des *Warum* zu geben, also der Entwurfsentscheidungen, die er ohne Dokumentation nur allzu häufig bereits nach kurzer Zeit selbst nicht mehr nachvollziehen kann. *Zeitnähe* bedeutet, dass er häufig kein Test- oder Simulationssystem zur Verfügung hat. Seine Maßnahmen werden also ggf. auf Hunderten von Netzknoten sofort im Echtbetrieb wirksam. Also braucht ein Administrator Möglichkeiten, so zu dokumentieren, dass er

- an einem einzigen Punkt,
- für alle Knoten des Netzwerkes,
- Dokumentation und Quellcode,
- synchron und an derselben Stelle

beschreiben und später abrufen kann. Der folgende Beitrag arbeitet die allgemein wenig bekannten Spezifika des Systemmanagements heraus, skizziert erste Lösungen und berichtet von den Einsatzerfahrungen in einem Unix-Netzwerk über nunmehr zwei Jahre.

2 Systemadministration und -dokumentation

Die Liste der Aufgaben eines Systemadministrators ist lang und im Detail von der lokalen Umgebung abhängig. Es erscheint daher sinnvoll, zu abstrahieren. Folgt man [NSSH97, S. 37], dann besteht Systemadministration unter Unix größtenteils aus der Erstellung und Pflege eigener Software (Programmierung von Shell-Skripten o.ä.) und der Parametrisierung von Software, die von anderen erstellt wurde (Anpassung von Konfigurationsdateien). In der folgenden Diskussion beschränken wir uns auf den Bereich der Systemkonfiguration. Obwohl damit eine ganze Reihe von Arbeitsbereichen des Systemadministrators unberücksichtigt bleiben, genügt die gewählte Definition, um die grundsätzliche Problematik von Dokumentation im Rahmen der Systemadministration zu diskutieren.

Die Möglichkeiten des Systemadministrators, die lokale Umgebung zu dokumentieren, beschränken sich im Sinne der Arbeitsdefinition auf Kommentierungen im Quellcode von Konfigurationsdateien oder das Erstellen separater Dokumente.

2.1 Dokumentation im Quellcode

Konfigurationsdateien unter Unix – wie die in Abbildung 1 – liegen in der Regel in einem für den Menschen lesbaren Format vor oder können aus einem solchen erzeugt werden. Bei der Bearbeitung der Datei mit einem Texteditor kann der Systemadministrator daher erläuternden Text in Form von Kommentaren einzufügen. Diese Form lokaler Systemdokumentation dürfte – auch in der Anwendungsentwicklung – recht weit verbreitet sein. Es gibt jedoch eine Reihe von Gründen, aus denen selbst strukturierte Methoden der Dokumentation im Quellcode([OC90] für die System-Administration unbrauchbar sind:

1. Im Gegensatz zur Anwendungsprogrammierung gibt es im Rahmen der System-Administration kaum große zusammenhängende, sondern viele kleine, in den Dateisystemen der Knoten mehr oder weniger verstreute Quellcode-Einheiten. Die Anzahl der mit Kommentaren angereicherten Dateien allein eines Knotens in einem Rechnernetzwerk kann groß, bezogen auf alle Knoten eines Netzwerkes kaum überschaubar und schon der lesende Zugriff deshalb aufwendig sein.

2. Kommentare in Dateien sind bestenfalls in der Lage zu erklären, *wie* und vielleicht *warum* eine bestimmte Einstellung vorgenommen wurde, nicht

```
#**********************  NFSCONF  *****************************
# NFS configuration.
#
# NFS_CLIENT:    1 if this node is an NFS client, 0 if not
# NFS_SERVER:    1 if this node is an NFS server, 0 if not
#                Note: it's possible for one host to be client, server,
#                both or neither! This system is an NFS client if you will
#                be NFS mounting remote file systems; it is a server
#                if you will be exporting file systems to remote hosts.
# NUM_NFSD:      Number of NFS deamons (nfsd) to start on an NFS server.
#                4 has been chosen as optimal. For a diskless NFS server,
#                the number of nfsds needs to be set to 32 which should be
#                adequate for most configurations. It is also recommended
#                to increase the number of nfsds for powerful NFS servers
#                to improve the performance.
# NUM_NFSIOD:    Number of NFS BIO daemons (biod) to start on an NFS
#                client. 4 has been chosen as optimal. For a powerful
#                client, it is recommended that 12 to 16 biods be run.
# PCNFS_SERVER: 1 if this node is a server for PC-NFS requests.  This
#                variable controls the startup of the pcnfsd server.
NFS_CLIENT=1
NFS_SERVER=1
NUM_NFSD=32
NUM_NFSIOD=8
PCNFS_SERVER=0
# export feature does not work in this file since files are being
# sourced into another file rc.config and this file is being sourced
# into the startup scripts.
#
# DAEMON OPTIONS
#
# LOCKD_OPTIONS:    options to be passed to rpc.lockd  when it is started.
# STATD_OPTIONS:    options to be passed to rpc.statd  when it is started.
# MOUNTD_OPTIONS:  options to be passed to rpc.mountd when it is started.
#
LOCKD_OPTIONS=""
STATD_OPTIONS=""
MOUNTD_OPTIONS=""
#
# automount configuration
#
# AUTOMOUNT = 0 Do not start automount
# AUTOMOUNT = 1 Start Automount.
# AUTO_MASTER = filename of the master file passed to automount
# AUTO_OPTIONS = options passed to automount
#
AUTOMOUNT=0
AUTO_MASTER="/etc/auto_master"
AUTO_OPTIONS="-f $AUTO_MASTER"
#
# rpc.mountd configuration.
#
# START_MOUNTD: 1 if rpc.mountd should be started by a startup script.
#               0 if /etc/inetd.conf has an entry for mountd.
#        Note: rpc.mountd should be started from a system startup script,
#        however, it can be started from either nfs.server or inetd, and
#        MUST only be configured in one place.
#
START_MOUNTD=1
```

Abbildung 1: Beispiel einer Unix-Konfigurationsdatei

aber *was* und *wo* an lokale Anforderungen angepasst wurde. Der Informationssuchende muß also wissen, in welchen Dateien lokale Anpassungen und Kommentierungen vorgenommen wurden. Zudem können die in einer Datei enthaltenen Kommentare nur sinnvolle Bezüge zu dem Inhalt der jeweiligen Datei selbst haben. Dateiübergreifende Zusammenhänge sind daher kaum darstellbar.

Demgegenüber stehen die Bedarfe und Anforderungen der Systemadministration. Folgt man Anderson, dann ist *"One of the most important aspects of machine configuration (...) to specify the role of a machine within the network"* [And94, S. 22] und ebenda: *"If a client and a server are configured indepentently, then there is no guarantee that the configurations are compatible."* Die Konfigurationsdatei in Abbildung 1 ist ein Baustein in der Konfiguration eines Verbundsystems innerhalb des Rechnernetzwerkes. Die Einstellungen in dieser Datei legen die Rolle *eines* Knotens in diesem Verbund nur zum Teil fest. Zur vollständigen Beschreibung der Rolle dieses *einen* Knotens sind in unserer Referenzumgebung bis zu sechs zusätzliche Dateien in dem Knoten zu berücksichtigen. Zur Beschreibung des gesamten Verbundsystems müssen zudem noch die Beziehungen zwischen den Knoten berücksichtigt werden, wozu die angesprochenen Dateien in allen Knoten betrachtet bzw. bearbeitet werden müssen. Offensichtlich ist es ohne geeignete Werkzeugunterstützung nicht möglich, sich einen Überblick über die Konfiguration eines Dienstes in einem Rechnernetzwerk zu verschaffen, geschweige denn einen Dienst zu konfigurieren.

2.2 Dokumentation getrennt vom Quellcode.

Die zuvor beschriebenen Probleme könnten durch eine separate, vom Code getrennte Dokumentation gelöst werden. Separate Dokumentation bedeutet jedoch Trennung von administrativen Arbeitsprozessen und Dokumentation. Diese Trennung, ggf. verbunden mit Zeitdruck, gefährdet die Konsistenz von Dokumentation und Systemzustand und damit die Verwendbarkeit der Dokumentation.

2.3 Folgerungen

Keine der vorgenannten Alternativen ist zur Erstellung und Pflege lokaler Systemdokumentation geeignet. Nach der bisherigen Argumentation muß ein Lösungsansatz für die lokale Systemdokumentation einerseits die Arbeitsprozesse *Administration* und *Dokumentation* integrieren und andererseits der physikalischen Verteiltheit logischer Zusammenhänge und Abhängigkeiten Rechnung tragen. Ein solcher Ansatz wird in den folgenden Abschnitten entwickelt.

3 Literate Programming

Systemdokumentation ist ein wichtiger Arbeitsbereich des Systemadministrators [NSSH97, Eva97]. Ihre Inhalte werden aber entweder nur plakativ beschrieben oder behandeln nur untere Schichten wie Hardwarekonfiguration oder das Erzeugen von Zustandsberichten [Fri95]. Konkrete Handreichungen für die Erstellung und Pflege lokaler Dokumentation werden in der Literatur zur Systemadministration jedoch nicht gegeben. Daher liegt es nahe, in verwandten Bereichen nach Lösungsansätzen zu suchen.

Systemdokumentation ist vor allem *Dokumentation von Software*. Im Bereich der Softwareentwicklung wurde tatsächlich eine Methode entwickelt, die das Problem der Integration von Dokumentation und Programmierung löst: *literate programming*, das 1984 von Knuth [Knu84] vorgestellt wurde. Die Methode wird bis heute in der wissenschaftlichen Literatur diskutiert (vgl. [SS91]) und sowohl im wissenschaftlichen als auch im kommerziellen Bereich verwendet [Chi92, S. 266]. Knuth's Anliegen war, aufbauend auf den durch die Methode der Strukturierten Programmierung erzielten Verbesserungen in der Programmiertechnik, die Verbesserung der Verständlichkeit von Programmen. Er umreißt sein Anliegen mit dem berühmten Satz: *"Instead of imagining that our main task is to instruct a computer what to do, let us concentrate rather on explaining to* human beings *what we want a computer to do"* [Knu84, S. 97]. Programme sind in diesem Sinne als literarische Werke aufzufassen, in denen

Konzepte und Ideen in einer dem menschlichen Verständnis angemessenen Reihenfolge dargestellt werden, ohne Berücksichtigung der Anforderungen eines Compilers. Werkzeug zur Umsetzung dieser Idee war das WEB-System, das folgendermaßen funktioniert:

> *"A WEB-User writes a program that serves as the source for two different system routines. One line of processing is called* weaving *the web; it produces a document that describes the program clearly and that faciliates program maintenance. The other line of processing is called* tangling *the web; it produces a machine-executable program."* [Knu84, S. 98].

Dieser Verarbeitungsprozess wird in Abbildung 2 veranschaulicht.

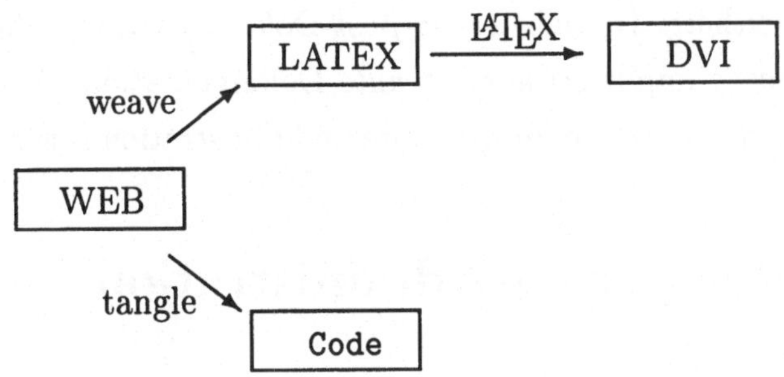

Abbildung 2: Verarbeitung von WEB-Dokumenten

Der methodische Vorzug dieser Vorgehensweise ist: *"Literate programming combines the normally separated activities of programming and documenting"* [Thi86, S. 208]. Dadurch unterstützt *literate programming* insbesondere die *Wartung* von Code [BC90, S. 88], [RM91]. Überträgt man Phasenmodelle des Software-Engineering auf die Systemadministration, dann ist Wartung die Phase, in der Systemadministration im wesentlichen stattfindet. Für die Anwendung der Methode auf die Systemadministration sprechen aber noch weitere Argumente:

Im Gegensatz zum Anwendungssoftware-Entwickler muss der Systemadministrator Software handhaben, die von anderen entwickelt wurde. Er hat also weniger Freiheitsgrade als der Entwickler, da er stets die vom Hersteller (und den Entwicklern) vorgegebenen Strukturen berücksichtigen muss. Durch die Möglichkeit, Code unabhängig von strukturellen und syntaktischen Vorgaben darzustellen, können d em Administrator Mittel zur Verfügung gestellt werden, in einer ihm geeignet erscheinenden Weise zu dokumentieren. Er gewinnt also durch *literate programming* einen Freiheitsgrad.

Im Rahmen der System-Administration bestehen nur sehr beschränkte Testmöglichkeiten bei Änderungen der Parametrisierung von Systemsoftware. Änderungen werden deshalb oft unmittelbar im produktiven Betrieb aktiv. Schon marginale Fehler können den Systembetrieb massiv beeinträchtigen und die Informationsbeschaffung erheblich erschweren. Der Rückgriff auf eine Systemdokumentation kann in diesem Fall nur hilfreich sein, wenn sie die Problemursachen bereits enthält. Deshalb ist *ex post*-Dokumentation unbrauchbar. *Literate programming* impliziert aber *ex ante*-Dokumentation. Auch aus diesem Grund erscheint die Methode für die Systemadministration besonders geeignet.

4 Literate System-Administration

Literate programming kann nach der bisherigen Argumentation einen wesentlichen Beitrag zur Lösung des eingangs begründeten Konsistenzproblems leisten. Die Idee, die dem hier beschriebenen Ansatz zugrundeliegt, ist die des *aktiven Dokuments als Administrationsschnittstelle.* Der Administrator greift an einer zentralen Stelle im Netzwerk auf Dokumente zu, die im Sinne der literaten Programmierung sowohl den Inhalt von Konfigurationsdateien, als auch deren Erläuterung enthalten. Er bearbeitet die Dokumente und aktiviert die darin beschriebenen Einstellungen bei Bedarf in den Knoten. Indem er zunächst Dokumente bearbeitet, pflegt er die lokale Systemdokumentation und gewährleistet damit deren Konsistenz mit dem tatsächlichen Zustand der Systeme. Dabei sind jedoch einige Besonderheiten des Anwendungsbereiches zu berücksichtigen.

1. Ausgangspunkt des Systemadministrators bei der Konfiguration ist ein Betriebssystem, das weder literat programmiert wurde, noch auf Bedarfe dokumentenbasierter Konfiguration ausgerichtet ist. Deshalb müssen die vorhandenen Konfigurationsdateien und Scripten zunächst in ein angemessenes Format transformiert und nachdokumentiert werden.

2. Computernetzwerke und die darin realisierten Verbundsysteme sind nicht nur "*a* `WEB` *of ideas*", wie Knuth es für Programme formuliert [Knu84, S.97], sondern weisen auch physikalisch diese Eigenschaft auf. Konfigurationsdateien, Scripte usw. müssen daher in die Knoten des Netzwerkes transportiert werden.

Vor dem geschilderten Hintergrund sind zwei Aspekte literater System-Administration bedeutsam: *Inhalt* und *Verarbeitung* von Administrationsdokumenten. Diese Aspekte stellen den konzeptionellen Kern des hier vorgestellten Ansatzes dar. Konzeption ist aber nur die eine Seite der Medaille. Die Qualität eines Konzepts ist auch an seiner Operationalisierbarkeit zu messen, wobei die Person des Systemadministrators im Mittelpunkt stehen muss. Ihm muss eine an seine Bedürfnisse anpassbare Arbeitsumgebung zur Verfügung gestellt werden. Dies ist der Schwerpunkt eines anderen Papiers [KL99], dessen Lektüre dem interessierten Leser nahegelegt sei. Wichtig sind auch die sich aus der Anwendung der Methode ergebenden *Implikationen* für die Organisation und die Arbeit des Administrators, die hier aber noch nicht thematisiert werden.

5 Administrationsdokumente und deren Verarbeitung

Im Sinne der gewählten Arbeitsdefinition muss der Administrator Konfigurationsdateien und zugehörige Erläuterungen in der Dokumentation pflegen. Wie ein solches Dokument aussehen kann, sei an einem stark verkürzten Beispiel aus der realen Verwaltung eines Netzwerkes mit 14 Knoten, und dort der Verwaltung eines verteilten Dateisystems (NFS) verdeutlicht. Das Beispiel zeigt[1], wie Dokumentation (Prosa), benannte Codestücke (sog. Chunks) und ausführbarer Code ineinander übergehen und dennoch ein gut lesbarer, schrittweise verfeinerter Text entsteht.

——— BEGINN DES BEISPIELS ———

NFS-Startup-Konfiguration

Die Startup-Konfiguration für das NFS-Subsystem eines Knotens wird in der Datei `nfsconf` *im Verzeichnis* `/etc/rc.config.d` *festgelegt: Server- und oder Client-Eigenschaften des Knotens, inclusive der Parametrisierung der entsprechenden Dämonen, sowie Einstellungen zum Automounting. Der Inhalt der Datei wird beim Hoch- und Herunterfahren des NFS-Subsystems von entsprechenden Scripten ausgelesen und umgesetzt.*

Einstellung zur NFS-Client-Eigenschaft

Zunächst wird eingestellt, ob ein System als NFS-Client fungieren soll oder nicht (`NFS_CLIENT=1` *oder* `=0`*). Lokal sind alle Knoten NFS-Clients. Dabei wird zwischen zwei Arten von Clients unterschieden: Arbeitsplatzrechner, auf denen nur ein bestimmter Benutzer arbeitet und zentrale Rechner, zu denen mehrere Benutzer Zugang haben. Den sich hieraus ergebenden unterschiedlichen Anforderungen an das NFS-Subsystems wird durch eine größere Anzahl zu startender Client Dämonen (*`NFS_NFS_IOD`*) in den zentralen Knoten Rechnung getragen.*

⟨*nfsconf: nfs-client-Eigenschaft für Arbeitsplatzrechner* 10a⟩≡
```
NFS_CLIENT=1
NFS_NFS_IOD=4
```

⟨*nfsconf: nfs-client-Eigenschaft für zentrale Rechner* 10b⟩≡
```
NFS_CLIENT=1
NFS_NFS_IOD=12
```

[1] Ausführlich in [Krü99].

Die Einbindung entfernter Dateisysteme erfolgt lokal ausschließlich über den NFS-Automounter. Die Startup-Konfiguration des Automounters wird mit den folgenden drei Variablen eingestellt: `AUTOMOUNT=1 (=0)` *legt fest, dass der Automounter (nicht) gestartet werden soll.*

Der zweite Eintrag legt den Namen derjenigen Datei fest, die der Automount-Dämon beim Start einlesen soll. Diese Master-Datei enthält Hinweise zu den Dateisystemen anderer Knoten, die bei Bedarf eingehängt werden sollen. Die dritte Zeile schließlich legt als Startup-Option fest, dass diese Master-Datei eingelesen werden soll.

⟨*nfsconf: nfs-client-Einstellungen für den Automounter* 11a⟩≡

```
AUTOMOUNT=1
AUTO_MASTER="/etc/auto_master"
AUTO_OPTIONS="-f $AUTO_MASTER"
```

Einstellungen zur NFS-Server-Eigenschaft

Soll ein Knoten als NFS-Server fungieren, dann muss die Variable `NFS_SERVER` *auf* `1` *gesetzt sein.* `NUM_NFSD` *legt die Anzahl der zu startenden Server-Dämonen fest. Sie wird für zentrale NFS-Server auf 32 statt der voreingestellten 4 gesetzt, um performantes File-Serving zu erreichen. Da lokal keine PC-NFS-Clients existieren, wird die dritte Variable auf 0 gesetzt.*

⟨*nfsconf: nfs-server-Eigenschaft für zentrale Rechner* 11b⟩≡

```
NFS_SERVER=1
NUM_NFSD=32
PCNFS_SERVER=0
```

Außerdem ist noch festzulegen, wie der Mount-Dämon gestartet werden soll, durch ein Startup-Script (`1`*) oder den Superdämon* `inetd` *(*`0`*). Die Empfehlung des Herstellers lautet auf* `1` *und wird hier befolgt:*

⟨*nfsconf: nfs-server, Startup-Einstellung für den Server-Dämon* 11c⟩≡

```
START_MOUNTD=1
```

Lokal stellen nur zentrale Rechner Dateisysteme via NFS-Server zur Verfügung, Arbeitsplatzrechner hingegen grundsätzlich nicht. Daher werden auf den Arbeitsplatzrechnern auch keine Serverdämonen gestartet (`NFS_SERVER=0` *und* `PCNFS_SERVER=0`*). Die Einstellung für die Anzahl der zu startenden Server-Dämonen ist damit ohne Bedeutung.*

⟨*nfsconf: nfs-server-Einstellungen für Arbeitsplatzrechner* 12a⟩≡

```
NFS_SERVER=0
NFS_NFSD=4
PCNFS_SERVER=0
```

Als Standardkonfiguration ergibt sich dann:

⟨*standard nfsconf für zentrale Rechner* 12b⟩≡
  ⟨*nfsconf: nfs-client-Eigenschaft für zentrale Rechner* 10b⟩
  ⟨*nfsconf: nfs-server-Eigenschaft für zentrale Rechner* 11b⟩
  ⟨*nfsconf: nfs-client-Einstellungen für den Automounter* 11a⟩
  ⟨*nfsconf: nfs-server, Startup-Einstellung für den Server-Dämon* 11c⟩

——— FORTSETZUNG FOLGT ———

Bei der Festlegung der Konfiguration von Arbeitsplatzrechnern werden der letzte und der folgende Schritt analog vollzogen. Die am Schluss des Beispiels gezeigten verfeinerten Chunks werden wie davor bis auf die Ebene ausführbarer Befehle weiter verfeinert. Abbildung 3 zeigt, wie der beschriebene, normalerweise in den Dateien der Knoten verteilte Sachverhalt in einem Dokument linearisiert wird. Es fehlt nun noch die Information, auf welche Knoten welche (ausführbaren) Bestandteile der Dokumentation repliziert werden müssen. Dies zeigt der folgende Abschnitt des Dokuments.

——— FORTSETZUNG DES BEISPIELS ———

Zentrale Rechner

⟨*knoten10/etc/rc.config.d/nfsconf* 12c⟩≡
  ⟨*standard nfsconf für zentrale Rechner* 12b⟩

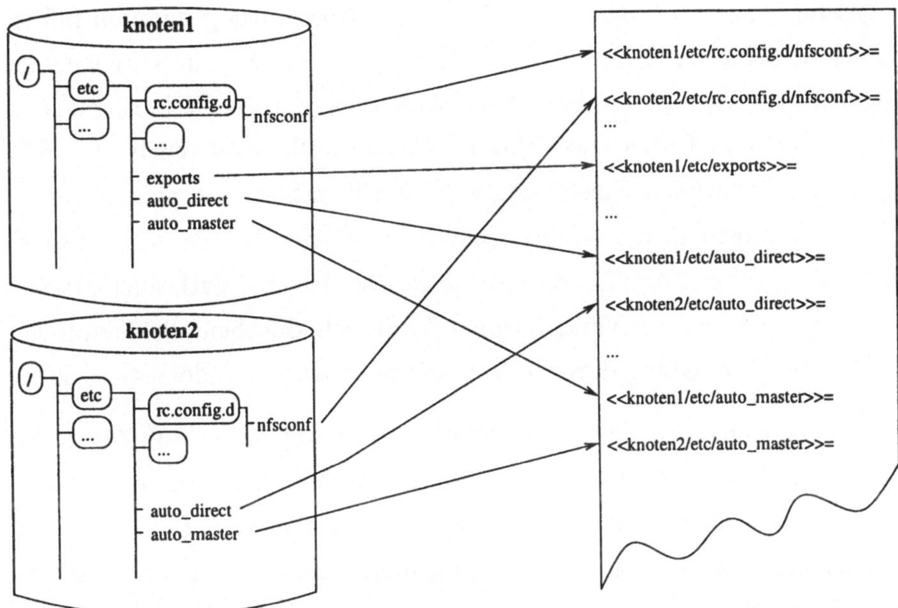

Abbildung 3: Abbildung von Dateien der Knoten in ein Dokument

⟨*knoten11/etc/rc.config.d/nfsconf* 13a⟩≡
 ⟨*standard nfsconf für zentrale Rechner* 12b⟩

⟨*knoten12/etc/rc.config.d/nfsconf* 13b⟩≡
 ⟨*standard nfsconf für zentrale Rechner* 12b⟩

⟨*knoten13/etc/rc.config.d/nfsconf* 13c⟩≡
 ⟨*standard nfsconf für zentrale Rechner* 12b⟩

Ende des Beispiels

Die Definition weiterer Rechner mit den beschriebenen Standardeinstellungen wird analog gehandhabt, ebenso wie die Beschreibung anderer Dateien der am NFS-Subsystem beteiligten Knoten. Doch wie werden Veränderungen in der Dokumentation aktiviert?

Dies geschieht auf der Basis der zu Beginn des Abschnitts genannten Informationen zu den Konfigurationsdateien und Scripten – analog zur Vorgehensweise bei Knuth [Knu84] – durch einen `tangle`-Prozess, der die Code-Elemente aus dem Dokument in Dateien extrahiert. Darauf aufbauend regelt eine Steuerungsroutine Transport, Einstellung von Zugriffsrechten und ggf. Aktivierung der Veränderungen in den Knoten des Netzwerkes. Hierfür sind zusätzlich Informationen über Zugriffsrechte auf diese Dateien und evtl. auch Handlungen zur Aktivierung einer Veränderung erforderlich, die ebenfalls dokumentiert sind. Auf die Darstellung dieser Informationen wird hier jedoch verzichtet.

Der erste, allerdings sehr restriktive Prototyp bestand aus ca. 300 Zeilen Perl5-Code. Inzwischen ist die Werkzeugunterstützung in Form einer Arbeitsumgebung – im wesentlich bestehend aus einem spezialisierten Editor und einer Verarbeitungslogik, die u.a. auf dem sprachunabhängigen WEB-System `noweb` basiert [Ram94] – recht weit fortgeschritten. Sie ist mittlerweile in Tcl/Tk [Ost95] implementiert.

Über alle Veränderungen von Dateien und andere Aspekte der Dokumentenverarbeitung werden log-Sätze angelegt. Die Dokumente selbst werden mit dem Revision-Control-System (RCS) [Tic85] verwaltet, das im vorliegenden Zusammenhang idealerweise eine Art Konfigurationsverwaltung darstellt, da sie ein Rücksetzen von Veränderungen ermöglicht. Obwohl der Verarbeitungsprozess ein wesentlicher Baustein literater Systemadministration ist, wird er an dieser Stelle nicht weiter diskutiert. Stattdessen sei auf [KL99] verwiesen.

6 Zusammenfassung

Seit Beginn der Anwendung der Methode literater System-Administration im Jahre 1997 hat diese sich für die Bereiche Systemkonfiguration und Shell-Programmierung im produktiven Einsatz als tragfähig erwiesen. An unserem kurzen Beispiel wurde folgendes gezeigt:

- Der Leser muss nicht an bestimmten Stellen in den Dateisystemen verschiedener Knoten nach Informationen suchen, er braucht noch nicht einmal um diese Stellen zu wissen. Ihm muss die Stelle im Netzwerk bekannt sein, an der die Administrationsdokumente untergebracht sind.

- Die geschlossene Darstellung eines komplexen verteilten Sachverhaltes ist möglich. Zwar kann die Komplexität nicht reduziert, aber mit den Mitteln des *literate programming* in einem Dokument vollständig, übersichtlich und nachvollziehbar dargestellt werden.

- Die Informationen können so strukturiert werden, dass einerseits detailliert auf konkrete Einstellungen eingegangen, anderseits aber auch sehr schnell ein Überblick über die einzelnen Knoten des Netzwerkes und ihre Beziehungen erlangt werden kann. Hat der Leser sich z.B. mit den Standardeinstellungen für eine Datei vertraut gemacht, dann kann er mit einem Blick prüfen, in welchen Knoten diese Standardeinstellungen gesetzt sind und in welchen Abweichungen davon bestehen.

- Die Zentralisierung der administrativen Arbeit erlaubt Aufzeichnungen, die über rein technische Informationen hinaus auch die *ex post*-Kommentierung von Arbeitsprozessen ermöglicht und damit die logische Rekonstruktion früherer Arbeitsgänge. Andere Aufzeichnungen erlauben quantitative Analysen der Systemadministration als Prozess.

- Schließlich dürfen auch die funktionale und psychologische Wirkung einer stets aktuellen und anfassbaren Systemdokumentation nicht unterschätzt werden, sowohl auf den Administrator selbst, als auch für die Organisation als Auftraggeber und zugleich Abhängiger.

Die Arbeit des Systemadministrators beschränkt sich nicht auf den hier diskutierten Bereich der Systemkonfiguration. Um auch andere Arbeitsbereiche – vor allem situativ bedingte Arbeitprozesse – abbilden zu können, ist Funktionalität erforderlich, die über die hier beschriebene hinausgeht. So muss dem Administrator die Möglichkeit geboten werden, Arbeitsprozesse, z.B. das Anlegen eines Benutzeraccounts, im Dokument abzubilden und durchzuführen. Diese Erweiterungen werden derzeit vorbereitet.

Probleme gibt es einerseits auf technischer Ebene, die teilweise auf den immer noch prototypischen Charakter der Arbeitsumgebung zurückzuführen sind, teilweise aber auch auf Implementierungsmängel der administrierten Systeme. Daneben gibt es auch eine Reihe von Problemen auf logischer und struktureller Ebene. Literate Systemadministration lässt – ebenso wie die literate Programmierung – dem Benutzer praktisch beliebige Freiheitsgrade in der Strukturierung von Dokumenten und in der Zuordnung von Sachverhalten zu Dokumenten. Die Frage ist jedoch, wie dies in geeigneter Form geschehen kann. Die Strukturierungsmöglichkeiten werden bei der derzeit verwendeten WEB-Technologie auch durch die vorgegebenen Strukturen des Betriebssystemherstellers mitbestimmt. Diese Strukturen müssen aber nicht unbedingt mit denen übereinstimmen, die dem Systemadministrator bei der Abbildung der lokalen Umgebung in der Dokumentation geeignet erscheint.

Im Verlaufe der weiteren Anwendung der Methode sollen daher Möglichkeiten der Strukturierung der Dokumentation untersucht und Gestaltungsempfehlungen für den Benutzer und entwickelt werden. Gegebenenfalls sind auch normative Anforderungen an die Betriebssystemhersteller zu formulieren, die helfen, in den heute auf Endbenutzerfunktionalität ausgerichteten Systemen auch die Bedarfe der Systemdaministration stärker zu berücksichtigen.

Literatur

[And94] ANDERSON, PAUL: *Towards a High-Level Machine Configuration System.* In: *Proceedings of the Eigth Conference on Large Installation System Administration (LISA VIII)*, pp. 19–26, San Diego, CA, September 1994. USENIX.

[BC90] BROWN, MARCUS E. , DAVID CORDES: *Literate Programming Applied to Conventional Software Design.* Structured Programming, 11(2):85–98, 1990.

[Boe76] BOEHM, BARRY W.: *Software Engineering.* IEEE Transactions on Computers, C-25(12):1226–1241, 1976.

[Chi92] CHILDS, BART: *Literate Programming, A Practioner's View.* TUGboat, 13(3):261–268, October 1992.

[Den93] DENERT, ERNST: *Dokumentenorientierte Software-Entwicklung.* Informatik Spektrum, (16):159–164, 1993.

[Eva97] EVARD, RÉMY: *An Analysis of Unix System Configuration.* In: *Proceedings of the Eleventh Conference on Large Installation System Administration (LISA VII)*, pp. 179–193, San Diego, CA, September 1997. USENIX.

[Fri95] FRISCH, ÆLEEN: *Essential System Administration.* O'Reilly & Associates, Inc., Sebastopol, CA, 2 ed., 1995.

[KL99] KRÜLL, JÜRGEN , HA-BINH LY: ***Li**terate **S**ystem-**A**dministration (**LiSA**) - Konzept und Realisierung einer Arbeitsumgebung für den Systemadministrator -*. Diskussionspapier Nr. 414, Universität Bielefeld, Fakultät für Wirtschaftswissenschaften, Februar 1999.

[Knu84] KNUTH, DONALD E.: *Literate Programming.* The Computer Journal, 27(2):97–111, 1984.

[Krü99] KRÜLL, JÜRGEN: ***Li**terate **S**ystem-**A**dministration (**LiSA**) - Konzept und Erprobung eines alternativen Ansatzes für das Systemmanagement in Rechnernetzen -*. Diskussionspapier Nr. 413, Universität Bielefeld, Fakultät für Wirtschaftswissenschaften, Februar 1999.

[NSSH97] NEMETH, EVI, GARTH SNYDER, SCOTT SEEBASS , TRENT R. HEIN: *Systemadministration unter UNIX.* Prentice Hall, München, London, Mexiko, New York, 1997.

[OC90] OMAN, PAUL W. , CURTIS R. COOK: *The Book Praradigm for Improved Maintenance.* IEEE Software, pp. 39–45, January 1990.

[Ost95] OSTERHOUT, JOHN K.: *Tcl und Tk – Entwicklung grafischer Benutzerschnittstellen für das X Window System.* Addison-Wesley Van Nostrand Reinhold, Bonn; Paris; Reading Mass.[u.a.], 1995.

[Ram94] RAMSEY, NORMAN: *Literate Programming Simplified.* IEEE Software, 11(5):97–105, September 1994.

[RM91] RAMSEY, NORMAN , CARLA MARCEAU: *Literate Programming on a Team Project.* Software – Practice and Experience, 21(7):677–683, July 1991.

[SMT98] STELZER, DIRK, WERNER MELLIS , FRANK TAUBE: *Stand des Qualitätsmanagements in der Softwareentwicklung.* In: HUMMELTENBERG, WILHELM (Hrsg.): *Information Management for Business and Competitive Intelligence and Excellence*, pp. 313–326, Braunschweig/Wiesbaden, 1998. Vieweg.

[Spi98] SPITTA, THORSTEN: *IV-Controlling in mittelständischen Industrieunternehmen – Ergebnisse einer empirischen Studie.* Wirtschaftsinformatik, 40(5):424–433, 1998.

[SS91] SMITH, LISA M. , MANSUR H. SAMADZADEH: *An Annotated Bibliography of Literate Programming.* ACM SIGPLAN Notices, 26(1), January 1991.

[Thi86] THIMBLEBY, HAROLD: *Experiences of 'Literate Programming' using cweb (a variant of Knuth's WEB).* The Computer Journal, 29(3):201–211, June 1986.

[Tic85] TICHY, WALTER F.: *RCS – A System for Version Control.* Software–Practice and Experience, 15(7):637–654, 1985.

Software-Risikoanalyse
(Notwendigkeit, Methodik und Anwendung)

Harry M. Sneed

Abstract

Aufgrund der steigenden Risiken der Software-Entwicklung wird es immer notwendiger, eine Risikoanalyse zu Beginn eines Projektes durchzuführen. Dieses Referat beschreibt die Methodik einer solchen Analyse und zitiert die Erfahrung des Texas State Dept. of Informationssysteme. Anschließend wird die Anwendung der Risikoanalyse beim FISKUS-Projekt der Deutschen Oberfinanzdirektion geschildert. Das Fazit ist, es sollten weniger Projekte gemacht werden, um die Verschwendung der Gelder im Informatikbereich zu reduzieren.

1 Risiken der Software-Entwicklung

Trotz aller neuen angeblich besseren Technologien wie Client/Server, Objektorientierung und CASE steigen die Risiken der Software-Entwicklung. Im Jahre 1995 wurden ca. $ 250 Milliarden für 175 000 Projekte in den USA ausgegeben. Davon gingen $ 81 Milliarden an gescheiterten Projekten verloren. Außerdem wurden $ 59 Milliarden für Kostenüberschreitungen draufgezahlt. Somit fielen lediglich $ 110 Milliarden oder 48% auf fruchtbaren Boden. Der Rest wurde entweder zusätzlich oder umsonst ausgegeben [John95].

Eine Untersuchung der Standish-Gruppe aus dem Jahre 1994 brachte zum Vorschein, daß von 8380 Projekten in 369 Betrieben 31,1% abgebrochen und 32,5% ihre ursprünglichen Ziele nie erreicht haben. Außerdem haben 52,7% ihr Budget um mehr als 189% überschritten. Lediglich 36,4% aller Projekte konnten als erfolgreich gebucht werden [Stan95].

Laut einer Statistik der US Bundesverwaltung kommen nur 43% aller Software

Entwicklungsprojekte zum erwarteten Abschluß, 21% der Projekte erreichen nur ein Teilergebnis und 36% werden abgebrochen. Besonders gefährdet sind Client/Server Projekte, von denen nur 37% ihr Ziel erreichen [GAO93].

RISK-3

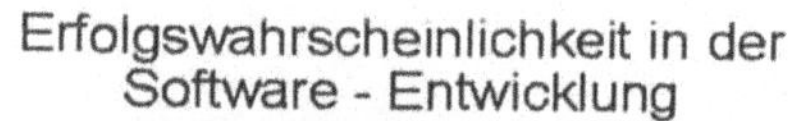

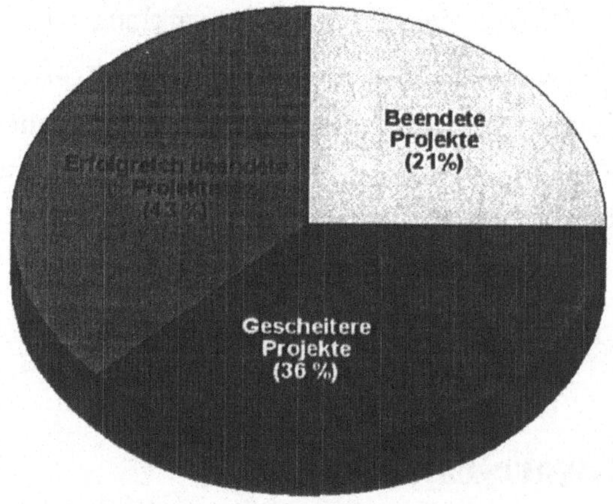

Nach der Statistik der amerikanischen Bundesverwaltung

Alles deutet darauf hin, daß mit neuen Technologien die Risiken steigen. Verteilte OO-Projekte haben eine um 139% größere Wahrscheinlichkeit zu scheitern und eine um 156% größere Wahrscheinlichkeit ihr Budget zu überschreiten als konventionelle Projekte [Sch97]. Je mehr neue Technologien eingesetzt werden, um so größer die Risiken. Deshalb kommt der Risikoanalyse immer mehr Bedeutung zu. Eine gründliche Risikoanalyse ist inzwischen zum unerläßlichen Instrument der Projektplanung geworden. Anwendermanager müssen auf die Risiken der Software Entwicklung hingewiesen werden.

2 Ursachen der Projektprobleme

Nach den Untersuchungsergebnissen von Ewusi-Menach sind die Hauptursachen, warum IS Projekte aufgegeben werden:

- unklare bzw. umstrittene Zielsetzung,
- falsche Projektbesetzung,
- unzulängliche Projektkontrollen,
- fehlendes technisches Know-How,
- Unkenntnis der Ist-Situation und
- mangelnde Beteiligung der Anwender [Ewu97].

Robert Thomsett versucht, die Ursachen auf zwei Hauptgründe zu reduzieren:

- undefinierte Verantwortlichkeit und
- zu wenig Anwenderbeteiligung [Tho95].

Andere, z.B. Boehm, bringen mehr als 100 verschiedene Einzelfaktoren ins Spiel - menschlicher, technischer, organisatorischer und prozeduraler Art. In COCOMO-II sind die potentiellen Risiken in Zeitrisiken (32), Produktrisiken (28), Plattformrisiken (22), Personalrisiken (48), Prozeßrisiken (56) und Wiederverwendungsrisiken (9) aufgeteilt [Boe91].

All diese Risiken können sich zu einer Gefahr für das Projekt entwickeln, wenn sie nicht unter Kontrolle gebracht werden. Es steht fest, daß Software Risiken von vielfacher Natur sind und daß es zwar verlockend, aber äußerst schwierig ist, jene Faktoren zu isolieren, die ausschlaggebend für das jeweilige Projekt sind.

3 Schritte einer Risikoanalyse

Die wichtigsten Schritte einer Risikoanalyse sind in fast allen Modellen gleich. Sie sind

- die Identifizierung der Risiken,
- die Kategorisierung der Risiken,
- die Bewertung der Risiken,

- die Berechnung der Risikoaussetzung,
- die Ermittlung der Gegenmaßnahmen und
- die Verfolgung der Risikoentwicklung [Will97].

Diese Schritte werden zwar unterschiedlich betont, je nachdem welches Risikomodell man nimmt, aber die Ergebnisse sind ähnlich. In den folgenden Abschnitten werden sie kurz erläutert. Anschließend wird eine Fallstudie geschildert, die zum Abbruch eines Großprojektes führte.

4 Identifizierung der Risiken

Sobald ein Projekt definiert ist, sollten als erstes die potentiellen Risiken identifiziert werden. Als Anhaltspunkt kann man von der reichen Literatur zum Thema ausgehen. Wie schon erwähnt, enthält das COCOMO-II-Modell mehr als 200 Risikofaktoren, aufgeteilt in 6 Kategorien [Mad97]. Eine europäische Erweiterung zu COCOMO heißt RiskMethod und stammt aus dem ESPRIT-Projekt Mermaid. Diese Methode kennt mehr als 250 potentielle Risikofaktoren, die in 14 industriellen Projekten vorgekommen sind [Kän97].

Ein drittes Modell ist das Risk Assessment und Managment Program -RAMP- der Mitre Corporation. Dieses Modell stellt Projektleitern mehrere hundert potentielle Projektrisiken über das Internet zur Verfügung, d.h. es gibt eine Webpage, aus der man die Risiken abrufen kann. Man muß nur entscheiden, welche Risiken für welches Projekt zutreffen [Gar97].

Typische Projektrisiken sind:

- knappe Termine,
- fehlendes Know-How,
- Abhängigkeiten von Lieferanten,
- unreife Technologien und
- instabile Umgebungen.

In der Tat kommen für ein komplexes Projekt leicht zwischen 50 und 100 solcher Risikofaktoren in Frage. Eine kurze Umfrage der Projektbeteiligten wird die Liste der potentiellen Risiken schnell ansteigen lassen.

5 Kategorisierung der Risiken

Der nächste Schritt ist die Bildung von Risikokategorien. Eine Kategorie sind Risiken, die sich aus der Zeitbegrenzung ergeben. Das größte Risiko hier ist, daß man nicht rechtzeitig fertig wird. Für viele Projekte ist dies ein KO-Kriterium. Eine weitere Kategorie sind die Risiken, die mit der Aufwandsschätzung zusammenhängen. Eine Kostenüberschreitung um nur 20% könnte in einem Festpreisprojekt verheerende Konsequenzen haben. Eine dritte Kategorie sind Performance Risiken. Eine schlechte Performance kann zu einem unüberwindbaren Hindernis werden. Dann kommen auch die Qualitätsrisiken. Eine zu hohe Fehlerrate kann zur Verweigerung der Systemabnahme führen. Falls das Projekt auf Zulieferer angewiesen ist und diese nicht ihren Verpflichtungen nachkommen, könnte das zum Abbruch des Projektes führen. Schließlich gibt es die vielen Personalrisiken, die mit dem Verlust von Schlüsselpersonen oder mit der mangelhaften Qualifikation zusammenhängen. Technologierisiken lauern also überall, wo versucht wird, neue Wege einzuschlagen. Stellvertretende Risikokategorien sind:

- Zeitrisiken,
- Kostenrisiken,
- Performancerisiken,
- Qualitätsrisiken,
- Personalrisiken,
- Zulieferrisiken und
- Technologierisiken [Kei98].

6 Bewertung der Risiken

Zur Bewertung der Risiken gehört die Gewichtung und die Wahrscheinlichkeitsberechnung [Cha98a, Cha98a]. Einzelne Risikofaktoren können je nach Modell von 0,1 bis 2,0 bewertet werden. Damit ergibt sich ein zwanzigfacher Unterschied in der Gewichtung von Risiken mit einem mittleren Gewicht von 1. Die Wahrscheinlichkeitsberechnung ist eine Schätzung der Wahrscheinlichkeit, daß ein Risiko eintritt. Sie basiert auf der Meinung mehrerer Experten. Der eine meint, die Risikowahrscheinlichkeit sei 50%, der andere 75% und der dritte 90%. In diesem Falle ist der Mittelwert 0,75. Die Risikostufe ist das Produkt des Gewichts und der Wahrscheinlichkeit, z.B. bei einem Gewicht von 1,2 und einer Wahrscheinlichkeit von 0,75, ist die Risikostufe

$$1{,}20 \times 0{,}75 = 0{,}9.$$

7 Berechnung der Risikoaussetzung

Die Risikoaussetzung hängt vom potentiellen Geldverlust ab. Dabei empfiehlt es sich, vom größten möglichen Verlust pro Risikofaktor auszugehen [Fair94]. Beispielsweise ist der größte mögliche Verlust bei einer Verspätung 500 000 DM und die Wahrscheinlichkeit des Verlusts 90%. Also ist die Risikoaussetzung 450 000 DM. Das Verlustpotential bei einer Nichterfüllung der Qualitätsanforderungen wäre 750 000 DM bei einer Risikostufe von 0,7. Hier ist die Risikoaussetzung 525 000 DM. Dies wird für alle Risikofaktoren durchgerechnet und am Ende die maximale Risikoaussetzung genommen, in diesem Fall 525 000 DM.

Die Risikoaussetzung RA ist also [Cha98a,b]:

$$RA = \text{Max} \sum ra = (\text{Max\_Verlust} \times \text{Risikostufe})$$

$$\text{Faktor} = 1{:}n$$

$$\text{Risikostufe} = \text{Risikogewicht} \times \text{Risikowahrscheinlichkeit}$$

8 Ermittlung der Gegenmaßnahmen

In einem sechsten Schritt werden pro Risikofaktor alle möglichen Gegenmaßnahmen aufgelistet und jede mit einer Erfolgswahrscheinlichkeit bewertet. Typische Gegenmaßnahmen für Qualitätsrisiken sind Testwerkzeuge und mehr Testpersonal. Gegenmaßnahmen für Lieferantenrisiken sind doppelte Verträge und Konventionalstrafen. Gegenmaßnahmen für Verspätungsrisiken sind mehr Personal und größere Automatisierung. Anderseits bedeutet aber mehr Automatisierung mehr Risiken in der Erprobung neuer Technologien.

Der Risikominderungsfaktor ist der Mittelwert der Erfolgswahrscheinlichkeit aller Gegenmaßnahmen eines Risikos. Wenn also die eine Gegenmaßnahme eine Erfolgswahrscheinlichkeit von 0,6, die zweite eine Erfolgswahrscheinlichkeit von 0,4 und die dritte eine Erfolgswahrscheinlichkeit von 0,7 hat, ist der Risikominderungsfaktor

$$\text{Rmf} = \frac{(0{,}6 + 0{,}4 + 0{,}7)}{3} = 0{,}56.$$

Der Risikominderungsfaktor kann benutzt werden, um die Risikoaussetzung zu vermindern. Ist die Risikoaussetzung 525 000 DM und der Risikominderungsfaktor aufgrund der Gegenmaßnahmen 0,56, wird sie auf 231 000 DM reduziert. Wenn dies für alle Faktoren wiederholt wird, kann die Risikoaussetzung sogar bis zu 90% gesenkt werden.

Zum Schluß ist die justierte Risikoaussetzung bzw. der größtmöglichste Verlust vom kleinstmöglichsten Gewinn abzuziehen. Die Differenz ist der wahrscheinlichste Nutzen des Projekts, von dem die geschätzten Kosten wiederum abzuziehen sind, um den Projektwert zu ermitteln [Moyn97].

$$\text{Projektwert} = (\text{Projektgewinn}_{(min)} - \text{Risikoaussetzung}_{(max)}) - \text{Projektkosten}$$

Dieser Projektwert wird besonders interessant, wenn es darum geht, verschiedene Projektansätze zu vergleichen, z.B. eine Neuentwicklung mit einer Sanierung.

RISK-18

Berechnung der Risikoaussetzung

Neuentwicklung	Sanierung
Ra = (Vmax x Wv) - (Gmin x Wg) / 2	Ra = (Vmax x Wv) - (Gmin x Wg) / 2
Ra = (2 Mill x 0,6) - (2Mill x 0,4) / 2	Ra = (0,5 Mill x 0,4) - (0,5Mill x 0,6) / 2
Ra = (1,2 Mill) - (0,8 Mill) / 2	Ra = (0,2 Mill) - (0,3 Mill) / 2
Ra = 0,4 Mill / 2	Ra = -0,1 Mill / 2
Ra = 0,2 Million	Ra = -0,5 Million
Neuentwicklung ist 5 mal so risikoreich wie eine Sanierung.	Sanierung ist 5 mal weniger risikoreich als eine Neuentwicklung.

Wv = Misserfolgswahrscheinlichkeit
Wg = Erfolgswahrscheinlichkeit

9 Verfolgung der Risikoentwicklung

Falls doch noch entschieden wird, ein Projekt durchzuführen, werden nach dem Projektbeginn die Risiken verfolgt. Mindestens monatlich wird jeder Risikofaktor im Hinblick auf seine Wahrscheinlichkeit geprüft. Die Wahrscheinlichkeit und das Gewicht werden immer wieder im Hinblick auf die letzten Projektzustände, z.B. die steigende Fehlerrate oder den Ausfall von Schlüsselpersonal, neu bewertet. Daraus folgt eine neue Risikoaussetzung. Wenn die Gegenmaßnahmen nicht ausreichen, um der steigenden Risikoaussetzung entgegenzuwirken, sinkt die Erfolgswahrscheinlichkeit. Falls sie unter 50% sinkt, empfiehlt es sich, das Projekt abzubrechen.

In dem Moment, wenn Risikoindikatoren in den Gefahrenbereich geraten, dürfen Anwender nicht zögern, Projekte aufzugeben. Alle Statistiken sprechen dafür, daß einmal schief geratene Projekte selten wieder aus ihrer Schieflage kommen. Es ist also besser, verlorene Projekte aufzugeben, als immer mehr in eine hoffnungslose

Sache zu investieren. Es gilt hier das Motto "Don't throw good money after bad" [Boe92].

10 Risikoanalyse bei Texas Department of Information Systems

Die Texas Department of Information Systems hat eine Reihe Formulare für die Analyse von Risiken entwickelt. In einem Formular werden Projektrisiken identifiziert und klassifiziert als:

- high risk,
- medium risk oder
- low risk.

Dieses Formular wird von den Projektplanern ausgefüllt. Anschließend werden diese nominalen Risikoklassen in ein numerisches Rating (0,1 : 2,0) von einem Risikoanalytiker umgesetzt.
In einem zweiten Formular werden die Risikofaktoren bezüglich ihrer Wahrscheinlichkeit in % und ihres potentiellen Verlustes in Dollar geschätzt. Aus diesen beiden Angaben berechnet der Risikoanalytiker die Risikoaussetzung.

Im dritten Formular werden für jedes potentielle Risiko die möglichen Gegenmaßnahmen und ihre Erfolgswahrscheinlichkeit angegeben. Daraus rechnet der Risikoanalytiker die Risikominderung aus.

Schließlich werden in einem Gesamtformular alle bisherigen Informationen in einer Tabelle zusammengefaßt. Diese Tabelle enthält eine Zeile für jeden Risikofaktor mit folgenden Spalten:

- Risikobezeichnung,
- Risikogewicht,
- Risikowahrscheinlichkeit,

- Risikostufe,
- potentieller Verlust,
- Risikoaussetzung,
- Gegenmaßnahmen,
- Erfolgswahrscheinlichkeit und
- Risikominderung.

Risikoanalyse
vom
Texas Department of Information Resources

RISK-20

Nr.	Risiko	W	AG	RA	Gegenmassnahme
1	Zu wenig Experten verfügbar	0,70	9	6,30	Von aussen ausleihen
2	Termin ist zu knapp	0,50	9	4,50	verhandeln
3	Anforderungen sind zu weich	0,50	7	3,50	Standard - Lösung
4	Basistechnologie ist zu neu	0,20	9	1,80	erproben
5	Benutzeroberfläche ist umstritten	0,25	6	1,50	Prototyp bauen
6	Qualität der gekauften Klassenbibliothek ist unsicher	0,10	6	0,60	Pilotprojekt machen
7	Entwicklungsprozess ist nicht erprobt	0,20	3	0,60	Schulung
8	Zulieferfirmen sind unzuverlässig	0,10	6	0,60	Backup - Verträge
9	Performance - Erwartungen sind zu hoch	0,05	6	0,30	Experten konsultieren
10	Unerprobte Werkzeuge werden eingesetzt	0,05	5	0,25	Pilotprojekt machen

W = Wahrscheinlichkeit des Auftretens, AG = Auswirkungsgewicht, RA = Risikoaussetzung

Die Behörde für die Landesinformationssysteme in Texas hat es zur Pflicht erklärt, alle Projekte mit einem Budget von mehr als $ 100 000 einer solchen Risikoanalyse zu unterziehen. Um ihr Projekt genehmigt zu bekommen, müssen die Projektverantwortlichen alle Formulare ausfüllen und an die Controlling-Abteilung einreichen. Diese Maßnahme hat dazu geführt, daß die Anzahl der Projekte um 48% zurückgegangen ist. Dafür ist die Erfolgsquote bei den durchgeführten Projekten um 35% gestiegen [Sta95].

11 Beispiel einer Risikoanalyse bei den deutschen Behörden

In Anlehnung an das Vorbild der Texas Department of Information Systems hat der Autor eine Risikoanalyse für das FISCUS-Projekt der Oberfinanzdirektion im Jahre 1995 durchgeführt. Es ging darum, die Risiken für die Entwicklung einer eigenen Objektarchitektur zu analysieren. Die OFD hatte vor, mit Hilfe verschiedener Software-Häuser eine Systeminfrastruktur mit diversen Dienstkomponenten aufzubauen, darunter einen Oberflächendienst, einen Kommunikationsdienst und einen Datendienst. Diese Software-Infrastruktur sollte als Rahmen für die Entwicklung der einzelnen Steuerverwaltungsapplikationen in den Ländern dienen [OFD94].

Die Risikoanalyse vollzog sich in vier Schritten. Im ersten Schritt haben die Projektbeteiligten in einer "Brain Storming" Sitzung alle Risiken, die ihnen eingefallen sind, geäußert und diskutiert. Sie wurden mittels der Metaplantechnik von einem Moderator protokolliert und kategorisiert. Zum Schluß gab es folgende Risikokategorien:

- Benutzerrisiken,
- Wandlungsrisiken,
- menschliche Risiken,
- organisatorische Risiken,
- Migrationsrisiken und
- technische Risiken.

Im zweiten Schritt wurde ein Formular für die Risikoanalyse ausgearbeitet. Das Formular war eine EXCEL-Tabelle mit sechs Spalten

- Risikorang,
- Risikobeschreibung,
- Risikowahrscheinlichkeit,

- Risikogewicht,
- Risikofaktor und
- Gegenmaßnahmen.

Als Begleitblatt zum Formular wurde eine Anweisung für das Ausfüllen bereitgestellt. Die Anweisung beschrieb die möglichen Angaben, z.B. für die Gewichtung der Risikofaktoren die nominalen Klassen

- katastrophal,
- schwerwiegend,
- bedeutend,
- mäßig und
- gering

und für die Wahrscheinlichkeit des Auftretens die Klassen

- sehr hoch,
- hoch,
- mittel,
- niedrig und
- minimal.

Im dritten Schritt wurde das elektronische Formular an alle Beteiligten per Email verteilt und von Ihnen ausgefüllt. Dabei kamen einige interessante Vorbehalte und Befürchtungen zum Vorschein, welche die Gesamtleitung bisher nicht vermutet hatte. Positiv zu verzeichnen war, daß alle Projektbeteiligten fleißig mitmachten. Jeder war der Ansicht, daß diese Aktion notwendig und aufschlußreich war.

Im vierten und letzten Schritt wurden die Ergebnisse der Umfrage aggregiert und ausgewertet. Daraus ergab sich eine umfassende Liste potentieller Projektrisiken, geordnet nach Gewicht, Wahrscheinlichkeit und Risikoaussetzung. Hinzu kam eine ebenso umfangreiche Liste möglicher Gegenmaßnahmen. Leider erschien die Erfolgswahrscheinlichkeit der Gegenmaßnahmen äußerst gering im Verhältnis zur Schwere der Risikoaussetzung. Die Anzahl und Gewicht der Risiken machten einen ernüchternden Eindruck auf die Gesamtprojektleitung in Bonn und zwang sie, ihre Projektstrategie zu überdenken. Kurz danach fiel die Entscheidung, auf eine eigene Software-Architektur zu verzichten und dafür den San Francisco-Rahmen von IBM zu übernehmen [Sne95].

RISK-24

Risikoanalyse Zusammenfassung	
Projekt-Name:	Software-Architektur (Automare Anw., Datenkomponenten, Interne Komm., GUI)
Autor:	Dr. Winkelmayr / E. Hettich, Gerlach, Ferken, Weiser, Dr. Lücke, Panier
Firma / Abt.:	Siemens AG Österreich / OFD Freiburg / OFD Erfurt
Erfassungsdatum:	Dr. Winkelmayr / E. Hettich, Gerlach, Ferken, Weiser, Dr. Lücke, Panier
Textreferenz:	Winword 6.0; Risk-all.doc
Zusätzliche Hinweise:	Erstellt aus: R1-Top10.xls, R2-TOP10.xls, R3TOP10.xls und R4TOP10.xls

Risiko Rang	Risiko Beschreibung	Wahrscheinlichkeit in %	Gewichtung	Risikofaktor	Gegenmaßnahmen
1	Legacy Probleme z.B.: Altanwendungen, Migration alter Datenbestände	75	67	49	Migration der Anwendung, Datenzusammenhänge erkennen
2	Kommunikations- und Abstimmungsprobleme, z.B.: Infoaustausch zwischen Afg, Verspätete Antwort anderer Afg, Fehlende unzureichende Infrastruktur, Probleme mit externer Kommunikation	67	67	30	Infrasruktur ausbauen (Email, FISCUS-Netz), Zeitpuffer einbauen
3	Knowhow-Probleme, z.B.: Fehlende Erfahrung/Schulung, mangelnde Qualifikation der Mitarbeiter, unerfahrenes Personal, Mangelnde Systemkenntnisse	57	67	27	Experten einbeziehen, Schulung, Neueinstellungen, Schulungskonzept erstellen, Zeitpuffer einbauen, Weiterbildung

12 Zusammenfassung

Die letzte Fallstudie belegt, wie wichtig es ist, eine Risikoanalyse für alle größeren Vorhaben rechtzeitig durchzuführen. Auch während eines Projektes kann es nicht schaden, die Analyse zu wiederholen, um weitere Fehlinvestitionen zu verhindern. Wie die Erfahrung der Texas State Department of Information Systems zeigt, ist es für die Anwender besser, weniger Projekte mit einer höheren Erfolgswahrscheinlichkeit zu starten. Denn nur so kann es gelingen, die unnötigen Geldverluste in der Software Entwicklung zu verhindern. Software Entwickler müssen über die Risikoanalyse an die Grenzen ihrer Technologie und an ihre eigene Unzulänglichkeit aufmerksam gemacht werden. Das Gebiet der Management-Informationssysteme darf nicht zur Spielwiese für die Erprobung neuer Informatikmoden degradiert werden [Kar98].

Literatur

[Boe91] Boehm, B.: Software Risk Management - Principles and Practices, IEEE Software, Jan., 1991

[Boe92] Boehm, B.: Risk Control, in American Programmer, Vol. 5, Nr. 7, Sept. 1992

[Cha98a] Charette, R.: Software Engineering Risk Analysis and Management, McGraw-Hill, New York, 1998

[Cha98b] Charette, R.: Software Risk Management in Cutter IT Journal, Vol. 11, Nr. 6, June 1998

[Ewu97] Ewusi-Menach, K.: Critical Issues in abandoned IS Development Projects, Comm. of ACM, Vol. 40, Nr. 9, Sept. 1997

[Fair94] Fairley, R.: Risk Management for Software Projects, IEEE Software, May 1994

[GAO93] GAO - Government Accounting Office: Technical Risk Assessment - The Current Status of DOD Efforts, GAO-Report 93-101, Washington, D.C., 1993

[Gar97] Garvey, P.; Phair, D.; Wilson, J.: An Information Architecture for Risk Assessment and Management, IEEE Software, June 1997

[John95] Johnson, J.: The dollar drain of IT project failures, in Application Development Trends, Vol. 2, Nr. 1, 1995

[Kar98] Karolak, D.: Software Engineering Risk Management - Finding Your Path through the Jungle, IEEE Computer Press, Los Alamitos, 1998

[Kän97] Känsälä, K.: Integrating Risk Assessment with Cost Estimation, IEEE Software, June 1997

[Kei98] Keil, M.; Cule, P.; Lyytmen, K.; Schmidt, R.: A Framework for Identifying Software Project Risks, Comm. of ACM, Vol. 41, Nr. 11, Nov 1998

[Mad97] Madachy, R.: Heuristic Risk Assessment using Cost Factors, IEEE Software, June 1997

[Moyn97] Moynihan, T.: How Experienced Project Managers Assess Risks, IEEE Software, June, 1997

[OFD94] OFD-Freiburg: FISCUS Projektkonzept, FISCUS Projektbericht Nr. 2, Freiburg, 1994

[Sch97] Schmidt, R.C.; Lyytmen, K.; Keil, M.; Cole, P.: Identifying Project Risks - An International Delphi Study, Hongkong University, Working Paper, 1997

[Sne95] Sneed, H.: Risikoanalyse für das Projekt AG58-BW-TH, FISKUS-Projektbericht, Mai 1995

[Sta95] Statz, J.: Getting started with Software Risk Management, in American Programmer, Vol. 8, Nr. 3, March 1995

[Stan95] Standish Group: CHAOS - The cost of IT project failures, in PC-Week, Nr. 16, Jan. 1995

[Tho95] Thomsett, R.: Project Pathology - A Study of Project Failures, in American Programmer, Vol. 8, Nr. 7, Juli 1995

[Will97] Williams, R.; Walker, J.; Dorofee, A.: Putting Risk Management into Practice, IEEE Software, June 1997

Prototypingbasiertes Software-Management[1]

Lutz J. Heinrich und Gustav Pomberger

Abstract

Ausgehend von der These, daß zur Evaluation von Software-Angeboten detaillierte Pflichtenhefte durch Prototyping ersetzt werden können, wird behauptet, daß dieser Paradigmenwechsel zur Verbesserung von Wirksamkeit und Wirtschaftlichkeit des Ausschreibungs- und des Evaluationsprozesses mit positiven Auswirkungen auf den Herstellungsprozeß führt. Es wird eine Methodik für den Ausschreibungs- und Evaluationsprozeß entwickelt, die ein Prototyping mit starker Benutzerbeteiligung ermöglicht. Die Methodik wird anhand von zwei Fallstudien erläutert. Befunde der wissenschaftlichen Begleitbeobachtung der Fallstudien werden referiert und interpretiert.

1 Problem

Ausschreibungen fordern im allgemeinen Anbieter zur Abgabe von Angeboten auf der Grundlage mehr oder weniger umfangreich dokumentierter Sollkonzepte auf, die meist als *Pflichtenheft* bezeichnet werden. Die aufgrund eines Pflichtenhefts erarbeiteten Angebote werden vom potentiellen Auftraggeber evaluiert. Aus eigener Projekterfahrung ist den Autoren bekannt, daß Ausschreibungs- und Evaluationsprozeß zu zeitaufwendig und kostenintensiv sind; aus der Fachliteratur sind allerdings keine Befunde über Aufwands- und Kostengrößen bekannt.

---

1 Aktualisierte und erweiterte Fassung des Beitrags "Prototyping-orientierte Evaluierung von Software-Angeboten" in HMD - Theorie und Praxis der Wirtschaftsinformatik 197/1997, S. 112 - 124

Trotz hohen Aufwands und hoher Kosten sind die Evaluationsergebnisse häufig ungenau und gefährden den Projekterfolg. Da Projektnotstände nicht immer durch Projektsanierung beseitigt werden können, besteht die Gefahr des Projektabbruchs mit der Notwendigkeit, das Projekt neu aufzusetzen.

Von diesem Befund ausgehend wird die These vertreten, daß bei Ausschreibungen zur Einholung von Angeboten und deren Evaluation detaillierte Pflichtenhefte durch eine *prototypingbasierte Methodik* ersetzt und damit die Wirksamkeit und die Wirtschaftlichkeit der genannten Prozesse verbessert werden können.

2 State of the Art

Trotz spektakulärer Projektpleiten hält die Fachliteratur daran fest, daß ein umfangreiches, detailliertes, vollständiges (oder ähnliche Adjektive) *Pflichtenheft* entweder Bestandteil der Ausschreibungsunterlagen sein soll oder, wenn nicht, dann unverzüglich nach Auftragserteilung unter der Verantwortung des Auftragnehmers zu erarbeiten ist. Dabei wird ein kooperatives Vorgehen von Auftragnehmer und Auftraggeber unterstellt, wenn auch nicht immer ausdrücklich gefordert (vgl. [Sta95,273/289/307], [Mer95,146], [Cur90,324f]). Kritische Anmerkungen zur Verwendung von Pflichtenheften finden sich nur bei wenigen Autoren (z.B. bei [Kur93,37f], [PoB96,43f]). Manche Autoren verwenden die Bezeichnung Pflichtenheft als Synonym für Systemspezifikation und Anforderungsdefinition (z.B. [Pom90,220], [Mit90,241/273]).

DIN 69901 definiert *Pflichtenheft* als "ausführliche Beschreibung der Leistungen, die erforderlich sind oder gefordert werden, damit die Ziele des Projekts erreicht werden." Pflichtenheft und Spezifikation werden synonym verwendet; den Begriff *Lastenheft* verwendet die Norm nicht. Die explizite Unterscheidung zwischen Lastenheft und Pflichtenheft findet sich auch nicht in der Fachliteratur der Wirtschaftsinformatik, anders ist dies in technischen Disziplinen (z.B. im Maschinenbau und in der Informationstechnik, vgl. [PlS86,122]).

In allen Quellen wird im Zusammenhang mit Pflichtenheft bzw. Lasten- und Pflichtenheft *Prototyping* nicht erwähnt. In ihren neueren Publikationen stellen die Autoren explizit eine Beziehung zwischen Pflichtenheft und Prototyping her (vgl. [PoB96,43/46], [Hei94,97], [Hei97a,444]). Sie behaupten, daß das Pflichtenheft an Bedeutung verliert und durch Prototyping mit "Stand der Technik-Vereinbarungen" ersetzt werden kann. Die Einhaltung der Vereinbarungen wird durch Prototyping prozeßbegleitend überprüft, so daß bei Abweichungen sofort eingegriffen werden kann. Die Dokumentation detaillierter Anforderungen im Pflichtenheft wird nicht für erforderlich gehalten.

Als State of the Art wird wie folgt zusammengefaßt:

- Zwischen Lastenheft und Pflichtenheft wird im allgemeinen nicht unterschieden; die meisten Autoren verwenden die Bezeichnung Lastenheft nicht.
- Pflichtenheft wird mit unterschiedlichen Begriffsinhalten belegt; es gibt mehrere synonyme Bezeichnungen.
- Eine kritische Auseinandersetzung mit den Auswirkungen von Pflichtenheften erfolgt nur selten.
- Ein Zusammenhang zwischen Pflichtenheft und Prototyping wird nur selten hergestellt.

3 Methodik

Mit Methodik sind die grundlegenden Elemente einer Vorgehensweise zur Evaluation von *Software-Angeboten* mit deren Auswirkung auf die Ausschreibung und die Erarbeitung von Angeboten gemeint. Die Bezeichnung „Software-Angebot“ soll zum Ausdruck bringen, daß das Software-System Hauptteil des Angebots ist; weitere Projektgegenstände (insbesondere Optimierung der Management- und Geschäftsprozesse) werden als Teil des Software-Angebots angesehen. Im übrigen wird für die Entwicklung der Methodik von folgenden Annahmen ausgegangen:

- Es liegen mindestens zwei Angebote von Anbietern vor, die Prototyping akzeptieren und anzuwenden in der Lage sind.
- Die Prototypen werden beim Anwender installiert und können von den Benutzern erprobt werden.
- Die Benutzer sind fachlich kompetent, um das Personal der Anbieter beim Prototyping beobachten und die Prototypen beurteilen zu können.
- Zur Beurteilung von Eigenschaften, die über die Fachkompetenz der Benutzer hinausgeht, stehen externe Projektbegleiter zur Verfügung.
- Es ist möglich, die Ausprägung der Eigenschaften in einer für das Evaluationsziel ausreichenden Genauigkeit zu erfassen.
- Das Evaluationsziel kann durch Beurteilung von Eigenschaften der Prototypen, des Prototyping und der das Prototyping ausführenden Personen erfolgen.
- Die das Prototyping ausführenden Personen stehen auch für die Herstellung des Produkts nach Auftragserteilung zur Verfügung oder werden durch Personen gleicher Qualifikation ersetzt.
- Die Systemkomponenten, für die bei der Angebotserstellung Prototypen entwickelt werden, sind repräsentativ für das Gesamtsystem.

Aus dem State of the Art wird die Zweckmäßigkeit der Unterscheidung zwischen Lastenheft und Pflichtenheft abgeleitet; in Anlehnung an [VDI91] werden sie wie folgt definiert:

- *Lastenheft:* Ein Dokument, in dem die Funktionen, Leistungen und Schnittstellen eines zu beschaffenden oder herzustellenden Produkts so angegeben sind, daß potentielle Auftragnehmer die Eigenschaften erkennen können, die für den geplanten Gebrauchszweck wesentlich und für die Ausarbeitung von Angeboten erforderlich sind.
- *Pflichtenheft:* Ein Dokument, in dem die Funktionen, Leistungen und Schnittstellen so spezifiziert sind, daß der Auftragnehmer das vom Auftraggeber gewollte Produkt liefern bzw. herstellen kann. (Synonyme sind Anforderungsdefinition, Spezifikation, Systemspezifikation.)

Da das Pflichtenheft dem Lastenheft im Beschaffungs- oder Herstellungsprozeß folgt, ist anzunehmen, daß es detaillierter und umfangreicher ist. Während das Lastenheft Bestandteil der Ausschreibung und deren Zweck die Einholung von Angeboten ist, ist das Pflichtenheft Bestandteil des Vertrags zwischen Auftraggeber und Auftragnehmer, dessen Zweck die Lieferung oder Herstellung eines Produkts ist. Dies gilt auch dann, wenn es zum Zeitpunkt des Vertragsabschlusses noch nicht vorliegt, aber der Auftraggeber seine Herstellung vom Auftragnehmer fordert. Daraus folgt, daß das Lastenheft in der Verantwortung des Auftraggebers, das Pflichtenheft entweder in der des Auftraggebers (dann liegt es zum Zeitpunkt des Vertragsabschlusses bereits vor) oder in der des Auftragnehmers erstellt wird.

Auch wenn es als generelles Ziel einer Methodik der Entwicklung von Informationssystemen angesehen wird, Prototyping bereits in den frühen Projektphasen einzusetzen, erfolgt dies üblicherweise erst in der Entwurfsphase. Der hier verfolgte Ansatz ist dadurch gekennzeichnet, daß Prototyping bereits zur Evaluation der Software-Angebote eingesetzt wird. Dabei wird von folgenden Annahmen über die Auswirkungen dieses Ansatzes ausgegangen:

- Verringerung des Umfangs und Detaillierungsgrads des Lastenhefts mit entsprechender Verringerung des Aufwands und der Kosten für die Ausschreibung. Aufwand wird als Arbeitsaufwand (in Personentagen) und als Zeitbedarf (in Arbeitstagen als Prozeßlänge vom Beginn der Arbeit an der Ausschreibung bis zur Fertigstellung der Ausschreibung) gemessen.
- Verringerung des Umfangs und Detaillierungsgrads der Angebote mit entsprechender Verringerung des Aufwands und der Kosten für die Erarbeitung der Angebote. Dabei interessiert aus Sicht des Auftraggebers weniger der Arbeitsaufwand (in Personentagen) beim Anbieter als der Zeitbedarf (in Arbeitstagen als Prozeßlänge vom Versenden der Ausschreibung bis zur Verfügbarkeit der Angebote).
- Verringerung des Arbeitsaufwands und des Zeitbedarfs für die Evaluation.
- Verbesserung der Zuverlässigkeit der Evaluationsergebnisse.

Diese Annahmen stützen sich auf bekannte theoretische Aussagen, empirische Befunde und Erfahrungen der Autoren (vgl. [Hei97b], [PoW97]). Prototyp und Prototyping werden mit folgender Bedeutung verwendet (vgl. [PoB96,4]):

- *Prototyp:* Ein mit wesentlich geringerem Aufwand als das geplante Produkt hergestelltes, einfach zu änderndes und zu erweiterndes ausführbares Modell des geplanten Produkts, das nicht notwendigerweise alle Eigenschaften des Zielsystems aufweisen muß, jedoch so geartet ist, daß der Anwender vor der eigentlichen Systemimplementierung die wesentlichen Systemeigenschaften erproben kann.
- *Prototyping:* Alle Tätigkeiten, die zur Herstellung eines Prototyp erforderlich sind.

Ein Prototyp wird primär zum Zweck einer für Auftraggeber und Auftragnehmer gemeinsamen, einheitlichen Auffassung über die Anforderungen an Systemteile entwickelt, für die eine schriftliche Spezifikation nicht vorhanden ist und nicht erstellt werden soll (z.B. im Lastenheft), weil der Aufwand zu groß und eine statische Beschreibung ungeeignet ist. Prototypen sind für Systemteile nicht erforderlich, deren Funktionen, Leistungen und Schnittstellen einer fachkundigen, am Evaluationsprozeß beteiligten Person (Entwickler oder Benutzer) bekannt sind. Aus diesen Überlegungen werden folgende Grundsätze abgeleitet:

- Vorbereiten und Durchführen einer Ausschreibung, deren Kerndokument ein Lastenheft ist. Ein wesentlicher Inhalt des Lastenhefts ist die Beschreibung von Prototyping als Entwicklungsmethodik. Die Angebote werden auf der Grundlage des Lastenhefts erstellt.
- Mit einer groben Evaluation werden zwei bis drei Anbieter ausgewählt und zum Prototyping eingeladen.
- Zur Erprobung der Zusammenarbeit mit dem Auftraggeber und zur Feststellung der Fachkompetenz der Anbieter wird in der Angebotsphase prototypingbasiert vorgegangen, d.h. für einen Teil eines Kern-Geschäftsprozesses, der den potentiellen Auftragnehmern vorgegeben wird, werden Prototypen entwickelt.
- Das Prototyping wird unter Verwendung spezifischer Metriken systematisch be-

obachtet und evaluiert. Das Evaluationsergebnis ist Grundlage für die Entscheidung über die Auftragserteilung.

- Auch nach Auftragserteilung wird Prototyping verwendet. Die Spezifikation der Funktionen, Leistungen und Schnittstellen für den Herstellungsprozeß erfolgt mit Prototypen, die inkrementell zum Produkt hochgezogen werden.
- Nach jedem Interaktionszyklus prüfen Auftraggeber und Auftragnehmer, ob die Anforderungen erfüllt sind, und der Auftraggeber bestätigt die Erfüllung der Anforderungen schriftlich. Die Rücknahme einer Bestätigung durch den Auftraggeber ist jederzeit möglich, wenn er die damit verbundenen Konsequenzen (insbesondere bezüglich Termine und/oder Kosten) trägt.

Problematisch können die Rechtsfolgen dieser Vorgehensweise im Fall von *Mängeln* sein (vgl. [Hei99,83] und die dort angegebene Literatur). Nach herrschender Rechtsprechung können Mängel nur gerügt werden, wenn die geforderten Funktionen, Leistungen und Schnittstellen definiert waren (z.B. in einem Pflichtenheft). Unter Bezugnahme auf deren Undefiniertheit kann sich der Auftragnehmer einer Mängelrüge widersetzen. Mangel im rechtlichen Sinn setzt Abweichung vom vereinbarten Soll voraus. Ist das Soll nicht festgelegt, kann eine Abweichung nicht festgestellt werden. Im Streitfall muß damit argumentiert werden, was "Stand der Technik" oder was der "gewöhnliche Gebrauch" ist. Spezifische Anforderungen des Auftraggebers können mit dieser Regelung nicht erfaßt werden.

Diesem Umstand wird Rechnung getragen, indem die Funktionen, Leistungen und Schnittstellen des Produkts während des Herstellungsprozesses durch Abnahme von Prototypen durch den Auftraggeber festgelegt werden. Darüber hinaus wird empfohlen, mit Vertragsabschluß einen externen Koordinator zu nominieren, der im Streitfall über Abweichungen vom vermeintlichen Soll entscheidet. Zum Nachweis der erfolgten Abnahme werden die Prototypen archiviert.

4 Metriken

Eine Eigenschaft des Evaluationsobjekts (hier das Software-Angebot) wird als *Metrik* bezeichnet, wenn sie für das verfolgte Evaluationsziel (hier die Ermittlung der

Qualität des Software-Angebots) relevant ist und deren Ausprägung mit einer Meßmethode ermittelt werden kann. Eigenschaften von Objekten, für deren Messung keine geeigneten Methoden im konkreten Projektzusammenhang verfügbar oder verfügbar, aber nicht verwendbar sind, werden nicht als Metriken angesehen. Der Terminus *Meßmethode* wird nicht nur im technischen Sinn (z.B. Zeitmessung mit der Uhr), sondern auch im sozialwissenschaftlichen Sinn (z.B. Zufriedenheitsmessung mit einem Fragebogen) verwendet.

Da "Qualität des Software-Angebots" nicht direkt meßbar ist, wird das Evaluationsobjekt Software-Angebot zunächst in die Teilobjekte Produkt (Prototypen), Prozeß (Prototyping) und Person (den Prozeß ausführende Personen) zerlegt und *Qualität* durch Eigenschaften dieser Teilobjekte, wie in Tabelle 1 angegeben, präzisiert. Wer beobachtet, mißt und beurteilt, ist hinzugefügt (B = Benutzer, E = externe Projektbegleiter, B/E = Benutzer und externe Projektbegleiter gemeinsam).

Produkt-Metriken	B	E	Prozeß-Metriken	B	E	Personen-Metriken	B	E
Funktionalität	X		Entwicklungszeit	X		Kommunikationsfähigkeit	X	
Prozeßorientierung	X	X	Reaktionszeit	X		Verständnis für Fachaufgabe	X	
System- und Datenarchitektur		X	Arbeitsaufwand Benutzer	X		Eingehen auf Benutzerwünsche	X	
Ergonomie	X	X	Arbeitsaufwand Koordinator		X	Motivation der Benutzer	X	
Änderbarkeit und Erweiterbarkeit		X	Werkzeugverwendung		X	Technologiequalifikation		X
Zeitverhalten	X		Methodenorientierung		X	Reaktion auf Fehler	X	
Offenheit		X	Organisiertheit Entwicklerteam	X				
Benutzbarkeit	X		Innovationskraft Entwicklerteam	X	X			
Erlernbarkeit	X							
Robustheit	X	X						

Tabelle 1: PPP-Metriken für die Evaluation von Software-Angeboten

Die Metriken wurden von den externen Projektbegleitern vorbereitet; ausgearbeitet und vereinbart wurden sie gemeinsam mit dem Anwender (Vertreter der Benutzer und des Managements). Ausarbeiten bedeutet, daß jede Metrik durch Fragen präzisiert und die Meßmethode (z.B. Zeitmessung, Zählung) festgelegt wurde.

Zur Abbildung der Ausprägungen der Metriken wird eine *ordinale Skala* mit den Werten >, =, < verwendet. Da die Ausprägungen von mehreren Beobachtern erfaßt werden (z.B. mehrere Benutzer, Benutzer und externe Projektbegleiter, mehrere externe Projektbegleiter), müssen je Metrik mehrere Beurteilungen aggregiert werden; dies erfolgt mit der *Häufigkeits-/Vorzugsregel*. Die Aggregation erfordert einen höheren Zeitaufwand, wenn mehr als zwei Alternativen evaluiert werden, ist aber kein prinzipielles Problem. Ist bei einer geraden Anzahl von Beurteilungen kein Vorzug gegeben, erfolgt solange eine Diskussion der Beurteilungen im Kreis der Beurteiler, bis die Pattsituation aufgelöst ist. Bei in Summe geringem Vorzug ist eine Gewichtung der Skalenwerte vorgesehen; mit verschiedenen Gewichtungen können *Sensitivitätsanalysen* zum Bestimmen des Optimums durchgeführt werden.

5 Anwendung der Methodik

Die Anwendung der Methodik wird an zwei Fallstudien gezeigt. Die erste Fallstudie wurde in einem Dienstleistungsunternehmen der Forschungsförderung Ende 1996 / Anfang 1997, die zweite in einem Unternehmen des Bank- und Versicherungssektors im Zeitraum März bis Mai 1999 durchgeführt. Bei der ersten Fallstudie erfolgte die wisenschaftliche Begleitbeobachtung vom Projektbeginn bis zur Aufnahme des produktiven Betriebs. Der Beobachtungszeitraum der zweiten Fallstudie endet vorläufig mit dem Ergebnis des Evaluationsprozesses (der Herstellungsprozeß beginnt planmäßig im Juni 1999).

Fallstudie 1

Die Ausschreibung verlangte ein Software-System zur Unterstützung der Kern-Geschäftsprozesse. Das für die Ausschreibung verwendete Lastenheft hatte einen Umfang von rd. 17 Seiten DIN-A4. Es enthielt die Beschreibung des Istzustands der Kern-Geschäftsprozesse (7 Seiten), die Rahmenbedingungen für den Auftragnehmer mit Projektmeilensteinen (1 Seite), die Informatik-Strategie des Auftraggebers (2 Seiten), die Organisationsziele einschließlich Gestaltungsziele für die Struktur- und Ablauforganisation sowie für die Informationssysteme (2 Seiten), die prototypingbasierte Entwicklungsmethodik (1 Seite), die vorhandene Hardware- und Software-Plattform (1 Seite), die Auftragsbedingungen (1 Seite) sowie den Angebotskatalog (2 Seiten; alle Seitenangaben aufgerundet). Die Anbieter wurden eingeladen, sich bei Bedarf durch Beobachtung und Befragung "vor Ort" weitere, zur Angebotslegung erforderliche Informationen zu beschaffen.

Es erfolgte eine geschlossene Ausschreibung mit vier Anbietern, die als Vertreter deutlich unterschiedlicher Ausprägungen mehrerer Eigenschaften (insbesondere Unternehmensgröße, verwendete Software-Technologie, Know-how-Schwerpunkt, Referenzen) ausgewählt wurden. Unter den vier Angeboten erfolgte eine Vorauswahl anhand von fünf, den Anbietern bekannten Kriterien (Leistungsfähigkeit Anbieterorganisation; Leistungsfähigkeit Projektpersonal Anbieter; Zweckmäßigkeit des vom Anbieter vorgeschlagenen Fachkonzepts; Angemessenheit des vom Anbieter vorgeschlagenen Implementierungskonzepts; Übereinstimmung der vom Anbieter vorgesehenen mit der vom Anwender geforderten Entwicklungsmethodik; ökonomische Merkmale des Angebots), jeweils mit mehreren Teilkriterien. Durch die Vorauswahl wurden zwei Anbieter bestimmt, die prototyping- und metrikbasiert (vgl. Tabelle 1) evaluiert wurden.

Für das Prototyping wurden Teile eines Kern-Geschäftsprozesses verwendet, die anwenderseitig mit dem Ziel festgelegt wurden, alle in den Produkt-Metriken abgebildeten Eigenschaften beurteilen zu können. Die Anforderungen an die Beobachtung des Prototyping anhand der Metriken wurden in einem halbtägigen Workshop den beteiligten Benutzern und dem Management durch die externen Projektbegleiter vermittelt.

Nach Abschluß des Prototyping wurden in einem zweiten halbtägigen Workshop die dokumentierten Beobachtungen je Beobachter und Metrik skaliert und eine Beurteilung über alle Metriken erarbeitet. Dem Top-Management wurde eine Empfehlung für die Auftragserteilung an den Bestbieter gegeben. Die Entscheidung über die Auftragserteilung durch das Top-Management erfolgte unter Berücksichtigung unternehmerischer Kriterien wie Investitionshöhe, Projektrisiko, Marktbedeutung und Innovationspotential der Anbieter. Dies änderte an der Empfehlung nichts; die Auftragserteilung erfolgte an den Anbieter, der aufgrund der prototyping- und metrikbasierten Evaluation als Bestbieter identifiziert worden war. Unverzüglich nach Auftragserteilung wurde die im Evaluationsprozeß begonnene Herstellung mit Prototyping fortgesetzt.

Fallstudie 2

Die Ausschreibung verlangte ein Software-System zur Unterstützung des Kern-Geschäftsprozesses „Kundenbetreuung", der aus 16 Teilprozessen besteht. Das für die Ausschreibung verwendete Lastenheft hatte einen Umfang von rd. 23 Seiten DIN-A4. Es enthielt eine grobe Beschreibung des Sollzustands der 16 Teilprozesse mit Hinweisen auf Schwachstellen des Istzustands (je 1 Seite); die anderen Teile der Ausschreibung waren mit denen bei Fallstudie 1 nach Art und Umfang identisch.

Es erfolgte eine geschlossene Ausschreibung mit 7 Anbietern, die nach den bei Fallstudie 1 erläuterten Prinzipien identifiziert wurden. Durch die Vorauswahl wurden 3 Anbieter bestimmt, die prototypingbasiert evaluiert wurden. Für das Prototyping wurde einer der 16 Teilprozesse des Kern-Geschäftsprozesses „Kundenbetreuung" verwendet. Für die Vermittlung der Anforderungen an die Beobachtung beim Prototyping anhand der Metriken war ein eintägiger Workshop erforderlich. Die Aggregation der Beurteilungen und die Herstellung einer Rangordnung der Anbieter entsprechend den PPP-Metriken (vgl. Tabelle 1) erfolgte ebenfalls mit einem eintägigen Workshop.

Die Entscheidung über die Auftragserteilung durch das Top-Management erfolgte wie bei Fallstudie 1 beschrieben; auch bei Fallstudie 2 wurde der Anbieter beauftragt, der aufgrund der prototyping- und metrikbasierten Evaluation als Bestbieter identifiziert worden war. Unverzüglich nach Auftragserteilung wurde die im Evaluationsprozeß begonnene Herstellung mit Prototyping fortgesetzt.

Vergleich der Methodikanwendung

Die in Fallstudie 1 erprobte Methodikanwendung konnte - von wenigen situativen Anpassungen abgesehen (z.B. Dauer der Workshops) - für Fallstudie 2 wiederverwendet werden.

6 Befunde

Es wird zunächst das Ergebnis des Evaluationsprozesses der beiden Fallstudien referiert. Anschließend wird über Befunde der wissenschaftlichen Begleitbeobachtung des Ausschreibungsprozesses, des Evaluationsprozesses sowie des Herstellungsprozesses (letzteres nur bei Fallstudie 1) berichtet.

Fallstudie 1

Von den 10 Produkt-Metriken konnten 8 beurteilt werden, 2 nicht (Zeitverhalten, Benutzbarkeit). Von den 8 Prozeß-Metriken konnten 7 beurteilt werden; die Ausprägungen zu den Metriken Entwicklungszeit und Reaktionszeit konnten nicht klar genug getrennt werden, so daß Reaktionszeit als Teil von Entwicklungszeit beurteilt wurde. Alle 6 Personen-Metriken konnten beurteilt werden. Im Ergebnis erhielt Angebot A zehnmal den Vorzug, Angebot B einmal den Vorzug, zehnmal erhielt weder A noch B den Vorzug. Das Ergebnis war damit eindeutig (A>B).

Befunde aufgrund der Beobachtung des *Ausschreibungsprozesses* sind:

- Arbeitsaufwand, Zeitbedarf und Kosten (im wesentlichen Personalkosten) waren auf Seiten des Auftraggebers (einschließlich externer Projektbegleitung) gering. Die Ausschreibungsdokumentation wurde innerhalb 11 Wochen mit 24 Personentagen erarbeitet werden, weil das Lastenheft knapp gehalten war (vgl. weiter oben) und ein Pflichtenheft im Sinn einer Anforderungsspezifikation für den Systementwurf nicht erarbeitet wurde.
- Im gescheiterten Vorgängerprojekt, das konventionell mit der Erstellung eines umfangreichen Pflichtenhefts und ohne Prototyping bearbeitet wurde, waren 16 Wochen für die Erstellung der Ausschreibungsdokumentation mit 60 Personen-

tagen Arbeitsaufwand auf Seiten des Auftraggebers (ohne externe Projektbegleitung) erforderlich. Für die externe Projektbegleitung (nicht durch die Autoren), insbesondere für die Erstellung des Pflichtenhefts, wurden dem Auftraggeber 50 Personentage in Rechnung gestellt.

Die prototypingbasierte Methodik führte also beim Ausschreibungsprozeß zu einer drastischen Verringerung des Arbeitsaufwands beim Auftrageber (24 statt 110 Personentage). Zwar stehen keine Daten über den Arbeitsaufwand auf Anbieterseite zur Verfügung, doch kann aus den Angeboten darauf geschlossen werden, daß die prototypingbasierte Methodik anbieterseitig keinen Mehraufwand erfordert hat.

Befunde aufgrund der Beobachtung des *Evaluationsprozesses* sind:

- Für die meisten Metriken können die Ausprägungen nur mit direkter Beobachtung, ohne Verwendung irgendwelcher Hilfsmittel zur Messung und lediglich verbalsprachlich erfaßt werden. Nur selten ist es möglich, quantitativ zu messen (z.B. zu zählen). Die Beobachter müssen daher möglichst nachvollziehbar (das heißt schriftlich) dokumentieren, was sie beobachtet haben.
- Die Zeitdauer für den Evaluationsprozeß betrug planmäßig 5, tatsächlich 4 Kalenderwochen, also 20 Arbeitstage.
- Der Arbeitsaufwand für den Evaluationsprozeß betrug anwenderseitig 15 Personentage, davon 12 für Benutzer und Management und 3 für externe Projektbegleiter. Die geplante und erforderliche Benutzerbeteiligung war realisierbar.
- Der anbieterseitig geleistete Arbeitsaufwand für das Prototyping wurde von einem der Anbieter mit 40 Personentagen angegeben, für den anderen Anbieter wird er aufgrund von Beobachtungen mit 55 Personentagen geschätzt.
- Der Auftragnehmer konnte den in der Angebotsphase entwickelten Prototypen in einem Umfang von etwa 90% gemessen am Arbeitsaufwand (d.h. im Umfang von rd. 36 Personentagen) im Herstellungsprozeß wiederverwenden. Der Arbeitsaufwand für das Prototyping betrug für diesen Anbieter also nur 4 Personentage. Die 55 Personentage, die der zweite Anbieter aufgewendet hat, wurden vom Auftraggeber mit einen Pauschalpreis für den Prototyp teilweise abgegolten.

- Es gibt Metriken, deren Ausprägung nicht mit ausreichender Genauigkeit beurteilt werden kann (insbesondere die Produkt-Metriken Zeitverhalten und Benutzbarkeit). Die Verwendung von Zeitverhalten als Produkt-Metrik erwies sich als unzweckmäßig, da die Erfassung der dafür erforderlichen Daten zu aufwendig war. Die nicht ausreichende Beurteilbarkeit der Benutzbarkeit ist darauf zurückzuführen, daß die Benutzer davor zurückschreckten, verbindliche Urteile abzugeben. Dies kann darauf zurückgeführt werden, daß die Benutzer keine Erfahrung mit prototypingbasierter Entwicklung hatten.
- Es gibt Metriken, deren Ausprägung nicht scharf getrennt werden kann, so daß die Ausprägungen mehrerer Metriken zu einer Beurteilung zusammengefaßt werden müssen (insbesondere die Prozeß-Metriken Entwicklungszeit und Reaktionszeit).

Befunde aufgrund der Beobachtung des *Herstellungsprozesses* sind:

- Der Prototyp hat im Evaluationsprozeß einen Zustand erreicht, der etwa 5% der vom Endprodukt geforderten Funktionalität umfaßt.
- Das Fachverständnis des Anbieterpersonals hat im Evaluationsprozeß ein Niveau erreicht, das über etwa 80% der gesamten Geschäftstätigkeit ausreichend Klarheit gibt; die verbleibenden 20% wurden als für den Projekterfolg nicht kritisch eingeschätzt.
- Die durch das gescheiterte Vorgängerprojekt verursachte Verunsicherung der Benutzer im Hinblick auf den Projekterfolg war mit der Auftragserteilung beseitigt, weil sie durch das Erproben der Prototypen gelernt hatten, wie potentielle Auftragnehmer zu beurteilen sind.
- Der Stand der Implementierung hatte 6 Monate nach Auftragserteilung einen Umfang erreicht, der dem des gescheiterten Vorgängerprojekts nach 24 Monaten entsprach. Die geplante Projektdauer (12 Monate) wurde um eine Woche überschritten.

Fallstudie 2

Von den 10 Produkt-Metriken konnten 9 beurteilt werden (Zeitverhalten nicht). Die 8 Prozeß-Metriken konnten beurteilt werden; die Metriken Arbeitsaufwand Benutzer und Arbeitsaufwand Koordinator wurden wegen sehr geringer Ausprägung zusammengefaßt, so daß 7 Beurteilungen zu den Prozeß-Metriken vorliegen. Die 6 Personen-Metriken konnten beurteilt werden. Damit liegen zu 22 Metriken aggregierte Beurteilungen. 16 mal wurde auf dem ersten Rangplatz der Vorzug vergeben, 6 mal waren mindestens zwei Angebote gleichwertig. Angebot A erhielt auf dem ersten Rangplatz einmal den Vorzug, Angebot B elfmal und Angebot C viermal (also B>C>A).

Zur Herstellung einer vollständigen Rangordnung wurden für die Angebote A und C die Vorzüge auf dem zweiten Rangplatz ermittelt. Nach Abzug der 5 ersten Rangplätze von A und C sowie der 3 zweiten Rangplätze von B ergeben sich 14 Metriken mit zweiten Rangplätzen für A oder B, die sich 7 : 7 verteilen. Damit bestätigte sich das für den ersten Rangplatz ermittelte Ergebnis mit B>C>A.

Aufgrund der Beobachtung des *Ausschreibungsprozesses* wird folgender Befund formuliert:

Die Ausschreibungsdokumentation wurde innerhalb 2 Wochen mit 10 Personentagen erarbeitet. Neben den bei Fallstudie 1 genannten Gründen und zur Erklärung des gegenüber Fallstudie 1 wesentlich geringeren Arbeitsaufwands, des Zeitbedarf und der Kosten (vor allem der Personalkosten) ist folgendes festzustellen:

- Es konnte eine bereits erprobte Entwicklungsmethodik und Methodikanwendung ohne wesentliche Änderungen wiederverwendet werden.
- Es konnte eine beim Anwender vorhandene Dokumentation des Sollzustands des für das Prototyping verwendeten Geschäftsprozesses übernommen werden.

Befunde aufgrund der Beobachtung des *Evaluationsprozesses* sind:

- Die Zeitdauer für den Evaluationsprozeß betrug planmäßig 5, tatsächlich 6 Kalenderwochen, also 30 Arbeitstage.
  Der Arbeitsaufwand für den Evaluationsprozeß betrug anwenderseitig 22 Personentage, davon 8 für Benutzer, 8 für Management und 6 für externe Projektbegleiter.

- Der anbieterseitig geleistete Arbeitsaufwand für das Prototyping wurde von den Anbietern mit 56 (Anbieter A), 34 (Anbieter B) und 21 (Anbieter C) Personentagen angegeben.
- Der Auftragnehmer (Anbieter B) kann den in der Angebotsphase entwickelten Prototyp in einem Umfang von etwa 80% gemessen am Arbeitsaufwand (d.h. im Umfang von 27 Personentagen) im Herstellungsprozeß wiederverwenden.
- Der Arbeitsaufwand für das Prototyping betrug für Anbieter B also nur 7 Personentage. Anbieter A und Anbieter C wurden vom Auftraggeber mit einen Pauschalpreis für den Prototyp abgefunden.
- Die Produkt-Metrik Zeitverhalten konnte nicht mit ausreichender Genauigkeit beurteilt werden (wie bei Fallstudie 1).
- Die Produkt-Metrik Reaktionszeit konnte beurteilt werden (in Fallstudie 1 konnte sie nicht beurteilt werden).
- Die Benutzer sind in der Lage, Benutzbarkeit zu beurteilen (im Unterschied zu Fallstudie 1). Allerdings erfolgte die Beurteilung auf der Grundlage einer - aus methodischer Sicht - nicht ausreichend langen Erprobung der Prototypen.

7 Interpretation

In der Fachliteratur ist ausgiebig das Verhältnis von Phasenmodell und Prototyping diskutiert worden. Im Ergebnis kann als herrschende Meinung angesehen werden, daß die beiden Methodikansätze keine Alternativen sind, sondern sich sinnvoll ergänzen. Auch bezüglich Lastenheft/Pflichtenheft einerseits und Prototyping andererseits wird der Standpunkt vertreten, daß beide Ansätze miteinander verträglich sind. Es wird jedoch für eine deutliche Zurücknahme der Bedeutung des Lastenhefts (bzw. nach herrschendem Sprachgebrauch des Pflichtenhefts) und für die Evaluation von Software-Angeboten mittels Prototyping plädiert, das heißt für die Ausdehnung des Prototyping-Ansatzes vom Herstellungsprozeß auf den Ausschreibungs- und Evaluationsprozeß.

Aufgrund der Befunde aus zwei Fallstudien kann behauptet werden, daß durch prototypingbasiertes Software-Management *Wirksamkeit* und *Wirtschaftlichkeit* des Ausschreibungs- und des Evaluationsprozesses, gemessen mit Aufwand (Arbeitsaufwand und Zeitbedarf), Kosten und Zuverlässigkeit der Ergebnisse, verbessert werden. Positive Auswirkungen auf den Herstellungsprozeß konnten in Fallstudie 1 beobachtet und können für Fallstudie 2 erwartet werden.

Die These, daß bei prototypingbasierter Evaluation geringere oder keine Akzeptanzprobleme bei der Nutzung des Produkts auftreten, hat sich bei Fallstudie 1 bis zum Ende des Beobachtungszeitraums (Frühjahr 1998) bestätigt. Eine informale *Ex-post-Evaluation* nach einjähriger Nutzungsdauer (Anfang 1999) hat dies bekräftigt. Eine Verbesserung von Wirksamkeit und Wirtschaftlichkeit durch prototypingbasiertes Software-Management kann also auch für den Nutzungsprozeß behauptet werden.

Aufgrund der Befunde der beiden Fallstudien kann eine *Hypothese* formuliert werden, mit der ein quantitativ meßbarer Zusammenhang zwischen dem Projektumfang und der Verbesserung der Wirtschaftlichkeit behauptet wird (mangels validerer Meßgrößen wird "Auftragswert" als Maß für "Projektumfang" verwendet): "Je größer der Projektumfang, desto nachhaltiger ist die Verbesserung der *Wirtschaftlichkeit* durch prototypingbasiertes Software-Management." Die Verbesserung wird nicht nur für den Anwender allein, sondern auch für Anwender und Anbieter zusammen behauptet, geht also nicht zu Lasten der Anbieter.

Tabelle 2 ordnet die Befunde zum Arbeitsaufwand, nennt den Auftragswert und zeigt die nach (1) und (2) ermittelten Wirtschaftlichkeitskennzahlen:

$$(1)\; W_a = \frac{\text{Auftragswert in 1.000 €}}{\text{Arbeitsaufwand Anwender}}$$

$$(2)\; W_t = \frac{\text{Auftragswert in 1.000 €}}{\text{Arbeitsaufwand Anwender + Anbieter}}$$

Fallstudie	Arbeitsaufwand Anwender (PT)			Arbeitsaufwand Anbieter (PT)		Auftragswert in €	w_a	w_t
	AP	EP	Σ	AP	EP			
1	24	15	39	x)	95 [1)]	220.000	5,6	1,6
2	10	22	32	x)	111 [2)]	945.000	29,5	6,6

PT = Personentage AP = Ausschreibungsprozeß EP = Evaluationsprozeß

1) für zwei Anbieter 2) für drei Anbieter x) keine Daten verfügbar

Tabelle 2: Wirtschaftlichkeit prototypingbasierten Software-Managements

Es ist ein Ziel der wissenschaftlichen Begleituntersuchung weiterer Fallstudien, Bestätigungen für diese Hypothese zu finden sowie quantitative Befunde zu liefern, mit denen auch die behauptete Verbesserung der *Wirksamkeit* prototypingbasierten Software-Managements belegt werden kann.

Literatur

[Cur90] M. A. Curth: Pflichtenheft, in: P. Mertens et al. (Hrsg.): Lexikon der Wirtschaftsinformatik, Springer Verlag, Berlin et al., 2. Auflage, 1990, S. 324-326

[Hei94] L. J. Heinrich: Systemplanung Bd. 1, Oldenbourg Verlag, München/ Wien, 7. Auflage, 1994

[Hei97a] L. J. Heinrich: Management von Informatik-Projekten, Oldenbourg Velag, München/Wien, 1997

[Hei97b] L. J. Heinrich et al.: Diagnose der Informationsverarbeitung - Konzept und Fallstudie, *Controlling,* Vol. 9, No. 3, 1997, S. 196-203

[Hei99] L. J. Heinrich: Informationsmanagement, Oldenbourg Verlag, München/ Wien, 6. Auflage, 1999

[Kur93] K. Kurbel: Produktionsplanung und -steuerung, Oldenbourg Verlag, München/Wien, 1993

[Mer95] P. Mertens et al.: Grundzüge der Wirtschaftsinformatik, Springer Verlag, Berlin et al., 3. Auflage, 1995

[Mit90] R. Mittermair: Requirements Engineering, in: K. Kurbel, H. Strunz (Hrsg.): Handbuch Wirtschaftsinformatik, Poeschel Verlag, Stuttgart, 1990, S. 237-256

[PlS86] J. Platz, H. J. Schmelzer: Projektmanagement in der industriellen Forschung und Entwicklung, Springer Verlag, Berlin et al., 1986

[PoB96] G. Pomberger, G. Blaschek: Software Engineering. Prototyping und objektorientierte Software-Entwicklung, Hanser Verlag, München/Wien, 2. Auflage, 1996

[Pom90] Pomberger, G.: Methodik der Softwareentwicklung. In: K. Kurbel, H. Strunz (Hrsg.): Handbuch Wirtschaftsinformatik, Stuttgart 1990, S. 215-236

[PoW97] G. Pomberger, R. Weinreich: Qualitative und quantitative Aspekte prototypingorientierter Softwareentwicklung - Ein Erfahrungsbericht, *Informatik-Spektrum* Vol. 20, No. 1, 1997, S. 33-37

[Sta95] P. Stahlknecht: Einführung in die Wirtschaftsinformatik, Springer Verlag, Berlin et al., 7. Auflage, 1995

[VDI91] VDI/VDE (Hrsg.): VDI/VDE-Richtlinie Nr. 3694: Lastenheft/ Pflichtenheft für den Einsatz von Automatisierungssystemen, 1991

CMM-Assessments zur Prozeßverbesserung bei der Softwareentwicklung - Ein Praxisbericht

Ralf Kneuper

Zusammenfassung

Das Capability Maturity Model (CMM) (siehe [PWCC94]) ist ein Modell zur Beurteilung der Reife von Software entwickelnden Organisationen, das vor allem als Grundlage für die Verbesserung der Entwicklungsprozesse genutzt wird.

Auf Basis dieser Modelle gibt es die Möglichkeit, Assessments durchzuführen, bei denen die Erfüllung der jeweiligen Anforderungen überprüft und die Reife der Organisation beurteilt wird.

Dieser Beitrag beschreibt Erfahrungen mit dem Einsatz von CMM-Assessments für die Verbesserung der Entwicklungsprozesse. Ziel ist es, den Lesern einen Eindruck zu geben, wie ein CMM-Assessment abläuft, welche Vorbereitungen dafür zu treffen sind und mit welchen Schwierigkeiten zu rechnen ist. Dabei geht es schwerpunktmäßig um den Einsatz der Assessments selbst, nicht um die allgemeine Prozeßverbesserung nach CMM oder anderen Modellen.

1 Einleitung

1.1 Ausgangssituation

Die hier beschriebene Arbeit wurde im Rahmen des Softwareentwicklungs-Programms "Cargo Projekt Unternehmensmodell" (CPU) bei DB Cargo, dem Güterverkehr der Deutschen Bahn, durchgeführt. CPU ist eines der größten Entwicklungsprogramme in Europa und hat das Ziel, neue Geschäftsprozesse bei DB Cargo einzuführen.

CPU steht unter der gemeinsamen Leitung von DB Cargo und der Transport-, Informatik- und Logistik-Consulting (TLC) GmbH, dem Systemhaus der Deutschen Bahn AG, und wird von mehreren großen Beratungshäusern unterstützt. Das Programm besteht aus 4 Releases von jeweils ca. 6-9 Monaten Entwicklungszeit, unterteilt in ca. 20 Entwicklungsprojekte, plus Projekten für Integrations- und Abnahmetest sowie für das Ausrollen der neuen Geschäftsprozesse und der zugehörigen Software.

Da es von vornherein klar war, daß ein Programm diese Größe nur mit klar definierten Entwicklungsprozessen erfolgreich durchgeführt werden kann, wurden diese Prozesse zu Beginn definiert und ein kontinuierlicher Verbesserungsprozeß aufgesetzt, der auch rege genutzt wird. Nachdem eine gewisse Reife der Prozesse erreicht war, wurde beschlossen, das Capability Maturity Model (CMM) als Richtschnur für die weitere Verbesserung zu nutzen. Die Umsetzung sollte mit einem (als "Standortbestimmung" bezeichnetem) CMM-Assessment eingeleitet werden.

1.2 Das Capability Maturity Model (CMM)

Das CMM (siehe [PWCC94]) wurde vom Software Engineering Institute (SEI) der Carnegie-Mellon University entwickelt. Das Modell basiert auf einer Einteilung in fünf aufeinander aufbauende Reifegrade für Organisationen, die Software entwickeln. Jedem dieser Reifegrade sind eine Reihe von sogenannten *Hauptprozeßbereichen (Key Process Areas KPA)* mit konkreten Anforderungen zugeordnet, deren Erfüllung jeweils einen wichtigen Aspekt des Softwareentwicklungsprozesses unterstützt (siehe Abbildung 1).

Das CMM ist in den USA seit einigen Jahren weit verbreitet, in Europa gibt es daneben auch ähnliche Ansätze wie z.B. Spice und Bootstrap.[1]

---

1 Nähere Informationen zu Spice unter http://www-sqi.cit.gu.edu.au/spice/general, zu Bootstrap unter http://bootstrap.ccc.fi/. Informationen zu diesen und verwandten Standards sind auch unter http://www.software.org/quagmire/ verfügbar.

Dieses Modell kann vor allem in einem einigermaßen stabilen Umfeld, wie es z.B. in der Entwicklung von Individualsoftware oft gegeben ist, wesentlich zu einer Erhöhung der Produktivität und der Qualität der entwickelten Anwendungen beitragen, während in turbulenten, sich schnell ändernden Märkten der Einsatz des CMM (oder vergleichbarer Modelle) zumindest umstritten ist [MeS99].

Ein CMM (Capability Maturity Model) Assessment ist eine Begutachtung der Entwicklungsprozesse eines Projektes oder einer Organisation durch einen externen Gutachter (Assessor) nach vorgegebenen Regeln. Das CMM Assessment ist damit ein Hilfsmittel zur Verbesserung der Entwicklungsprozesse, das hilft, die aktuell wichtigsten Verbesserungspotentiale zu identifizieren und später deren Umsetzung zu überprüfen.

Die theoretischen Aussagen über eine höhere Produktivität, vor allem durch eine Reduzierung des Aufwandes für die Korrektur von Fehlern, sowie eine bessere Planbarkeit, haben sich nach Einschätzung der Beteiligten bei uns bestätigt, auch wenn keine genauen Vergleichszahlen vorliegen. Allein die Tatsache, daß ein Projekt dieser Größenordnung gerade den zweiten Release ohne größere Probleme in Betrieb nehmen konnte und dabei noch dicht am ursprünglichen Kosten- und Zeitplan liegt, kann in dieser Branche sicherlich als ein großer Erfolg bezeichnet werden.

In der Terminologie des SEI handelt es sich bei dem hier beschriebenen Assessment um ein *CMM-based Appraisal — Internal Process Improvement (CBA-IPI)*, das aus eigenem Antrieb für die Verbesserung der eigenen Prozesse durchgeführt wird. Im Gegensatz dazu gibt es auch *Appraisals*, die zur Beurteilung des Reifegrades einer Organisation durch Externe, üblicherweise durch große Kunden (wie z.B. das amerikanische Verteidigungsministerium) dienen und die durch einen größeren Grad der Formalisierung und geringere Beteiligung der beurteilten Organisation gekennzeichnet sind.

Stufe / Reifegrad	Charakterisierung	Hauptprozeßbereiche (Key Process Areas KPAs)
5 Optimizing	Ständige Prozeßverbesserung auf Basis der ermittelten Parameter und Problemanalysen	• Management von Prozeßänderungen • Management von Technologieänderungen • Fehlervermeidung
4 Managed	(quantitativ) Wichtige Prozeßparameter werden regelmäßig ermittelt und analysiert	• (Quantitatives) Software-Qualitätsmanagement • Quantitatives Prozeßmanagement
3 Defined	(qualitativ) Prozesse sind definiert und eingeführt	• Reviews • Zusammenarbeit zwischen Gruppen • Software-Produkt Engineering • Integriertes Software-Management • Trainingsprogramm • Definition der Prozesse • Prozeßfokussierung
2 Repeatable	(intuitiv) Grundlegende Managementprozesse sind eingeführt, Erfolge sind wiederholbar	• Konfigurationsmanagement • Qualitätssicherung • Management von Unterauftragnehmern • Projektsteuerung • Projektplanung • Anforderungsmanagement
1 Initial	(ad hoc / chaotisch)	keine Anforderungen

Abbildung 1: Das Capability Maturity Model (CMM) (nach [PWCC94])

1.3 Alternative Ansätze

Neben dem CMM gibt es noch eine Reihe anderer Modelle, die für die Verbesserung der Entwicklungsprozesse genutzt werden können und als Alternativen zum Einsatz des CMM diskutiert wurden (siehe [KnS95] für eine Beschreibung dieser Modelle).

- ISO 9000 wurde verworfen, da durch den binären Charakter (erfüllt / nicht erfüllt) die kontinuierliche Verbesserung hier nicht deutlich genug betont wird und der Interpretationsaufwand für die Softwareentwicklung entsprechend höher ist.

  Derzeit besteht auch keine entsprechende Anforderung vom Kunden. Wenn das Unternehmen zumindest nahe an Stufe 3 im CMM ist, so wird eine Zertifizierung nach ISO 9001 als relativ einfach eingeschätzt, falls diese Anforderung zu einem späteren Zeitpunkt noch kommen sollte.
- Gegen Bootstrap sprach vor allem die Tatsache, daß, im Gegensatz zum CMM, relativ wenig konkrete Informationen darüber veröffentlicht sind, so daß es wesentlich schwieriger ist abzuschätzen, worauf man sich bei einem Bootstrap-Assessment einläßt.
- Spice (ISO 15504) schließlich erscheint derzeit noch nicht stabil genug, um darauf ein langfristiges Verbesserungsprogramm aufzubauen. Sobald die erste Version dieses Standards verabschiedet ist, wird diese Entscheidung aber noch einmal überprüft werden müssen. Es ist derzeit damit zu rechnen, daß auch hier ein Umstieg von CMM auf Spice nicht allzu schwierig sein wird.

2 Vorbereitung

2.1 Start der Vorbereitung

Nachdem die Entscheidung für den Einsatz des CMM gefallen war, wurden der Autor als Leiter des Qualitätsmanagements (QM) und ein QM-Mitarbeiter von einem am Projekt beteiligten Beratungshaus als Koordinatoren dafür benannt.

Aufgabe dieser Koordinatoren war es, sich vertieft in das Thema einzuarbeiten, um dann alle notwendigen Aktivitäten für ein erfolgreiches Assessment zu identifizieren, eine entsprechende Planung zu erstellen und ihre Umsetzung anzustoßen, ggf. selbst durchzuführen, und schließlich zu überwachen.

2.2 Offizielles oder inoffizielles Assessment?

Anders als z.B. bei einem ISO 9001-Audit wird für ein CMM-Assessment kein "offizielles" Zertifikat vergeben (vgl. [Kra97]), hinter dem irgendeine Institution außer dem Assessment-Leiter steht.[2]

Ein offizielles Assessment ist vor allem dadurch gekennzeichnet, daß bestimmte Anforderungen an die Ausbildung des Assessment-Leiters gestellt werden, der u.a. entsprechende Schulungen des SEI besucht haben muß, und daß die Assessment-Ergebnisse an das SEI zurückgemeldet werden, damit sie dort statistisch ausgewertet werden können.

Schließlich sind noch Lizenzgebühren an das SEI zu bezahlen (ca. $1500). Höhere Kosten für ein offizielles Assessment entstehen auch durch die notwendige, relativ teure, Ausbildung des Assessment-Teams (siehe Kap. 2.6).

Andererseits sind fast alle notwendigen Informationen für die Durchführung eines Assessments veröffentlicht.[3]

Nicht veröffentlicht sind allerdings der *Lead Assessor's Guide* und, als Ausschnitt daraus, das *Team Member's Handbook.* Diese Unterlagen enthalten zusätzliche Detailinformationen zur Durchführung von Assessments.

Damit stellt sich die Frage, ob ein Assessment den offiziellen und deutlich teureren Weg gehen soll oder ein Assessment ohne Beteiligung des SEI durchgeführt wird.

---

2 Vgl. dazu das ausgeklügelte System bei ISO 9001-Zertifikaten, die von Zertifizierungsorganisationen vergeben werden, die selbst wieder akkreditiert sein müssen [KnS95].

3 meist in Form von Technical Reports des SEI, die z.B. unter http://www.sei.cmu.edu/ zu finden sind.

Im hier beschriebenen Fall wurde beschlossen, ein offizielles Assessment durchzuführen, vor allem, um mit einem erfahrenen Assessment-Leiter zu arbeiten und sich auch bewußt selbst alle Schleichwege zu verschließen, die den Nutzen des Assessments schmälern könnten.

2.3 Auswahl des Assessment-Leiters

Laut der Aufstellung des SEI CMM-Assessorenliste [SEI98] gibt es derzeit keine ausgebildeten Assessment-Leiter in Deutschland. Daher wurde entschieden, einen Assessment-Leiter von einem am Projekt beteiligten Beratungsunternehmen aus den USA einzusetzen. Hierzu gab es zuerst längere Diskussionen, ob dadurch noch die notwendige Unabhängigkeit gewährleistet sei. Im nachhinein bestand aber Einigkeit, daß in diesem Fall die Entscheidung aufgrund der Persönlichkeit der Assessment-Leiters richtig war; von dem potentiellen Interessenkonflikt war während des Assessments nichts zu spüren.

Mit der Auswahl dieses Assessment-Leiters war jedoch das Problem verbunden, daß er kein Deutsch spricht, andererseits aber einige der Interview-Partner beim Assessment kein Englisch. Für die Interviews wurde daher eine Übersetzerin eingesetzt. Sämtliche Dokumente und Arbeitsunterlagen wurden zuerst in Englisch erstellt (von den Mitgliedern des Assessment-Teams wurden daher gute Englisch-Kenntnisse verlangt), zu veröffentlichende Dokumente wurden anschließend übersetzt (Abschlußpräsentation, siehe Kap. 3.2.1, und Abschlußbericht, siehe Kap. 3.2.2).

2.4 Auswahl des Assessment-Teams

Aufgabe des Assessment-Teams ist es, am Assessment mitzuwirken und den Leiter zu unterstützen. Ziel war es dabei, eine Mischung aus Mitarbeitern aus den Entwicklungsprojekten und aus den Querschnittsteams (insbesondere dem Qualitätsmanagement) zu erreichen, wobei es sich aber als sehr schwierig herausstellte, erfahrene Mitarbeiter aus den Entwicklungsprojekten dafür zu gewinnen. Es dauerte rund zwei Monate, bis endlich zwei Projektmitarbeiter benannt waren, die gemeinsam mit zwei Mitarbeitern des Qualitätsmanagements (darunter auch dem Autor dieses Beitrages) das Assessment-Team bildeten.

Später konnten allmählich zusätzliche Team-Mitglieder benannt werden, die auch an Mini-Assessments (siehe Kap. 4.3) mitwirken, so daß jetzt ein ausreichend großes Team zur Verfügung steht.

2.5 Betriebsrat

Da es potentiell möglich ist, mit einem CMM-Assessment nicht nur Prozesse zu bewerten, sondern daraus auch Rückschlüsse auf einzelne Mitarbeiter zu ziehen, wurde Wert darauf gelegt, den Betriebsrat frühzeitig zu informieren. Glücklicherweise konnte dem Betriebsrat relativ schnell vermittelt werden, daß eine Bewertung von Mitarbeitern im Rahmen des Assessments äußerst kontraproduktiv wäre und daher schon aus eigenem Interesse der Verantwortlichen nicht stattfinden würde.

Der Autor kennt allerdings Fälle bei anderen Unternehmen, wo dies dem Betriebsrat schriftlich zugesichert werden mußte.

2.6 Schulung des Assessment-Teams

Vom SEI wird eine allgemeine Schulung des Teams zu CMM gefordert (seit Anfang 1998 muß dies die vom SEI selbst angebotene "Introduction to the CMM" sein) sowie eine eintägige Schulung durch den Assessment-Leiter, die vor jedem Assessment wiederholt werden muß.

Zuerst war geplant, die "Introduction to the CMM" durch einen Trainer des SEI im eigenen Haus durchführen zu lassen, um einen etwas größeren Personenkreis als nur das Assessment-Team selbst mit dem CMM vertraut zu machen. Nachdem aber das SEI (wie auch das ebenfalls angesprochene European Software Institute ESI, das das Seminar des SEI in Lizenz durchführt) wenig Interesse zeigte und das nach vielen Nachfragen schließlich angebotene Seminar auch finanziell nicht akzeptabel erschien,[4] wurde das Team stattdessen zum SEI nach Pittsburgh gesandt, um die Schulung dort zu besuchen.

Da die Schulungen dort aber auf Monate hinaus ausgebucht sind, mußte das Assessment um mehrere Monate verschoben werden.

Zu diesem Zeitpunkt machten sich dann auch Zweifel breit, ob CMM wirklich der richtige Weg sei oder ob vielleicht doch ein anderes Modell (Bootstrap?) genutzt werden sollte. Letztendlich blieb man aber bei CMM.

Neben dieser Schulung gehört zur Vorbereitung des Assessment-Teams auch ein ausführliches Handbuch (das bereits erwähnte *Team Member's Handbook*) für die Mitglieder dieses Assessment-Teams, das vom Assessment-Leiter verteilt wird und vor dem Assessment durchzuarbeiten ist.

2.7 Arbeitsmittel

Für die Durchführung eines Assessments werden eine Reihe von Arbeitsmitteln benötigt, die rechtzeitig vorher beschafft werden sollten. Dazu gehören

- Räume: Empfehlenswert sind zwei Räume, wovon einer als Arbeitsraum genutzt wird, der andere als Gesprächsraum:

  Der Arbeitsraum sollte während der gesamten Dauer des Assessments einschließlich Erstellung des Abschlußberichtes zur Verfügung stehen und mit Flipcharts, Packpapier-Wänden, etc. ausgestattet und, um die Vertraulichkeit sicherzustellen, abschließbar sein.

  Der Gesprächsraum wird für die Durchführung der Interviews genutzt und daher nur für einen Teil der Zeit benötigt.

---

4 Da das SEI vom amerikanischen Verteidungungsministerium unterstützt wird, wird für nicht-Amerikaner die sowieso schon erhebliche Gebühr für das Seminar nochmals verdoppelt. Damit ergibt sich für die Durchführung des 3-tägigen Seminars im eigenen Haus ein Preis von $40.000 plus Reisekosten, oder für die Teilnahme einer Person bei einem öffentlichen Kurs in Pittsburgh ein Preis von $3000.

- Packpapierwände oder Flipcharts sowie selbstklebende Zettel, Karten für die Packpapierwand oder ähnliches für die Sammlung und Strukturierung der Ergebnisse. Dabei sollten pro Schlüsselbereich (KPA) eine Packpapierwand bzw. zwei Flipchartblätter zur Verfügung stehen.
- Namensschilder für das Assessment-Team sowie für die Interviewpartner.

2.8 Festlegung des Assessment-Umfangs und Zeitplanung

Üblicherweise werden bei einem CMM-Assessment die KPAs der Stufe bewertet, mit deren Erreichen man rechnet, plus den KPAs der nächsten Stufe, um Empfehlungen für die weitere Verbesserung machen zu können.

Aus diesem Grund wurden als Umfang des Assessment die KPAs der Stufe 2 festgelegt, sowie zusätzlich einige der Stufe 3, bei denen schon gewisse Grundlagen vorhanden waren.

Anschließend wurden vier Projekte als repräsentativ für das gesamte Programm ausgewählt. Aus diesen Projekten wurden dann jeweils der Projektleiter sowie zwei Mitarbeiter als Interview-Partner ausgewählt, sowie mehrere Mitarbeiter von Querschnittsteams (z.B. der Konfigurationsmanagementgruppe). Für diese Interviewpartner wurde dann eine kurze Einführung in das CMM und ihre Rolle bei dem Assessment durchgeführt.

Als wichtig hat sich bei der Planung herausgestellt, daß die Termine frühzeitig vereinbart werden, insbesondere solche, bei denen auch Management vertreten sein soll (z.B. die Abschlußpräsentation).

2.9 Auswertung des Fragebogens

Als Einstieg in das Assessment wurde der "Maturity Questionnaire" [ZHSD94] des SEI genutzt. Der Vorgänger dieses Fragebogens war ursprünglich die wichtigste Informationsquelle bei einem Assessment, inzwischen wurde diese Rolle aber von

Interviews und Dokumentenreview übernommen. Der Fragebogen dient jetzt nur noch der Unterstützung und als Einstieg.

In diesem Assessment wurde er an die Projektleiter verteilt, die ihn dann einige Tage später ausgefüllt wieder zurückgaben. Diese Informationen dienten dann zur Vorbereitung, um vor allem dem Assessment-Leiter schon einen überblick über die Umsetzung der Anforderungen zu geben. Im Assessment selbst spielte der Fragebogen dann aber keine Rolle mehr.

3 Durchführung des CMM-Assessments

3.1 Ablauf des Assessments

3.1.1 Beginn des Assessments

Nachdem die Schulung des Assessment-Teams durch den Assessment-Leiter schon in der Woche vor dem Assessment stattgefunden hatte, begann das Assessment montags mit einer Präsentation durch den Assessment-Leiter über das Assessment, seine Ziele und die Vorgehensweise. Bei dieser Präsentation waren vor allem alle geplanten Interview-Partner eingeladen, außerdem das Management. In diesem Rahmen betonte die Programmleitung nochmals die Bedeutung dieser Aktivitäten aus ihrer Sicht und machte deutlich, daß das Assessment von ihr ausging und nicht vom Qualitätsmanagement.

3.1.2 Interviews

Nach einer kurzen Vorbesprechung des Assessment-Teams mit dem Leiter begannen anschließend die Interviews mit den Vertretern der Projekte. An einem Interview nahmen jeweils etwa 4-6 Interview-Partner teil, die nach Möglichkeit alle der gleichen Hierarchiestufe angehörten. Ein Interview dauerte jeweils etwa 90-120 min., dazwischen waren Pausen von ca. 30-60 min., die vor allem für eine erste grobe Auswertung und die Identifizierung noch offener, bei zukünftigen Interviews zu klärender, Fragen genutzt wurde.

Nach der ersten Runde Interviews stellte sich heraus, daß noch einige offene Fragen bestanden, insbesondere zur Einarbeitung neuer Mitarbeiter - die Interviewpartner waren zum großen Teil erfahrene Projektmitarbeiter gewesen. Daraufhin wurde noch ein zusätzliches Interview angesetzt, mit je zwei "Neulingen" aus jedem der befragten Projekte.

Diese Interviews einschließlich einer ersten, groben Auswertung dauerten etwa zwei Tage.

3.1.3 Auswertung und Erstellung der Abschlußpräsentation

Nach den Interviews begann die detaillierte Auswertung der Ergebnisse und der Abgleich gegen die einzelnen Anforderungen des CMM. Parallel dazu wurde die Abschlußpräsentation erstellt, die dann am Ende des vierten Tages mit den Interviewpartnern verifiziert wurde. Dazu wurden die Interviewpartner zu einer "Probepräsentation" eingeladen, um die Feststellungen des Assessment-Teams zu prüfen und sicherzustellen, daß ihre Aussagen nicht mißverstanden wurden. Die endgültige Bewertung (Anforderungen der betrachteten KPAs erfüllt/nicht erfüllt) war bei dieser Präsentation aber noch nicht enthalten.

3.1.4 Der letzte Tag

Anschließend wurde die Präsentation vervollständigt und einige kleinere Anpassungen durchgeführt, bevor sie am Freitag Vormittag im großen Kreis vorgestellt wurde (siehe Kap. 3.2.1).

Der letzte Assessment-Tag endete mit Vier-Augen-Gesprächen des Assessment-Leiters mit dem Management und einer internen Abschlußbesprechung des Assessment-Teams. Themen dieser Besprechung waren die Eindrücke des Teams vom Ablauf des Assessments und die Planung der weiteren Aufgaben, insbesondere die Erstellung des Abschlußberichtes (siehe Kap. 3.2.2).

Darüber hinaus wurde auch bereits der Aktionsplan grob skizziert, auch wenn er kein offizielles Ergebnis des Assessments ist (siehe Kap. 4.2).

3.1.5 Änderungen bei einem zukünftigen Assessment

Beim hier beschriebenen Assessment dauerte das Assessment eine Woche, mit einem Team von vier Mitarbeitern. Bei einem zukünftigen Assessment werden es voraussichtlich zwei Wochen und sechs Mitarbeiter sein. Bei der Standortbestimmung war von vornherein klar, daß man noch deutlich von Stufe 2 entfernt war, es also „nur" darum ging, die wesentlichen Abweichungen zu identifizieren, während beim nächsten Mal ein sehr viel detaillierterer Abgleich notwendig ist. Der grundsätzliche Ablauf des Assessments ändert sich dadurch aber nicht.

3.2 Ergebnisse

Die offiziellen und dokumentierten Ergebnisse eines Assessments bestehen aus einer Abschlußpräsentation (siehe Kap. 3.2.1) und einem Abschlußbericht (siehe Kap. 3.2.2).

Alle Zwischenergebnisse, wie z.B. die Notizen zu den Interviews oder die Arbeitsunterlagen der Auswertung wurden im Anschluß an das Assessment vernichtet, um die Vertraulichkeit zu wahren.

Daneben gibt es noch andere Ergebnisse, die nicht zu den offiziellen Ergebnissen eines Assessments gehören:

- Projekt-spezifische Rückmeldung (siehe Kap. 4.1)
- Aktionsplan (siehe Kap. 4.2)
- Schub für Verbesserungsmaßnahmen. Dies ist kein greifbares Ergebnis im Sinne eines Dokumentes, trotzdem aber ein wesentliches Ergebnis.

3.2.1 Abschlußpräsentation

Die Abschlußpräsentation wurde im Laufe der Assessment-Woche unter Steuerung des Assessment-Leiters gemeinsam erarbeitet und am letzten Tag von ihm präsentiert. Eingeladen zu dieser Präsentation waren die Programmleitung, die Entwicklungsleiter, alle Gesprächspartner sowie Mitarbeiter des Qualitätsmanagements.

Inhalte der Präsentation waren nach einem kurzen Überblick über das CMM als Ansatz zur Prozeßverbesserung sowie die Vorgehensweise beim Assessment vor allem die festgestellten Stärken und Schwächen bzw. Abweichungen vom CMM, einschließlich solcher Feststellungen, die zwar keine eigentliche Abweichung von den Anforderungen des CMM darstellten, deren Behebung aber die Entwicklungsprozesse deutlich verbessern würde und damit einen echten Geschäftsnutzen bringt.

3.2.2 Abschlußbericht

Beim Abschlußbericht handelte es sich im wesentlichen um eine Ausformulierung der Abschlußpräsentation, mit folgender Gliederung:

1. *Management-Zusammenfassung*
2. *CMM-Reifegradmodell*
3. *Begutachtungsmethode, Umfang*
4. *Feststellungen*: Diese umfaßten je ein Unterkapitel pro untersuchtem KPA sowie ein Unterkapitel mit KPA-übergreifenden Feststellungen. Für jedes dieser Unterkapitel wurden Stärken, Verbesserungspotentiale sowie der Nutzen der jeweils empfohlenen Verbesserung beschrieben.
5. *Qualitätsparadigma*
6. *Schlußfolgerungen*
7. *Nächste Schritte*
8. *Anhang: Bibliographie zum Thema Softwareprozesse*

Dabei waren die Kap. 2, 5 und 8 weitgehend allgemein und nicht spezifisch auf dieses Assessment angepaßt.

Der Abschlußbericht wurde vom Assessment-Team im Anschluß an das Assessment selbst erstellt, in Abstimmung mit und unter Verantwortung des Assessment-Leiters, der zu diesen Zeitpunkt aber schon wieder zurückgeflogen war.

4 Nachbereitung des CMM-Assessments

Mit den oben beschriebenen Aktivitäten war das Assessment selbst beendet, die eigentliche Arbeit, nämlich die Umsetzung der Ergebnisse zur Verbesserung der Prozesse begann damit erst. Diese Aktivitäten sollen hier aber nur noch kurz angesprochen werden, da sie nicht mehr zum eigentlichen Thema des Beitrages gehören.

4.1 Verbreitung der Ergebnisse

Die Ergebnisse des Assessments wurden vor verschiedenen Gruppen (z.B. Projektleitertreffen, einzelne Projekte) präsentiert und allen Mitarbeitern zugänglich gemacht.

Auf Wunsch der im Assessment betrachteten Projekte gab es auch Projekt-spezifische Rückmeldungen. Hier gibt es die Schwierigkeit, daß die Vertraulichkeit der Aussagen der Interview-Partner nur schwer sicherzustellen ist. Dies war im konkreten Fall kein gravierendes Problem, da die meisten Feststellungen für alle Projekte gleich waren. Diese Projekt-spezifische Rückmeldung ist aber grundsätzlich eine zweischneidige Angelegenheit, wird jedoch von den Beteiligten immer wieder eingefordert.

4.2 Erstellung des Aktionsplans

Der Aktionsplan ist kein offizielles Ergebnis des Assessments: Er wurde mit dem Assessment-Leiter besprochen, aber nicht von ihm bestätigt, denn er enthält Verantwortlichkeiten, Termine, etc., zu denen der Assessment-Leiter keine Aussage machen kann.

Aufgrund der Abstimmprozesse wurde der Aktionsplan erst einige Wochen nach dem Assessment fertig. Das ist nach Aussage des Assessment-Leiters normal, hat aber den gravierenden Nachteil, daß der Schwung, Verbesserungen umzusetzen, direkt nach dem Assessment am größten ist.

Auf Basis des Aktionsplanes wurde dann ein Projekt aufgesetzt, dessen Hauptaufgabe es war, den Aktionsplanes umzusetzen bzw. seine Umsetzung nachzuverfolgen.

4.3 Mini-Assessments

Um den Fortschritt bei der Verbesserung der Prozesse regelmäßig zu überprüfen, werden seitdem regelmäßig (etwa 2-3 mal pro Jahr) sogenannte Mini-Assessments durchgeführt, bei denen jeweils eine kleine Stichprobe (z.B. zwei bis drei Projekte und zwei bis drei KPAs) exemplarisch betrachtet wird.

Wir haben uns dafür entschieden, diese Mini-Assessments nach der gleichen Vorgehensweise wie ein "richtiges" Assessment durchzuführen, allerdings zum Teil ohne externen Assessment-Leiter. Eine andere Alternative ist die Durchführung derartiger Zwischenbewertungen auf Basis des Maturity Questionnaire [ZHSD94], wie z.B. bei der Nutzung von Interim Profiles [WNHS94].

5 Ausblick

Maßnahmen zur Prozeßverbesserung auf Basis des hier beschriebenen Assessments laufen jetzt seit einiger Zeit und die damals festgestellten Probleme sind weitgehend behoben. Nachdem diese Probleme behoben waren und das Team sich außerdem tiefer in das CMM eingearbeitet hatte, wurden dann aber noch eine Reihe kleinerer Abweichungen von den Anforderungen deutlich, an deren Behebung jetzt gearbeitet wird.

Sobald wir zuversichtlich sind, die Anforderungen der Stufe 2 komplett zu erfüllen, werden wir wieder ein Assessment durchführen, um uns das auch bestätigen zu lassen.

Der Hauptnutzen aus unserer Sicht liegt aber nicht in dieser formalen Bestätigung, sondern in der Verbesserung unserer Entwicklungsprozesse. Unsere CMM-Aktivitäten haben uns geholfen, ein Entwicklungsprogramm von dieser Größe unter Kontrolle zu halten und die Planungen weitgehend einzuhalten. Wir haben damit die

Werkzeuge in der Hand, mit denen einerseits der einzelne Projektleiter sein Projekt planen und steuern kann, andererseits aber auch das Management in der Lage ist, einen Überblick zu behalten und bei Bedarf rechtzeitig einzugreifen.

Darüber hinaus haben wir die wichtigsten Prozesse definiert (eigentlich eine Aktivität der CMM-Stufe 3) und auf dieser Grundlage einen intensiv genutzten kontinuierlichen Verbesserungsprozeß aufgesetzt.

Literatur

[Kra97] Herb Krasner. Clarifying the SEI's role in certifying assessors or assessments - they don't. *Software Process Newsletter*, No. 10, 1997. (Verfügbar unter http://www.iese.fhg.de/SPN/process/spn.html)

[KnS95] Ralf Kneuper, Frank Sollmann. Normen zum Qualitätsmanagement bei der Softwareentwicklung. *Informatik Spektrum*, S. 314-323, 1995

[MeS99] Werner Mellis, Dirk Stelzer. Das Rätsel des prozeßorientierten Softwarequalitätsmanagements. *Wirtschaftsinformatik*, S. 31-39, Februar 1999

[PWCC94] M. Paulk, C. Weber, B. Curtis, M. Chrissies (Hrsg.) *The Capability Maturity Model*.Addison Wesley, 1994

[SEI98] SEI Software Engineering Institute, Carnegie Mellon University. *CMM Lead Assessors,* Stand 1998. Aktuelle Version verfügbar unter http://www.sei.cmu.edu/technology/appraiser.listing.html

[WNHS94] R. Whitney, E. Nawrocki, W. Hayes, J. Siegel. *Interim profile development and trial of a method to rapidly measure software engineering maturity status*. Technical Report CMU/SEI-94-TR-4, Software Engineering Institute, Carnegie-Mellon University, 1994

[ZHSD94] D. Zubrow, W. Hayes, J. Siegel, D. Goldenson. *Maturity questionnaire*. Special Report CMU/SEI-94-SR-007, Software Engineering Institute, Carnegie-Mellon University (SEI/CMU), 1994

Zusammenarbeit von Nutzer und Softwarehaus bei der Realisierung eines großen Softwaresystems - Ein Modell?

Thomas Müller

Abstract

Das Management von Projekten zur Softwareentwicklung mit der Gestaltung der Zusammenarbeit zwischen dem späteren Software-Nutzer und dem realisierenden Softwarehaus ist neben den IV-technischen Aspekten von wesentlicher Bedeutung für den Projekterfolg. Anhand eines Erfahrungsberichts über die Entwicklung eines großen Softwaresystems im TMN-Umfeld (Telecommmunication Management Netwok) wird aufgezeigt, wie durch eine spezielle Arbeitsteilung zwischen Nutzer und Softwarehaus der Projekterfolg gesichert wurde. Dabei wurden neue Wege in der Zusammenarbeit zwischen der Deutschen Telekom als Nutzer und einem Softwarehaus als Ersteller des Systems eingeschlagen. Im dargestellten Projekt wurden terminliche und inhaltliche Ziele erreicht. Die Mitarbeiter der Deutschen Telekom haben dabei Arbeitsanteile innerhalb der Realisierung übernommen. Diese Zusammenarbeit unterscheidet sich vom bei Generalunternehmerschaften üblichen Vorgehen. Abschließend werden Leitsätze entwickelt, die ein Zusammenarbeitsmodell skizzieren.

1 Einleitung

Dieser Beitrag berichtet über die Erfahrungen bei der Realisierung eines großen Softwaresystems für die Deutsche Telekom. Dabei wird besonders die Zusammenarbeit zwischen der Deutschen Telekom als Nutzer dieses Systems und dem realisierenden Softwarehaus beleuchtet. Abschließend wird versucht, wiederverwendbare Erkenntnisse der praktizierten Zusammenarbeit im Projekt zu extrahieren und daraus ein Modell abzuleiten. Dieses Modell grenzt sich von der bei der Deutschen Telekom häufig praktizierten Generalunternehmerschaft ab, bei der die gesamte Lieferleistung für Software und Hardware auf einen Generalunternehmer übertragen wird.

In ihrem digitalen Festnetz bedient die Deutsche Telekom 45 Millionen Kunden mit Dienstleistungen der Telekommunikation wie ISDN. Durch den seit Januar 1998 "offenen Markt" steht die Deutsche Telekom in einem Wettbewerb, der über Preise und Leistungsmerkmale ausgetragen wird. Sie muß daher das digitale Festnetz mit möglichst geringen Aufwendungen betreiben und die am Markt erforderlichen Leistungsmerkmale rasch verfügbar machen.

1.1 Mit TMN das digitale Festnetz optimal betreiben

TMN (Telecommunication Management Netwok) [CCITT] ist die auf internationalen Standards beruhende Konzeption, mit der die Deutsche Telekom ihr digitales Festnetz betreibt. Wesentliche Netzelemente, d.h. zu „managende“ (betreibende) Objekte, sind dabei sog. Vermittelnde Netz-Knoten (VNK). Dabei werden die Systeme EWSD von Siemens und S12 von Alcatel SEL eingesetzt. Der Betrieb der VNK bringt vielfältige Aufgaben mit sich, z.B. das Einrichten und Ändern von Parametern zu einem ISDN-Anschluß oder das Management der in den VNK vorhandenen Software. Im Rahmen von TMN werden zum Betreiben der VNK sog. Operation Systems (OS) verwendet. Das sind von den VNK separierte Systeme, über die der Betrieb der VNK gemanaged wird. Diese TMN-Architektur ist darin begründet, daß VNK auf die Vermittlung von Telekommunikationsverbindungen spezialisierte Rechner sind, die nicht über Gebühr mit anderen Aufgaben belastet werden dürfen.

1.2 Gesetzliche Verpflichtung als Teilnehmernetzbetreiber

Jeder Teilnehmernetzbetreiber in Deutschland ist gesetzlich verpflichtet, sogenannten Bedarfsträgern (BTr) die Überwachung der Telekommunikation zu ermöglichen. Dies geschieht im Einzelfall durch richterlichen Beschluß. Wesentlich dabei ist, daß die Deutsche Telekom als Teilnehmernetzbetreiber die Überwachung ermöglicht, aber in keinem Fall selbst die Telekommunikation überwacht! Daß diese und andere gesetzliche Vorgaben eingehalten werden, darüber wacht der "Regulierer" in Form der Regulierungsbehörde für Telekommunikation und Post (RegTP). Durch sie wird die Technik der Deutschen Telekom auf Konformität mit den gesetzlichen Vorgaben geprüft und abgenommen. Das hier dargestellte Projekt dient zur Entwicklung eines OS, das die gesetzlichen Anforderungen zur Überwachung der Telekommunikation erfüllen soll. Dabei handelt es sich um eine Teilaufgabe des TMN. Die technische Lösung des Systems zur Ermöglichung der Überwachung der Telekommunikation wird im folgenden mit dem allgemeinen Begriff OS bezeichnet und unterliegt der Vertraulichkeit; eine Darstellung der Technik erfolgt daher nicht. Dies ist nicht von Nachteil, da dieser Beitrag das Projektmanagement mit dem Aspekt der Zusammenarbeit zwischen der Deutschen Telekom als Nutzer und dem realisierenden Softwarehaus in den Vordergrund der Betrachtung stellt.

1.3 Technisches Umfeld

Das zu realisierende OS muß in das digitale Festnetz der Deutschen Telekom integriert werden; dazu sind Schnittstellen zwischen OS und VNK herzustellen. Über eine Schnittstelle werden Kommandos vom OS zum VNK übertragen. Diese Kommandos werden im VNK ausgeführt. Eine andere Schnittstelle dient der Übertragung von Events vom VNK an das OS. Darüber hinaus existiert eine Schnittstelle, über die Events zwischen OS und Bedarfsträgern übertragen werden. Die Anbindung der Benutzer an das OS geschieht über das Intranet der Deutschen Telekom. Das OS besitzt demnach einen Schwerpunkt im Bereich der Kommunikation, die durch internationale Standards und deren Ausgestaltung in Richtlinien der Deutschen Telekom gekennzeichnet ist.

1.4 Projekte werden begleitet

Projekte zur Entwicklung von Software im TMN-Umfeld betreut das Technologiezentrum der Deutschen Telekom durch ein eigenes Projekt zur Entwicklungsbegleitung.

Die Hauptaufgaben dabei sind:

- Funktion der Projektmitarbeiter als fachtechnische Ansprechpartner für den Realisierer
- Einbindung des fachlichen Know-hows und betrieblicher Erfahrungen der Deutschen Telekom in das Projekt
- Bereitstellung von Ressourcen der Deutschen Telekom für den Realisierer
- Durchführung von Audits beim Realisierer zur Qualitätssicherung
- Abnahme von Arbeitsergebnissen des Realisierers
- Durchführung von Funktionstests zur Abnahme des Systems

2 Initialisierung des Projekts

Zunächst war die Erfüllung der gesetzlichen Anforderungen zur Überwachung der Telekommunikation durch ein anderes umfassendes OS vorgesehen, das durch einen Generalunternehmer erstellt werden sollte. Die Entwicklung dieses OS wurde jedoch nicht weitergeführt. Da aber die Erfüllung der gesetzlichen Anforderungen an fixe Termine gebunden war, standen ab diesem Zeitpunkt bis zum flächendeckenden Wirkbetrieb des neuen OS nur noch 12 Monate zur Verfügung.

Das Ziel des Projektes bestand nun darin, ein OS zu entwickeln, die gesetzlichen Anforderungen zu erfüllen, die beiden unterschiedlichen VNK Systeme EWSD und S12 zu berücksichtigen und innerhalb von 12 Monaten flächendeckend zur Verfügung zu stellen.

2.1 Wettbewerb ermittelte aussichtsreichen Anbieter

Im Rahmen eines Wettbewerbs wurde der leistungsfähigste Anbieter ermittelt. Dabei kam es ganz wesentlich auf die Erfüllung der gesetzlichen Anforderungen und die Bewertung der Wahrscheinlichkeit an, durch welchen Anbieter der Termin zum flächendeckenden Wirkbetrieb am ehesten erreicht werden könnte. Dazu wurden die vorgelegten Projektplanungen der Anbieter auf Vollständigkeit und Plausibilität geprüft. Die Einschätzungen der Anbieter, soweit sie vorlagen, mit wieviel Mitarbeitern welche Arbeitsergebnisse in welchen Projektphasen erzielt werden sollten, wurde nachvollzogen und auf ihre Machbarkeit bewertet. Die für die Projektarbeit vorgesehenen Projektleiter wurde ebenfalls in die Bewertung der Realisierungswahrscheinlichkeit einbezogen.

Zwei Anbieter präsentierten sich jeweils als Generalunternehmer mit Lösungen, die auf Standardsoftwareprodukten zum Betrieb eines VNK-Systems basierten. Ein Anbieter schlug vor, auf der Entwicklungsplattform des Vorprojektes zunächst eine Machbarkeitsuntersuchung mit Berücksichtigung der VNK-Systeme EWSD und S12 durchzuführen, um dann – die Machbarkeit vorausgesetzt – ein Angebot für die Realisierung des OS abzugeben. Dieser Vorschlag sah auch eine Arbeitsteilung zwischen der Deutschen Telekom und dem Anbieter sd&m (software design & management, München) vor, wobei die aktuelle Verfügbarkeit des für einen schnellen Projektstart erforderlichen Know-hows berücksichtigt wurde. sd&m ging als Sieger aus dem Wettbewerb hervor, da die zu entwickelnde Software alle gesetzlichen Anforderungen erfüllen sollte und diese Lösung die höchste Realisierungswahrscheinlichkeit bot. Zudem bot die Lösung von sd&m die Möglichkeit, beide VNK-Systeme EWSD und S12 mit nur einem OS zu betreiben.

2.2 Know-how sofort nutzbar machen

Zu den wesentlichen Aufgaben bei der Initialisierung eines Projektes zur Softwareentwicklung gehört die Rekrutierung von Mitarbeitern mit dem erforderlichen Know-how. Um das ehrgeizige Projektziel überhaupt erreichen zu können, mußte die Machbarkeitsuntersuchung durch sd&m unbedingt sofort begonnen werden. Daher wurde auf solche Mitarbeiter zurückgegriffen, die zu diesem Zeitpunkt schon über das erforderliche Wissen verfügten. Ob es sich dabei um Mitarbeiter der Deutschen Telekom oder sd&m handelte, blieb unberücksichtigt. Dadurch ergab sich die in der Abbildung 1 dargestellte Arbeits- und Know-how-Verteilung.

Die Besetzung von Know-how-Bereichen für die Software-Entwicklung obliegt dem realisierenden Softwarehaus sd&m. Jedes als Projekt geführte Vorhaben bei der Deutschen Telekom und bei sd&m verfügt über ein Projektmanagement und eine Qualitätssicherung als Querschnittaufgabe. Die Entwicklungsumgebung wie auch die erst später aufzubauende Wirkumgebung bestehen jeweils aus einem Servercluster und Workstations unter Unix. Die Systeme für die Entwicklungsumgebung wurden quasi von heute auf morgen aus dem nicht weitergeführten Projekt übernommen. Eine bei der Deutschen Telekom bestehende Gruppe zur Systemadministration stellte den Betrieb und weiteren Ausbau dieser Systeme sicher. Dadurch wurde sd&m von dieser Aufgabe entlastet und konnte sich von Anfang an auf die originäre Aufgabe der Software-Entwicklung konzentrieren. So konnte das Entwicklerteam bei sd&m klein gehalten werden, was einer effizienten Führung dieses Teams zugute kam. Die Gruppe zur Systemadministration bearbeitete auch den Bereich der Hardware, der eng mit der Administration der Servercluster verbunden ist. So erfolgte die Planung der Hardware für das Wirksystem in einer Arbeitsgruppe zwischen der Deutschen Telekom und sd&m.

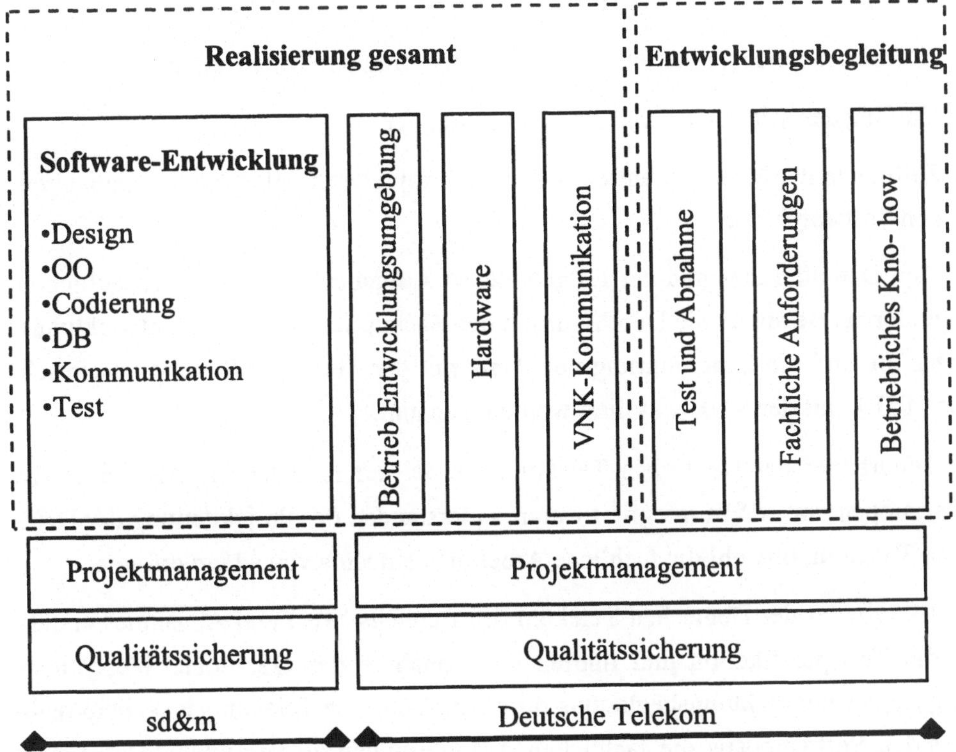

Abbildung 1: Arbeits- und Know-how-Verteilung

Die Kommunikation zwischen dem OS und VNK erfolgt streng nach Standards auf der Basis von OSI. Für eine erfolgreiche Anbindung sind profunde Erfahrungen erforderlich, denn insbesondere die VNK sind hier recht komplexe Systeme. Der hohe Standardisierungsgrad führt zu vielfältigen Einstellungsmöglichkeiten der Kommunikationsschnittstellen. Bei der Deutschen Telekom sind diese Erfahrungen im Technologiezentrum und hier speziell in der Engeneeringgruppe SUBTEK vorhanden. Diese Spezialisten beteiligten sich ebenfalls an der Realisierung des OS.

2.3 Zusammenarbeit vertraglich und fachlich definiert

Diese Art der Zusammenarbeit zwischen dem Nutzer der zu erstellenden Software und dem realisierenden Softwarehaus bedurfte einer differenzierten vertraglichen Abstimmung. Die Mitwirkung von Mitarbeitern der Deutschen Telekom wurde dabei vertraglich berücksichtigt. Darüber hinaus wurden folgende Aspekte der Zusammenarbeit schriftlich definiert:

- Aufgabenbereiche, unterteilt nach Verantwortung und Mitwirkung
- Umfang der Mitarbeit durch Anzahl Mitarbeiter
- Zeiträume der Mitarbeit auf der Basis der Projektterminplanung des realisierenden Softwarehauses

Um den Detaillierungsgrad der festgehaltenen Aufgabenbereiche zu verdeutlichen, seien hier als Beispiele die Durchführung des Backup der Server der Entwicklungsumgebung und die Durchführung von Tests mit der Test- und Simulationseinrichtung (TSE), mit der VNK simuliert werden, genannt.

Die Mitarbeiter der Deutschen Telekom, die bei der Realisierung des OS in Arbeitsgruppen von sd&m integriert waren, unterstanden der Projektleitung der Deutschen Telekom, obwohl die fachliche Arbeit in Teilteams von sd&m erfolgte.

Die Mitarbeiter der Deutschen Telekom des Bereichs "Test und Abnahme" erstellten die Testspezifikation und führten die Abnahme des OS durch. Wesentliche Aufgabe der Entwicklungsbegleitung durch die Deutsche Telekom ist es, dem realisierenden Softwarehaus die fachlichen Anforderungen zu vermitteln. Dafür steht eine eigene Arbeitsgruppe zur Verfügung. Ebenfalls in das Projekt eingebunden sind Mitarbeiter des Betriebs von VNK. Dieses betriebliche Know-how ist wegen seiner Aktualität besonders wichtig.

2.4 In Stufen zum Ziel

Die äußerst kurze zur Verfügung stehende Zeitspanne für die Entwicklung des OS einerseits und die von der Deutschen Telekom erwarteten Leistungsmerkmale andererseits machten es notwendig, das OS in zwei Stufen zu realisieren.

Die erste Stufe erfüllte dabei vollständig die gesetzlichen Anforderungen. Abstriche wurden hinsichtlich der Benutzungsoberfläche gemacht: Neben grafischen Benutzungsoberflächen für Kernaufgaben des OS wurden für die anderen Funktionen Command Line Interfaces (CLI) entwickelt.

Die zweite Stufe ergänzt die erste und enthält zusätzlich u.a. weitere grafische Benutzungsoberflächen, eine VNK-Softwareverwaltung, mit der die im Netz befindlichen VNK mit unterschiedlichen Softwareständen betrieben werden können, und die Jahr 2000 Fähigkeit.

3 Durchführung des Projekts

Das OS, das in der ersten Stufe des Projektes entwickelt wurde, befindet sich momentan in der Einführung. Da es sich bei diesem Beitrag um einen Erfahrungsbericht handelt, beziehen sich weitere Ausführungen hier auf die Entwicklung der erste Stufe. Die Einführung des OS wird durch von der Entwicklung unabhängige Aktivitäten durchgeführt und hier nicht betrachtet.

Für die Entwicklung der ersten Stufe des OS und den Start des Wirkbetriebs standen 12 Monate zur Verfügung.

Die Mitarbeiter der Deutschen Telekom aus den Bereichen Betrieb Entwicklungsumgebung, Hardware und VNK-Kommunikation arbeiten in Fachteams von sd&m so mit, als wären sie sd&m Mitarbeiter, und nehmen z. B. auch an sd&m Fachteambesprechungen teil. Das zeigt, wie vertrauensvoll die Zusammenarbeit ist, da Mitarbeiter der Deutschen Telekom so Einblick in das Entwicklungsvorgehen von sd&m erhielten. Auch der Status der Entwicklung wurde dabei sichtbar.

Projektphasen	**Anzahl Monate**
Wettbewerb zur Lieferantenauswahl	2
Machbarkeitsuntersuchung	2
Softwareentwicklung	5
Funktionstest und Abnahme	2
Einführung des OS	1

Tabelle 1: Projektphasen mit Dauer für die erste Stufe

Die an die Mitarbeiter der Deutschen Telekom übertragenen Arbeitspakete wurden klar beschrieben und mit einem Fertigstellungstermin versehen. Diese Aktivitäten und auch solche von sd&m waren der Projektleitung der Deutschen Telekom und sd&m bekannt und wurden von dieser beobachtet. Abweichungen von Leistungsumfängen und Terminen wurden bewertet, bei Bekanntwerden wurden sofort Abhilfemaßnahmen diskutiert und vereinbart. Dies geschah permanent und nicht nur zu den monatlich stattfindenden Projektmanagementbesprechungen.

Da wegen des äußerst engen Terminrahmens selbst kleine Verzögerungen den Bereitstellungstermin der Software des OS gefährdet hätten, wurde von Beginn an ein proaktives Risikomanagement praktiziert. Dazu fanden unter anderem monatliche Projektmanagementbesprechungen statt. Definierte Kommunikations- und Berichtswege ergänzten diese Maßnahme. Kennzeichnend für die Zusammenarbeit war das Bemühen beider Seiten, Abweichungen von den Planungen frühzeitig zu erkennen und dann Regelungen zu finden, um Abweichungen zu verhindern oder, wenn dies nicht möglich war, alternative Lösungen zu finden.

3.1 Machbarkeitsuntersuchung schafft Realisierungssicherheit

Die Kommunikation der VNK mit dem OS stellte die technisch größte Herausforderung dar. Die Machbarkeitsuntersuchung zeigte, daß die Kommunikation zu den beiden VNK-Systemen EWSD und S12 und die Ausführung von Kommandos, mit denen VNK betrieben werden, gefordert war. Außerdem wurde nachgewiesen, daß die Kommunikation zwischen OS und Bedarfsträgern, so wie es durch Richtlinien mit Gesetzeskraft vorgesehen ist, möglich war. Zusätzlich wurde innerhalb der Machbarkeitsuntersuchung ein Datenbankprodukt evaluiert; die Wahl fiel auf die objektorientierte Datenbank von Versant. Gleich während dieser Projektphase beteiligten sich die Mitarbeiter der Deutschen Telekom intensiv am Ausbau der Entwicklungsumgebung mit Hard- und Software, an VNK-Kommunikationstests sowie an der Nutzung der Test- und Simulationseinrichtung.

3.2 Softwareentwicklung mit schlankem Team

Die Entwicklung des OS erfolgt auf der Basis eines abgestimmten Spezifikationsdokumentes, ergänzt durch ein Change-Request-Verfahren. Während der Entwicklung der Software wurde recht bald mit der Erstellung einer umfangreichen Testspezifikation begonnen. Dabei arbeiteten die Mitarbeiter der Deutschen Telekom aus den Bereichen "Fachliche Anforderungen" und "Betriebliches Know-how" unter der Leitung von sd&m. Diese Testspezifikation wurde für den Systemtest von sd&m genutzt. Sie diente auch als Basis für den von der Deutschen Telekom selbständig durchgeführten Funktionstest. an dessen Ende die Abnahme des OS stand. Diese frühe Erstellung der detaillierten Testspezifikation inklusive der Festlegung der Testdaten stellt einen Erfolgsfaktor des Projektes dar, weil

- die Arbeitsweise des OS bei der Testfallerstellung über die Spezifikation hinaus durchdacht werden mußte, gelegentlich vorhandene Ungereimtheiten so entdeckt und zu diesem frühen Zeitpunkt behandelt werden konnten,
- durch die notwendige Dokumentation der Testdaten die Testvoraussetzungen in VNK und bei der RegTP als Testpartner der Bedarfsträgerendgeräte rechtzeitig geplant und zum Systemtest bereitgestellt werden konnten,
- das Team, das die Testspezifikation erstellt hat, im wesentlichen aus Mitarbeitern der Deutschen Telekom aus den Arbeitsgruppen "Fachliche Anforderungen" und "Betriebliches Know-how" bestand. So konnte zum einen das Fachwissen der Deutschen Telekom hier mit einfließen, zum anderen konnte dadurch eine Gruppe von Mitarbeitern der Deutschen Telekom das OS, bevor es entwickelt

war, sehr gut kennenlernen; was sich in folgenden Projektphasen als sehr wertvoll erwies,

- durch den Detaillierungsgrad der Testspezifikation die Voraussetzung zur Erstellung der Benutzerhandbücher geschaffen wurden, so daß diese zum Beginn des Systemtests vorlagen.

3.3 Unabhängiger Funktionstest

Die Software des OS wurde von sd&m termingerecht zur Abnahme durch die Deutsche Telekom bereitgestellt. Daran schloß sich ein Funktionstest an, bei dem die Deutsche Telekom unabhängig von sd&m das OS auf der Basis der Testspezifikation testete. Der Funktionstest wurde durch die Arbeitsgruppe "Test und Abnahme" durchgeführt, zu der auch Mitarbeiter aus den Arbeitsgruppen gehörten, die an der Testspezifikation mitgearbeitet hatten. So war das OS durch die Erstellung der Testfälle bereits bekannt, und es konnte ohne Verzögerung mit dem Funktionstest begonnen werden.

Die Abnahme von komplexen Softwaresystemen gehört zu den Routineaufgaben der Deutschen Telekom und endete mit der Abnahme des OS zum geplanten Zeitpunkt.

4 Zusammenfassende Erfahrungen - Ein Modell?

Zusammenarbeit in Projekten findet zwischen Menschen statt. Menschen machen Projekte. Diese Aussagen hören sich trivial an. Warum werden sie dann so selten beachtet? Dieser Beitrag stellt nicht die Technik, sondern die Art und Weise der Zusammenarbeit im Projekt zur Entwicklung des OS dar. Darauf beziehen sich auch die in Leitsätzen zusammengefaßten Erfahrungen, die ein Modell dieser Zusammenarbeit skizzieren:

1. **Beteiligung von Mitarbeitern des Nutzers an der Realisierung führt zu hoher Motivation und fördert die Identifikation mit den Entwicklungszielen des Projektes.**

Der Nutzer befindet sich nicht ausschließlich in der Rolle des Anforderers. Diese Rolle, die bei Generalunternehmerschaften üblich ist, fördert die Haltung: "Wenn wir schon bezahlen, dann können wir auch möglichst viel verlangen. Wie das Softwarehaus das realisiert, ist nicht unsere Sache." Diese Haltung kann im Extremfall zum Scheitern von Projekten führen. Die hier praktizierte Form der Zusammenarbeit fördert das Verständnis für die Belange der Entwicklung und führt zu pragmatischen Lösungen. Dabei müssen die berechtigten Interessen des Nutzers nicht aufgegeben werden.

2. **Die Übernahme von Verantwortung durch den Nutzer verringert das Projektrisiko**

   Durch die Übernahme von Verantwortung im Realisierungsprozeß durch den Nutzer werden Betroffene zu Beteiligten gemacht. Zusammenarbeit im Detail verbindet: "Wer selbst rudert, will ans Ziel kommen." Generalunternehmerverträge verführen dazu, andere "rudern" zu lassen und gleichzeitig immer mehr "ins Boot zu laden".

3. **Ehrgeizige Ziele motivieren Projektteams.**

   Menschen, die Erfolg haben wollen, fühlen sich von ehrgeizigen Zielen angezogen. Hoch motivierte Mitarbeiter suchen Herausforderungen. So können gute Leute für ein Projekt gewonnen werden. Die Entwicklung des OS bot technische Herausforderungen, die zudem noch in einen sehr knapp bemessenen zeitlichen Rahmen gepreßt waren. So etwas zieht "Macher" an.

4. **Die Wiederverwendung von Projektteams bzw. Mitarbeitergruppen vermeidet unproduktive Aufbauphasen.**

   Wiederverwendung von Software ist ein aktuelles Thema. Die Wiederverwendung von Teams, die bereits in anderen Projekten zusammengearbeitet haben, ist eine Ausnahme. Der effektiven Zusammenarbeit eines Projektteams geht eine Findungsphase voraus, in der die Projektarbeit zunächst noch nicht so effektiv ist, weil die Beteiligten ihre Art der Zusammenarbeit erst finden müssen. Auf diese Findungsphase kann verzichtet werden, wenn Gruppen von Mitarbeitern eingesetzt werden, deren Zusammenarbeit bereits in anderen Projekten erfolgreich war. Im dargestellten Projekt wurde dieser Zusammenhang besonders auf seiten der Deutschen Telekom deutlich, da hier die Arbeitsgruppen aus dem Vorprojekt weiter zusammenarbeiten konnten. Dadurch war die Projektinitialisierung extrem kurz. Nicht immer wird ein solches Vorprojekt vorhanden sein, dennoch kann bei der Auswahl von Mitarbeitern für ein Projekt dieser Aspekt Berücksichtigung finden. Die Wahrscheinlichkeit, inkompatible Mitarbeiter in einem Projektteam zu vereinigen, sinkt dadurch. Verallgemeinert bedeutet das, daß die kleinste planbare Einheit für die Besetzung eines Projektes mit Mitarbeitern eine Gruppe von Mitarbeitern ist.

5. **Mitarbeit der Nutzer bei der Softwarerealisierung sichert die fachliche Qualität der Software.**

Durch die Einbindung von Mitarbeitern des Nutzers wird deren fachliches Know-how kontinuierlich in das Projekt eingebracht, und zwar über die Spezifikationsphase hinaus. Zu Beginn eines Projektes erstellte Spezifikationen verfügen meist nicht über den für die Realisierung erforderlichen Detaillierungsgrad. Durch die Beteiligung von Mitarbeitern des Nutzers über die gesamte Projektlaufzeit kann die Detaillierung der Anforderungen fachlich gesichert werden. Darüber hinaus lernen diese Mitarbeiter das zu erstellende Softwaresystem gründlich kennen. So haben die Mitarbeiter des Nutzers beispielsweise wertvolles Wissen für die Einführung der entwickelten Software erworben. Wird Software durch einen Generalunternehmer erstellt, so müssen vor der Bereitstellung der Software zur Abnahme Mitarbeiter des Nutzers geschult werden. Dies entfällt, wenn Mitarbeiter des Nutzers aktiv an der Entwicklung mitwirken, beispielsweise an der Testspezifikation.

4.1 Generalunternehmer oder Zusammenarbeitsmodell

Die häufig anzutreffende Form der Zusammenarbeit für die Entwicklung großer Softwaresysteme ist die der Generalunternehmerschaft. Dem gegenüber steht die anhand des vorgestellten Projektes dargestellte Form der Zusammenarbeit, die als "Zusammenarbeitsmodell" bezeichnet wird. Die Tabelle 2 stellt diese Formen der

Zusammenarbeit anhand von charakteristischen und für den Projekterfolg wesentlichen Kriterien dar.

Projektcharakteristikum	**Generalunternehmer**	**Zusammenarbeitsmodell**
Motivation der Projektleitung	Nutzer: Möglichst viele Leistungsmerkmale müssen realisiert werden Realisierer: Möglichst wenige Leistungsmerkmale sollen realisiert werden	Durch die Zusammenarbeit auf detaillierterer Ebene ist eine Differenzierung der Anteile an den gemeinsam erzielten Arbeitsergebnissen erschwert und führt zu einer gleichgerichteten Motivation der Projektleitungen von Nutzer und Realisierer
Motivation der Projektmitarbeiter	Starke Abgrenzung zwischen Mitarbeitern des Nutzers und des Realisierers	Geringe Abgrenzung zwischen Mitarbeitern des Nutzers und des Realisierers
Know-how Verfügbarkeit	Realisierer muß notwendiges Know-how selbst stellen, Nutzer steht nur als Analyseobjekt zur Verfügung	Nutzer und Realisierer stellen dem Projekt jeweils spezifisches Know-how zur Verfügung
Erzeugung von Arbeitsergebnissen	Überwiegend vom Realisierer	Gemeinsam von Nutzer und Realisierer

Tabelle 2: Vergleich von Generalunternehmer- und Zusammenarbeitsmodell

Das Zusammenarbeitsmodell verbindet die Ziele von Nutzer und Realisierer durch die gemeinsame Erstellung von Arbeitsergebnissen, also der Zusammenarbeit im Detail. Dem gegenüber führt die in Generalunternehmerprojekten anzutreffende Trennung in einen realisierenden und einen als Analyseobjekt zur Verfügung stehenden Part zu einer starken Differenzierung der Zielsetzungen von Nutzer und Realisierer.

Die Verbindung durch die gemeinsame Erstellung von Arbeitsergebnissen führt eher zum Projekterfolg als eine durch Differenzierung gekennzeichnete Arbeitsteilung, wie sie in Generalunternehmerprojekten üblich ist.

5 Ausblick

Die bewährte Art und Weise der Zusammenarbeit zwischen Nutzer und Softwarehaus wird zur Herstellung der zweiten Stufe des OS fortgesetzt. Zusätzlich arbeiten zwei Mitarbeiter der Deutschen Telekom in der Softwareentwicklung von sd&m mit, um eine Know-how-Basis für die ggf. von der Telekom zukünftig selbst durchzuführende Wartung aufzubauen.

Abkürzungen

Abkürzung	Langform
BTr	Bedarfsträger
CCITT	Comité Consultatif International Télégraphique et Téléphonique
CLI	Command Line Interface
ISDN	Integrated Serviece Digital Network
OS	Operation System
OSI	Open System Interconection
RegTP	Regulierungsbehörde für Telekommunikation und Post
SUBTEK	Systemunabhängige Betreibertechnik
TMN	Telecommunication Management Network
TSE	Test- und Simulationseinrichtung
VNK	Vermittelnder Netz-Knoten

Literatur

[CCITT] Comité Consultatif International Télégraphique et Téléphonique: Empfehlung M.3010 Principles for a TMN

Qualitätssicherung für Software durch Vertragsgestaltung und Vertragsmanagement

Michael Bartsch

1 Wozu Verträge?

1.1 Verträge sind Pläne

Liefer- und Leistungsverträge sind Pläne, und zwar in zweierlei Sinn:

- Ein gemeinsamer Plan ist die Festlegung eines zukünftigen, abgestimmten Verhaltens. Der Plan weist in die Zukunft und soll diese Zukunft organisieren, im Erfassungsbereich des Planes zu einer gemeinsamen Zukunft machen.
- Als Plan bezeichnet man aber auch eine technische Zeichnung (z. B. Stadtplan, Grundrißplan) also die fachlich korrekte Umsetzung und Abbildung. Auch in diesem Sinne ist der Vertrag ein Plan, nämlich die rechtstechnisch korrekte Strukturierung und Abbildung dessen, was als aktuelle Willensübereinkunft besteht.

Von einem Vertrag in diesem Sinne wird niemand sagen, daß er am besten in der Schublade bleibt. Die Vertragsautoren müssen den Ehrgeiz haben, die Verträge zu einem Kursbuch des Projektes zu machen, so daß jeder die Nützlichkeit des Dokumentes für das gemeinsame Vorhaben erkennt.

1.2 Allgemeine Geschäftsbedingungen

Im Wirtschaftsleben gibt es vielfach wiederkehrende, identische oder ähnliche Vorgänge, für die deshalb immer gleiche Vertragsmuster benutzt werden, Allgemeine Geschäftsbedingungen. Das ist sinnvoll:

- Der Ersteller standardisiert damit sein Vertragswesen.

- Das BGB, das schon 1900 als rückwärtsgewandt kritisiert wurde[1], enthält für viele geschäftliche Abwicklungen keine hinreichend genauen Vorgaben. Die "Einbringung von Sachen bei Gastwirten" ist gesetzlich geregelt, nicht aber Vertragstypen wie Leasing, Factoring, Dauerlieferung, Wartung. Die neuen Medien bieten auch wegen der Internationalität der Sachverhalte eine außerordentliche Fülle neuer Probleme[2]. Die Ausgestaltung dessen, was gewollt ist, kann also vielfach nicht sinnvoll durch Rückgriff auf das Gesetz, sondern nur durch Vertragsregelung erfolgen.
- Und der Ersteller will sich durch seine Formulierungen Vorteile verschaffen.

Der kritische Punkt ist der letzte, der der Interessensverschiebung. Das Gesetz über Allgemeine Geschäftsbedingungen (AGB-Gesetz) wirkt einem Mißbrauch der Gestaltungsmacht umfangreich und detailliert entgegen. Es erzwingt, daß Allgemeine Geschäftsbedingungen fair und klar sind.

Die Software-Branche hat dieses seit 1977 geltende Gesetz leider noch unzureichend wahrgenommen. Die Wirkung des Gesetzes ist aber scharf: Eine Klausel, die dem Gesetz und der hierzu ergangen, teils extrem einschränkenden Rechtsprechung widerspricht, ist ganz unwirksam. Wer also über die Zulässigkeitsgrenze hinausgeht, verspielt damit den Gestaltungsspielraum, den ihm das Gesetz eingeräumt hatte.

Für komplexe EDV-Projekte eignen sich Allgemeine Geschäftsbedingungen wenig. Hier ist schon der Vertrag, recht besehen, ein Stück Software, ein Regelgefüge, das gewünschte Ergebnisse erzielen soll. Projektverträge müssen so individuell sein wie die Projekte selbst, also die Besonderheiten des konkreten Projektes möglichst genau erfassen.

---

1 Zu recht; man lese einmal in § 98 Ziffer 1 BGB die Aufzählung der Gewerbebetriebe: "Mühle, Schmiede, Brauhaus, Fabrik".

2 Vgl. Bartsch/Lutterbeck, "Neues Recht für neue Medien", Verlag Dr. Otto Schmidt KG, 1998

2 Software-Erstellung als Projekt - Projektverträge als Herausforderung für Juristen

2.1 Das werkvertragliche Modell

Das Gesetz geht mit seinem Regelungsmodell "Werkvertrag" von folgender Gegebenheit aus:

- Beim Vertragsabschluß wird die Soll-Beschaffenheit des zu erstellenden Werkes gemeinsam festgelegt.
- Die Phase der Vertragserfüllung dient der Realisierung dessen, was als Plan feststeht, auch wenn der Auftraggeber (wie zum Beispiel der Kunde einer Maßschneiderei) noch unerläßliche Mitwirkungshandlungen (die Anproben) erbringen muß.
- Bei der Abnahme wird der Ist-Zustand des Werkes mit dem vertraglich definierten Soll-Zustand verglichen. Wenn die Differenz unerheblich ist, ist das Werk abzunehmen.

Das Modell funktioniert nur, wo es prinzipiell möglich ist, den Soll-Zustand bei Vertragsabschluß zu beschreiben. Verträge, die darauf zielen, überhaupt erst einen Soll-Zustand zu definieren, lassen sich mit diesem Modell nicht erfassen.

Beispiel:

Der Bauherr beauftragt den Architekten mit der Planung eines Bürohauses.

Die Vorgaben an den Architekten bei Vertragsabschluß (z. B. Lage und Größe des Grundstückes, öffentliches Baurecht, Nutzungszweck und Baugrund) lassen eine unendliche Fülle an Möglichkeiten der Planung, also der Werkvertragserfüllung zu, ohne daß der Bauherr mit allen diesen Möglichkeiten gleich zufrieden sein müßte. Das, was der Bauherr haben möchte (eine individuelle Planung, in die seine Wünsche eingeht), kann also nicht nur durch Festlegung eines Soll-Zustandes ("technisch und rechtlich korrekte Planung") erzielt werden.

Verträge, die notwendig Offenheit enthalten, sollen hier Projektverträge genannt werden. Sie sind dadurch gekennzeichnet, daß der Soll-Zustand nicht bei Vertragsbeginn definiert werden kann, denn sonst wäre das Objekt, das Planungsleistungen und Ungewißheiten enthält, insofern schon durchgeführt und bedürfte nicht mehr der vertraglichen Strukturierung.

Im Beispiel: Gäbe man dem Architekten im Detail vor, wie das zu planende Haus aussehen soll, so wäre der Vertrag kein Planungsvertrag mehr, sondern ein Vertrag über die Erstellung einer technischen Zeichnung ohne eigene Freiheitsgrade.

Das Problem ist, daß das Gesetz nur das klassische werkvertragliche Modell zur Verfügung hält. Daraus ergeben sich Konsequenzen für die Vertragsgestaltung.

2.2 Das Modell der Projektverträge

Einen Projektvertrag sollte man nur schließen, wenn das Projektergebnis wenigstens als Konzept, in seinen Konturen umschrieben werden kann. Das Modell "Projektvertrag" macht also eine möglichst genaue Leistungsbeschreibung nicht überflüssig, sondern erfaßt nur das Faktum, daß diese Leistungsbeschreibung zum Zeitpunkt des Vertragsabschlusses nicht genau genug sein kann, um als Sollzustandsbeschreibung die Vorgabe bis zur Vertragserfüllung zu sein.

Um Projektverträge dennoch handhabbar zu machen, müssen für Vertragsstruktur und Vertragsdurchführung folgende Prinzipien beachtet werden:

- Was man nicht durch materielle Leistungsbeschreibung fixieren kann, muß man durch formale Verfahrensregeln ordnen. Dies ist der zentrale Grundsatz.
- Das Defizit einer exakten Leistungsbeschreibung wird dadurch reduziert, daß unterschiedliche Leistungsbeschreibungsverfahren zusammengefaßt werden, und dadurch, daß auf die Leistungsbeschreibung andersartige Regelungen einwirken.
- Der Weg des Projektes muß dokumentiert werden.

Die juristische Literatur hat das Phänomen schon vor längerer Zeit unter dem Stichwort "komplexe Langzeitverträge" beschrieben und herausgearbeitet, daß hier die Kooperation zwischen den Vertragspartnern ein gesellschaftsähnliches Gepräge hat[3]. Die Partner wirken zu einem gemeinsamen Ziel zusammen, das anfangs nicht präzise festlegbar ist. Die Art des Zusammenwirkens wird durch formale Regeln, Verfahrensregeln gesteuert.

3 Vier Körbe

Dabei erweist es sich als sachgerecht, die Gesamtheit aller vertraglichen Regeln in vier Körbe aufzuteilen:

- **1: Leistungsbeschreibung:**

  Hierzu gehören alle leistungsbeschreibenden Regelungen (vgl. IV).

- **2: Vergütung:**

  Der zweite Korb ist der Vergütungsbereich, also die Summe aller Regeln, die für die Festlegung der endgültigen Vergütung maßgeblich sind (vgl. V).

- **3: Organisationsregeln:**

  Der nächste Korb enthält alle Organisations- und Verfahrensregeln (vgl. VI). Weil das Projekt anfangs nicht definiert sein kann und weil sein geordneter Ablauf auf Verfahrensregeln beruht, kommt diesem Bereich eine außerordentliche Bedeutung zu.

- **4: Rechtliche Regeln:**

  So organisiert und aufgeteilt, bleibt für die rechtlichen Regeln nur noch ein Randbereich, im wörtlichen Sinne. Die schon genannten Bereiche enthalten Vorgaben, die sichern sollen, daß die Mitspieler das Spielfeld nicht verlassen,

3 Vgl. z. B. Nicklisch, "Empfiehlt sich eine Neukonzeption des Werkvertragrechts? - unter besonderer Berücksichtigung komplexer Langzeitverträge", Juristenzeitung 1984 S. 757 ff.

also in der Kooperation und Zielorientierung bleiben. Rechtliche Regeln erfassen also nur Situationen außerhalb des Projektes, Geschehnisse außerhalb des Spielfeldes oder des korrekten Spielverlaufes (vgl. VII.1).

Es ist vor allem für Juristen wichtig zu begreifen, daß der originär rechtliche Teil nur Ausnahmecharakter hat. Wir Juristen müssen bei Einbeziehung in das Projekt lernen, nur Strukturierungshilfe zu leisten und Hilfe dafür, daß das Spiel im Rahmen der Vorgaben bleibt.

Ein guter Projektvertrag zeichnet sich dadurch aus, daß Regelungsdefizite im Bereich eines Korbes durch Regelungen in anderen Körben aufwogen, zumindest reduziert werden.

4 Leistungsbeschreibung

4.1 Konkrete Leistungsbeschreibung

Ein Projektvertrag kann erst geschlossen werden, wenn das Leistungsziel zumindest in Umrissen festliegt. Solange dies nicht der Fall ist, ist vorzuziehen, einen Vorschaltvertrag zu schließen, der die Erstellung einer Projektstudie, eines Pflichtenheftes, eines Anforderungskataloges usw. zum Inhalt hat.

Auch wenn solche Vorgaben bestehen, bleiben aus den dargestellten Strukturproblemen Projektunklarheiten.

Es gibt verschiedene Modelle der Leistungsbeschreibung:

- Die zu erstellende Leistung kann enumerativ aufgezählt werden. Das Problem ist dabei, daß Leistungsbereiche, die zur Nützlichkeit des Projektergebnisses unerläßlich sind, vergessen werden können. Außerdem sichert eine solche Beschreibung nicht, daß die Projektteile sinnvoll zusammenwirken.
- Das Projekt kann durch das wirtschaftlich-organisatorische Ziel umschrieben werden.
- Das Projekt kann durch ein Referenzprojekt umschrieben werden.

Je nach Konstellation kann es sinnvoll sein, mehrere Beschreibungswege parallel oder in Rangfolge zueinander zu benutzen. Die einzelnen Beschreibungsmethoden verdeutlichen sich dadurch, daß man sie zusammennimmt, so wie schwache Zeichnungen auf durchsichtigen Folien, die man übereinanderlegt, zu einem deutlicheren Bild werden.

4.2 Abstrakte Leistungsbeschreibung

Zusätzlich sind abstrakte Leistungsbeschreibungsmethoden zu nutzen, beispielsweise folgende:

- Stand der Technik:

  Dies ist die Summe des gesicherten technischen Wissens, das den Fachleuten aktuell zur Verfügung steht.

  Ein großes Problem ist es, daß es viele DIN-Normen gibt, daß aber die Normen von den Infomatikern zu guten Teilen ignoriert werden. Sogar so eine bedeutende Norm wie die über Dokumentation (DIN 66 230) hat kaum praktische Relevanz. Wenn das Projekt schief gegangen ist und seine Reste auf dem Richtertisch liegen, sind viele Softwarehäuser überrascht, auf technische Normen verwiesen zu werden[4].

- Ergonomie:

  Software muß mehr Qualitäten haben als nur die, richtig zu rechnen. Handbücher benennen ganze Systeme von Software-Qualitäten[5]. Die der Ergonomie ist von besonders hoher Praxisbedeutung. Unpraktische Software ist im technischen und im rechtlichen Sinne mangelhaft.

---

4 Das größte Problem dieser Art ist das Jahr-2000-Problem. Hätte man die ISO 8601 von 1988, die ein achtstelliges Datum vorschreibt, wahrgenommen und eingehalten, so gäbe es das Problem praktisch nicht; vgl. Bartsch, Software und das Jahr 2000 (Nomos Verlag 1998) S. 27, 61.

5 Vgl. Trauboth, Handbuch der Informatik, Software-Qualitätssicherung, Oldenbourg, 2. Auflage 1996 S. 25

- Zeitverhalten:

  Zum Zeitverhalten gehören nicht nur die Reaktionszeit zwischen der Eingabe und der Sichtbarkeit des Ergebnisses, sondern auch Vorgaben in bezug auf die Verfügbarkeit der Software[6]. Es ist verwunderlich, daß auch professionelle Softwarebesteller sich die hier von der Informatik erarbeiteten Beschreibungsverfahren praktisch nicht zu nutze machen.

Insgesamt lassen sich aus der Kombination aller Beschreibungsverfahren recht gute Vorgaben dafür gewinnen, welches Ergebnis das Projekt haben soll.

5 Vergütungsregelungen

Auch für die Regelung der Vergütung gibt es verschiedene Systeme, zum Beispiel:

- Festpreis;
- Preis nach Aufwand;
- Listenpreis, gegebenenfalls mit Veränderung von Rabatten.

Daß die Preisregelung unmittelbar mit der Leistungsdefinition zusammenhängt, liegt auf der Hand. Eine Preisbildung pro Einheit (z. B. pro Meter, pro Stunde) ist das bekannteste Beispiel. Es ist zugleich ein Beispiel, daß die Unklarheit in Korb 1 (wie groß wird die Leistungsmenge?) durch eine elastische Regelung in Korb 2 (mengenabhängiger Preis) ausgeglichen wird.

Preisregelungen können in vielfacher Weise zügelnd und ordnend auf Projekt einwirken. Hierfür einige Beispiele:

- Das Softwarehaus schätzt einen Aufwand von 1000 Stunden voraus und möchte DM 200 pro Stunde haben. Der Kunde ist damit einverstanden, will aber dem Projekt einen finanziellen Deckel geben und verlangt, daß der Zeitaufwand

---

6 Vgl. Dirlewanger, Leistungsbeschreibung und Leistungsmessung im DV-Bereich, Computer und Recht 1988 S. 588 ff., 774 ff.

oberhalb der 1000 Stunden nur mit DM 150 pro Stunde abgerechnet wird. Nun ist es auch das Interesse des Softwarehauses, mit 1000 Stunden auszukommen.

- Das Projekt wird in Teilprojekte zerlegt. Jedes Teilprojekt wird isoliert kalkuliert. Eine Überschreitung der Vergütung ist in Höhe von beispielsweise 20 % nur isoliert pro Teilprojekt möglich, nicht mehr für das Gesamtprojekt. Die Konsequenz ist, daß die Überschreitung voraussichtlich unter 20 % bleiben wird, weil voraussichtlich zumindest einzelne Projektbereiche nicht die volle Überschreitung benötigen werden.
- Das Softwarehaus kalkuliert DM 800.000. Der Auftraggeber, hinreichend erfahren, kennt die üblichen Überschreitungen und schlägt vor, daß das Softwarehaus von dem Gesamtwerklohn, der zu DM 1 Mio. fehlt, 50 % bekommt, aber daß eine Überschreitung über DM 1 Mio. hinaus nur zu 50 % bezahlt wird.
- Das Softwarehaus bekommt eine Prämie für die frühzeitig Fertigstellung.

Auch die Fälligkeit der Vergütung hat Einfluß auf den Ablauf des Projektes. Softwarehäuser, die weitgehend bezahlt sind, sind nicht immer sehr interessiert an der Beseitigung letzter Mängel.

Für die Auftraggeber sind solche Projekte ohnehin riskanter als Bauprojekte, denn sogar die weitgehend vollendete Leistung eines Softwarehauses kann häufig, wenn diese Softwarehaus wegfällt, nicht oder nur mit hohen Zusatzkosten durch ein anderes Softwarehaus zur Vollendung gebracht werden. Deshalb müssen Auftraggeber mit Vorauszahlungen vorsichtig sein.

6 Organisationsregeln

Weil Leistungs- und Vergütungsdefinition nicht ausreichen, um die Projektoffenheit aufzufüllen, kommt den Organisationsregeln, der Festlegung der Zuständigkeiten und Verfahren, besondere Bedeutung zu. Dieser Bereich gehört recht gesehen in die fachliche Hand der Informatik und wird in dieser Fachliteratur auch detailliert beschrieben[7]. Aber leider sind es oft die Juristen, die die EDV-Fachleute auf deren eigenes Fachwissen verweisen müssen.

Hier sollen nur Stichworte für Verfahrensregeln aufgelistet werden:

a) Zeitplan und Meilensteine

Das Projekt braucht einen Zeitplan, der in Meilensteine aufgeteilt ist. Das zwingt zu fortlaufender Qualitätsüberprüfung und zur engen Kooperation. Bei jedem Meilenstein wird Rückblick und Vorschau gehalten, also die Zielerreichung seit dem letzten Meilenstein geprüft und die Festlegungen für den nächsten Meilenstein getroffen.

Änderungen aufgrund neuer Kundenwünsche sind Vertragsänderungen. Sie sollten möglich sein, müssen aber zugunsten des Softwarehauses eine Anpassung der Vergütung und des Zeitplanes ermöglichen. Softwarehäuser sollten hier eine eher restriktive Haltung einnehmen und den Kunden nur mit sanfter Gewalt dazu anhalten, das Projekt nicht laufend zu verändern, sondern lieber eine Grundausbaustufe in operative Nutzung zu nehmen, damit Erfahrung zu sammeln und erst dann in einem zweiten Projekt Änderungen und Ergänzungen durchzuführen.

Beide Vertragspartner müssen an die Festlegungen eines Meilensteines gebunden sein. Für den Auftraggeber gilt dies nur, soweit seine Kompetenz zur Prüfung der Festlegung ausreicht.

b) Teilprojekte

Große Projekte gehören in Teile aufgespalten, und zwar möglichst so, daß die Teile notfalls isoliert voneinander nutzbar sind.

Je größer die Projekte sind, desto größer ist das Risiko, daß sie nicht das gewünschte Ziel erreichen. Die statistischen Angaben über die Quoten nicht erfolgreicher Projekte sind erschreckend.

Projektteile können auch im zeitlichen Ablauf nacheinander realisiert werden. Dann taucht die Frage von Teilabnahmen auf. Der Auftraggeber wird Teilabnahmen zu-

7 Z. B. bei Pagel/Six, Software-Engineering; Addison-Wesley 1994

stimmen können, wenn die Gewährleistungszeit für die Fähigkeit des ersten Teilprojektes, mit weiteren Teilprojekten zusammenzuarbeiten, erst ab dem Zusammenwirken mit diesen künftigen Programmteilen beginnt.

c) Personen

Projekte bestehen aus dem Zusammenwirken von Menschen. Vernünftigerweise wird der Auftraggeber wünschen, daß das Projekt-Team konstant bleibt, daß es qualifiziert besetzt ist und daß bei Änderungen ein gewisser Einfluß besteht.

Außerdem besteht der Wunsch, daß beispielsweise Projektleiter mit einem vorgegebenen Anteil der Arbeitszeit für das Projekt zur Verfügung stehen. Das ist ein Wunsch, den vor allem Softwarehäuser an die Kunden in bezug auf deren Projektleiter richten sollten.

Die Befugnisse und Pflichten dieser Personen sind zu regeln.

d) Projektbesprechungen und Projektdokumentation

Zumindest an den Meilensteinen sind Besprechungen notwendig, vielfach aber braucht man häufigere Besprechungen.

Von zentraler Bedeutung ist die Projektdokumentation. Wer schreibt, der bleibt. Letztlich nur durch die Dokumentation wird das Defizit aufgewogen, daß das Projektziel bei Vertragsabschluß nicht definiert werden kann (vgl. II.2). Die Zieldefinition wird während des Projektes erstellt. Sie besteht in der Projektdokumentation und den dort getroffenen Festlegungen. Wenn das Projekt abnahmereif ist, besteht also durch diese Festlegungen eine Sollzustandsbeschreibung, an der die Abnahmeprüfung auszurichten ist.

e) Abnahme

Auch die Abnahme ist Teil der Verfahrensregeln, gehört also zum Korb 3 und nicht zu den Rechtsregeln.

Das Abnahmeszenario ist mit Sorgfalt zu planen. Hier ist auch das Interesse des Softwarehauses einzubeziehen, irgendwann einmal zur Abnahme zu kommen und nicht vom guten Willen des Kunden abzuhängen.

Vielfach ist folgendes Konzept empfehlenswert:

- Das Softwarehaus meldet die Abnahmereife.
- Der Auftraggeber hat nun einen vorgegebenen Zeitraum zur Prüfung. Findet er in dieser Zeit abnahmeverhindernde Mängel, kann er sie rügen. Die zweimonatige Abnahmefrist beginnt dann neu, sobald das Softwarehaus die Beseitigung des Mangels meldet.
- Wenn die Frist von zwei Monaten ohne solche Fehlermeldungen abgelaufen ist, gilt das System als abgenommen.

Hier wird das Interesse des Kunden an Praxistauglichkeit der Software kombiniert mit dem Interesse des Softwarehauses, bei Fehlen technischer Mängel sicher zur Abnahme zu kommen.

f) Nachbesserung und Gewährleistung

Auch dieser Bereich ist den Verfahrensregeln zuzuordnen. Hierher gehören Regeln für Fehlermeldungen, Definitionen für Fehlerklassen, Reaktionszeiten, Pflichten des Auftraggebers zur Mitwirkung (z. B. durch Testdaten, Fehlerbeschreibung, Zugang zur Installation) usw.

Erst die Frage, wann Mangelbeseitigungsversuche als erfolglos eingestuft werden sollen und was dann die Konsequenz sein soll, gehören zum rechtlichen Bereich.

7 Rechtliche Regeln

7.1 Auffangregeln

Der Rechtsbereich enthält dann nicht mehr viel Regelungsvolumen. Die Funktion der Körbe 1 bis 3 ist es, das Projekt auf dem guten Weg zu halten. Die Funktion dieses Regelungsbereiches 4 ist es, die Frage zu beantworten, wann dieser Weg verlassen ist und was dann gelten soll.

Hierfür einige Beispiele:

- **Spielabbruch:**

  Dies sind Regelungen, wann die Beendigung oder Rückabwicklung des Projektes verlangt werden kann (z. B. durch Rücktritt, Kündigung und Wandelung) und welche Konsequenzen ein solcher Vorgang haben soll.

- **Finanzielle Kompensation:**

  Zum Beispiel für Qualitätsmängel (Minderung) und Vertragsverletzungen (Schadensersatz).

- **Formelle Regeln:**

  Zum Beispiel Gerichtsstand und Rechtswahl.

Die Juristen sollten im Prinzip Kompetenz nur für die Anwendung dieser Regeln haben. Alle anderen Regeln gehören in die Hand der Personen, die das Projekt betreiben. Folglich müssen diese Regeln so beschaffen sein, daß sie von diesen Personen wahrgenommen und ernstgenommen werden. Das ist ein hoher Anspruch an Verständlichkeit, vor allem an die Sprachkultur. Die Juristen, die sich viel auf ihre sprachliche Kompetenz einbilden, benutzen zumeist ungewöhnlich schlechtes deutsch.

7.2 Rechte am Projektergebnis

Ein materielles Regelungsfeld gehört jedoch den Juristen, nämlich deren Antwort auf die Frage, wem das Projektergebnis gehören soll.
Projektergebnisse können vielfach rechtlich geschützt sein, beispielsweise durch ein Patent, ein Gebrauchsmuster oder ein Geschmacksmuster, durch das Urheberrecht oder als Betriebsgeheimnis[8].

Diese Rechte müssen erfaßt, je nach Gegebenheit (z. B. bei einem Patent) verfahrensförmig eingerichtet oder gesichert werden und dann sinnvoll zugewiesen werden.

---

8 Zum urheberrechtlichen Schutz für Software vgl. Bartsch, Software und das Jahr 2000, S. 45 m. w. Nachw.

Bei Individualsoftware will der Auftraggeber häufig sämtliche Rechte bekommen und hat dafür das Argument, er habe die Software ja schließlich komplett bezahlt. Vielfach wäre ein anderes Konzept aber für ihn günstiger, nämlich das Konzept, daß das Softwarehaus das Programm auf den Markt bringt und der ursprüngliche Auftraggeber am Verwertungserlös teilhat. Auch für die Zuordnung der Rechte ist also gestalterische Phantasie erwünscht.

8 Vertragsgestaltung und Vertragsmanagement

8.1 Vertragsberatung

Die Vertragsberatung für ein solches Projekt soll also mit Erfahrung und Phantasie nicht nur die einzelnen Regelungsfelder konkretisieren, sondern die an Beispielen dargestellte Vernetzung der Regelungsfelder entwerfen und installieren.

Vertrauen ist im Projekt nicht nur gut, sondern das Einzige, was wirklich unersetzbar ist. Ein Projekt ohne Vertrauen kann nicht weitergeführt werden. Juristen tun ihren Mandanten deshalb einen Gefallen, der Fairneß und Vertrauenssicherung einen Vorrang bei der Vertragsverhandlung und -formulierung vor harter Interessenverfolgung zu geben.

8.2 Rechtliches Projektmanagement

Glatt laufende Projekte brauchen keine weitere juristische Hilfe. Wo Projekte jedoch nicht glatt laufen (und das ist ein großer Anteil) sollte die Hilfe erfahrener Rechtsberater so früh wie möglich hinzugezogen werden. Es besteht dabei immer das Risiko der Polarisierung der Interessen und der Abwanderung der Diskussion auf ein juristisches Terrain, auf dem Projekte in der Tat nicht zu retten sind. Das Risiko kann nur durch die richtige Auswahl der eingeschalteten Juristen gehandhabt werden.

8.3 Schlichtung

Gelegentlich geraten Projekte in so große Schieflage, daß eine Regelung aus eigener Kraft nicht mehr gelingt. Hier kann ein als Teil des Projekt begriffenes

Schlichtungsverfahren hilfreich wirken. Die Deutsche Gesellschaft für Recht und Informatik hat ein solches projektbegleitendes Schlichtungsverfahren[9] installiert und damit durchweg gute Erfahrungen gemacht. Es ist vielfach gelungen, durch eine solche externe Hilfe Projekte wieder in Gang zu bringen.

Der Charme des Schlichtungsverfahrens liegt darin, daß das Schlichtungsteam aus einem EDV-Sachverständigen oder einem Juristen besteht und damit die bei Gericht typischen Übersetzungsprobleme aus der Technikersprache in die Juristensprache und zurück überflüssig sind. Das Schlichtungsteam hat keine Entscheidungsbefugnis in der Sache, ist also auf den guten Willen der Parteien und eigene Autorität angewiesen.

Dieses Konzept hält das Verfahren im Bereich des noch einvernehmlichen Projektablaufes, weil ohne Freiwilligkeit nichts geht.

9 Softwarepflege als Teil des Softwareprojektes

9.1 Bedeutung der Pflege

Mit der Installation des Software ist das Projekt nicht abgeschlossen. Im Laufe der Nutzungsdauer der Software wird üblicherweise ein Betrag in der Größenordnung der anfänglichen Investition nochmals investiert.

Der Zeitraum der Pflege ist für den Anwender weitaus kritischer als der Zeitraum der Softwareerstellung, denn wenn die einmal installierte Software sich als untauglich erweist, kann dies dem Unternehmen schweren Schaden zufügen.

Der Softwarepflegevertrag sollte also unbedingt Teil des Projektvertrages sein und nicht erst später abgeschlossen werden.

9.2 Leistungsbild

Für Maschinen ist die Instandhaltung in DIN 31 051 definiert. Für Software fehlt

9 Bartsch, "Das Schlichtungsverfahren der Deutschen Gesellschaft für Informationstechnik und Recht e. V.", Computer und Recht 1988 S. 692 ff.

eine solche Definition. Die für die laufende Nutzbarkeit notwendigen Maßnahmen lassen sich so zusammenstellen:

- **Fehlerbeseitigung:**

  Software ist fehlerhafter als andere Produkte. Fehler zeigen sich erst bei Gebrauch. Folglich ist laufende Fehlerbeseitigung notwendig.

  Softwarepflegeverträge, die keine Fehlerbeseitigung enthalten, sind inakzeptabel. Auftraggeber sollten sich solche Konzepte nicht bieten lassen, denn was bleibt - außer Seelsorge - an Leistung übrig?

- **Neue Programmstände:**

  Zur Anpassung an geänderte Außenbedingungen der Software (z. B. andere Software, Hardware, geänderter Lebenssachverhalt muß auch fehlerfreie Software immer wieder geändert werden. Durch Softwarepflege bekommt der Kunde das Recht auf neue Programmstände. Er erwirbt auch das Recht, daß das Softwarehaus in angemessenen Abständen solche neuen Programmstände erstellt.

- **Beratung:**

  Der Anwender braucht Anwendungshilfe ("Hotline").

Die Leistungsbilder sind in den verschiedenen Softwarepflegeverträgen recht unterschiedlich formuliert. Im Kern kann Softwarepflege aber nur sachgerecht funktionieren, wenn diese Leistungen erbracht werden[10].

9.3 Nutzergruppen

Eine sehr nützliche Einrichtung können Nutzergruppen sein. Der Zusammenschluß der Nutzer bündelt deren Interessen einerseits, hilft aber andererseits dem Softwarehaus, die Wünsche und Ziele besser und geordneter kennenzulernen.

Eine Nutzergruppe kann ein nur loser Zusammenschluß, ein gelegentliches Treffen

---

10 Bartsch, "Softwarepflege - was ist das?", Office Management 1992 S. 62 ff.

einiger der Softwareanwender sein. Eine Nutzergruppe kann aber auch eine wohlorganisierte Institution sein, die auch Einfluß auf die Fortentwicklung der Software nehmen kann.

10 Schluß

Das Model, das hier vorgeschlagen wird, ist kooperativ und interaktiv. Es ist kooperativ, weil nur die Zusammenarbeit von Technikern, Kaufleuten und Juristen zu einem guten Projektvertrag führen wird.

Es ist interaktiv, weil die Notwendigkeit betont, die von Juristen gern als "Parteien" bezeichneten Vertragspartner mögen sich als solche verstehen und mögen erkennen, daß sie nur miteinander ans Ziel kommen können.

Ein solcher Projektvertrag bietet auch Hilfe für schwierige Projektlagen und leistet damit seinen Beitrag, das Projekt ans Ziel zu bringen.

Optimierung von Projektkosten durch landesübergreifende Harmonisierung von Geschäftsprozessen bei der Einführung von SAP R/3

Michael Rebstock und Johannes Selig

Abstract

Bei der Einführung der betriebswirtschaftlichen Standardsoftware SAP R/3 stehen globale Unternehmen vor der Frage, ob und in welcher Weise landesspezifische Geschäftsprozesse bei der Implementierung des Systems zu berücksichtigen sind. In diesem Beitrag werden drei Strategien des Umgangs mit landesspezifischen Geschäftsprozessen vorgestellt und auf ihre Erfolgswahrscheinlichkeit hin untersucht. In die Diskussion werden auch die Daten einer Fallstudie einbezogen. Dort zeigt sich, daß die Projektkosten deutlich von der gewählten Strategie beeinflußt werden.

1 Lokale und globale Geschäftsprozesse

Anläßlich der weltweiten Einführung des integrierten Standardsoftwaresystems SAP R/3 stehen global tätige Unternehmen vor der Aufgabe, die für die einzelnen Länder und Regionen oft unterschiedlichen Geschäftsprozesse im System SAP R/3 abzubilden. Es besteht ein Spannungsverhältnis zwischen lokalen Gegebenheiten einerseits und dem Wunsch, konzernweit vereinheitlichende, kostensenkende Geschäftsprozesse einzuführen. Es stellt sich die Frage, welche Projektstrategie für das Gesamtunternehmen mit optimalen Ergebnissen verbunden ist. Sehr naheliegende Beurteilungskriterien sind dabei die *Kosten* des Einführungsprojekts. Der Großteil der Kosten wird dabei nicht durch die Anschaffung der Software selbst, sondern durch das vom Projekt gebundene interne und externe Personal verursacht.

2 SAP R/3 in globalen Unternehmen

SAP R/3 wird bereits heute von globalen Unternehmen als weltweite strategische

Plattform eingesetzt. Mit der eigentlichen Einführung des Systems ist oft nur ein Anfang gemacht: Auch und gerade international erfahrene Organisationen lernen erst langsam, welches betriebswirtschaftliche Integrationspotential, aber auch welche - zum Zeitpunkt der Entscheidung für SAP R/3 allenfalls vage vermuteten - Herausforderungen eine *wirkliche* weltweite Einführung mit sich bringt (vgl. bspw. Erfahrungsberichte der BASF AG [SAP98] oder der Hoechst Marion Roussel AG [DGT98]). Die richtige *Einführungsstrategie* wird dabei immer mehr zum kritischen Erfolgsfaktor. Wünschenswert ist es, möglichst frühzeitig Verlauf und Erfolg bestimmter Einführungsstrategien mittels Schlüsselgrößen prognostizieren zu können (s. etwa [Ben98]). Als Kenngrößen bieten sich kurzfristig Projektkosten und Projektdauer an, langfristig aber auch Größen wie die Reduzierung von Prozeßkosten oder Durchlaufzeiten in den betroffenen Einheiten.

3 Strategien des Umgangs mit landesspezifischen Geschäftsprozessen

In praktisch allen Projekten zur weltweiten Einführung der Standardsoftware SAP R/3 ist mit landesspezifischen Anforderungen an Geschäftsprozesse umzugehen. Ohne Frage kann dieser Umstand großen finanziellen und zeitlichen Projektaufwand verursachen, ohne Frage erhöht eine umfangreiche Analyse, Modellierung und anschließende Berücksichtigung landesspezifischer Geschäftsprozesse die Projektkomplexität erheblich. Es ist verständlich, daß globale Unternehmen versuchen, diesen Aufwand möglichst niedrig zu halten. Welche Alternativen bieten sich im Umgang mit landesspezifischen Anforderungen? Tabelle 1 gibt drei grundsätzliche Strategien wieder.

Die dezentrale Vorgehensweise nach Strategie 1 bedeutet, daß das globale Unternehmen weder weltweite Koordination noch Harmonisierung der Geschäftsprozesse seiner Landesgesellschaften anstrebt. Die Einführung des Systems R/3 und die damit zusammenhängende Gestaltung der Geschäftsprozesse werden in diesem Fall durch die einzelnen Landesgesellschaften gesteuert. Ein globales Projektteam beschränkt sich, falls überhaupt existent, allein auf die technische Einführungsberatung. Diese Strategie vermeidet *prima facie* globalen Koordinierungs- und Harmonisierungsaufwand und hält somit den Einzelprojektaufwand niedrig. Da Prozesse nicht harmonisiert werden, können Projekte individuell, parallel und meist schnell durchgeführt werden. Bei der Wahl dieser Strategie wird allerdings übersehen, daß sie zu beträchtlichem Folgeaufwand führen kann: dann nämlich, wenn nach der Einführung von R/3 die fehlende Koordination der Geschäftsprozesse und Systemstrukturen zu Reibungsverlusten innerhalb des Gesamtunternehmens führt. Effizienz und Effektivität von Informations- und ggf. auch Güterflüssen werden mit großer Wahrscheinlichkeit durch inkompatible Informations- und Prozeßstrukturen beeinträchtigt.

Strategie 1	Dezentrale Gestaltung landesspezifischer Geschäftsprozesse
Strategie 2	**Zentrale Gestaltung global gültiger Geschäftsprozesse**
Strategie 3	Koordinierte Gestaltung landesspezifischer Geschäftsprozesse

Tabelle 1: Strategien des Umgangs mit landesspezifischen Anforderungen

Die zweite Strategie bedeutet eine umgekehrte Vorgehensweise. Um den Projektaufwand niedrig zu halten, versucht das Unternehmen in diesem Fall, jeweils nur eine Version je Geschäftsprozeß (Musterprozeß, *Master process*) zu entwickeln, die dann, so die Idee, in allen Landesgesellschaften in gleicher Form implementiert wird. Diese Strategie umfaßt zwar in der Regel bereits eine minimale Anpassung des Systems R/3 an die jeweiligen Länder durch *technische Parametrisierung* im Rahmen der Systemeinstellung (*Customizing*), da ohne diese Maßnahmen das System für die jeweilige Landesgesellschaft praktisch nicht nutzbar ist. Sie beabsichtigt aber eben keine landesspezifische Anpassung von Geschäftsprozessen. Der Musterprozeß soll in allen Landesgesellschaften unverändert zum Einsatz kommen. Die Prozesse der einzelnen Landesgesellschaften, so die Erwartung, sollten sich entsprechend standardisieren lassen. Tatsächlich entfällt hier zunächst einmal Koordinationsaufwand, denn Abstimmungen können beschränkt werden auf

Prozesse, die zur Schaffung eines einsatzfähigen Prototypen unverzichtbar sind. Meist herrscht die Vorstellung vor, daß sich hierbei eine *"Mustergesellschaft"* identifizieren läßt, die stellvertretend für alle anderen lokalen Gesellschaften im System abgebildet wird. Ein zentrales Projektteam reist anschließend von einer Implementierung zur nächsten. Die Erwartung ist, daß Routine in der Ausführung und geringe Personalkosten die Gesamtkosten niedrig halten. Bei dieser Erwartung wird übersehen, daß landesspezifische Geschäftsprozesse teilweise bereits durch gesetzliche oder ähnlich imperative Rahmenbedingungen vorgegeben sind und sich daher auch bei gutem Willen der jeweiligen Landesgesellschaft nicht standardisieren lassen. Dies führt dann doch dazu, daß vom globalen Standard abgewichen werden muß. Größerer Folgeaufwand aufgrund von Reibungsverlusten oder notwendiger Koordinierung *ex post* wird dadurch verursacht.

Obwohl zu Beginn mit höherem Aufwand verbunden, erscheint daher Strategie 3 als erfolgversprechend. Geschäftsprozesse werden in diesem Fall landesspezifisch analysiert. Im Unterschied zu Strategie 1 wird hier allerdings ein Abgleich und ggf. eine Harmonisierung der Geschäftsprozesse über alle Landesgesellschaften angestrebt. So können landesspezifische Erfordernisse *vor* der Einführung der Standardsoftware erkannt und bei der Implementation berücksichtigt werden. Prozesse werden in allen Ländern aufgenommen und gemeinsam bewertet, vorbildliche Geschäftspraktiken (*Best practices*) werden identifiziert und zur Implementierung ausgewählt. Erst auf dieser Basis wird ein Mustersystem (*Template*) erstellt, das alle Länder abdeckt. Unverzichtbare Landesspezifika, die nicht im Katalog der ausgewählten Geschäftspraktiken enthalten sind, werden dabei zusätzlich je Land implementiert (zur Vorgehensweise im einzelnen vgl. [ReS97]). Zweifellos erhöht diese Vorgehensweise den zeitlichen und finanziellen Projektumfang in der Planungs- und Analysephase. Projekterfahrungen legen jedoch den Schluß nahe, daß eine Berücksichtigung der landesspezifischen Erfordernisse bereits in der Analyse- und Designphase einen insgesamt geringeren Aufwand nach sich zieht als die nachträgliche Realisierung derjenigen Systemmerkmale, die sich bei der Einführung oder gar erst im laufenden Betrieb der Landesgesellschaft als zusätzlich notwendig herausstellen. Im nachfolgend zitierten Fallbeispiel haben wir diese Vermutung einer ersten Prüfung unterzogen.

4 Fallbeispiel und Diskussion

Als Fallstudie betrachtet wurden die Personalkosten bei der Einführung des Systems SAP R/3 für die selbständig agierenden Landesgesellschaften eines führenden Unternehmens der Öl- und Gasindustrie in sechs westeuropäischen Ländern. Die Daten der Projektdurchführung nach Strategie 3 wurden direkt den Projektabrechnungen entnommen. Die Daten für die anderen Strategien wurden auf Basis von Vergleichsrechnungen ermittelt (vgl. ausführlich [ReS99]).

Im Fallbeispiel wurden gemäß Strategie 3 sowohl länderübergreifend gültige Prozesse erarbeitet als auch lokale Prozesse abgebildet. Mehr als die Hälfte des Budgets (55 Prozent) wurde für Vorhaben der länderübergreifenden Entwicklung eingesetzt. Landesspezifische, lokal durchgeführte Entwicklungsaufgaben stellten mit 45 Prozent jedoch ein fast ebenso großen Anteil dar. Länderübergreifende (*harmonisierte*) und lokale Anpassungen konzentrieren sich dabei auf unterschiedliche Erweiterungsarten. Zum großen Teil lokal realisiert wurden Schnittstellen und Auswertungen (*Reports*). Echte Erweiterungen des Systems dagegen wurden zu weiten Teilen zentral erstellt.

Durch Vergleichsrechnung wurde ermittelt, welchen Umfang das Projekt gehabt hätte, wenn alle Prozesse vollständig dezentral analysiert und implementiert worden wären (nach Strategie 1; vgl. zur Methode [ReS99]). Dabei wurden die im realen Projekt tatsächlich lokal durchführten Aufgaben mit ihren wirklichen Kosten berücksichtigt. Die in der Realität zentral durchgeführten Projektteile wurden dagegen so berechnet, als wären sie in jeder Landesgesellschaft separat geplant und durchgeführt worden. Zugrunde lagen dabei reale Zahlen aus anderen Projektteilen. Das Ergebnis war, daß der dezentrale Ansatz die Projektkosten trotz des stark verminderten Koordinationsaufwandes deutlich erhöht: der Mehraufwand beträgt 58 Prozent. *Ex post* eventuell notwendige Konsolidierungsprojekte wurden in dieser

Rechnung noch gar nicht berücksichtigt, sie würden den Aufwand noch weiter erhöhen. Der Grund für den höheren Gesamtaufwand ist vor allem in der nicht abgestimmten Mehrfachdurchführung von Änderungen zu sehen: wenn Prozesse nicht harmonisiert werden, entstehen eine Vielzahl von - ähnlichen - Anpassungen, die bei ausreichender Abstimmung von mehreren Landesgesellschaften hätten genutzt werden können.

Schließlich wurde eine Berechnung für Strategie 2 vorgenommen. Anhand der Prozesse einer Landesgesellschaft (die als Mustergesellschaft ausgewählt wurde) wird dabei zentral ein System eingerichtet, das anschließend in allen Ländern ohne Modifikation zum Einsatz kommen sollte. Falls in keinem Land Anpassungen eines zentral erstellten Systems notwendig wären, würden die Projektkosten diejenigen aller anderen Varianten zwar deutlich unterschreiten (in Fallbeispiel nur 46 Prozent der tatsächlichen Kosten). Je nach Zahl der *ex post* anzupassenden Länderprozesse erhöht sich jedoch der Gesamtaufwand. Die Projekterfahrung zeigt, daß solche Anpassungen in jedem Fall notwendig werden. Um die Sensitivität der Ergebnisse zu prüfen, wurden mehrere Varianten berechnet. Der Schwellenwert liegt bei etwa zwei Ländern mit Anpassungen, dann entsprechen die Kosten bereits denen der Strategie 3. Für die wahrscheinlich notwendigen Anpassungen in fünf Ländern überschreiten die Projektkosten deutlich diejenigen der Strategie 3 (62 Prozent höhere Projektkosten). Der Grund für die schnell anwachsenden Gesamtkosten ist in den relativ hohen Kosten von *ex post* Modifikationen zu sehen. Die Erstellung eines zentralen Templates ist zwar zunächst billiger, Anpassungen dieses Templates jedoch sind sehr teuer. So sind bspw. bei einer nachträglichen Modifikation nicht nur die Auswirkungen auf das aktuelle Land, sondern auch die auf alle anderen Länder zu prüfen - und das bei teilweise bereits eingeführten Systemen. Der beschriebene Effekt konnte bei einigen - in den Anfangsstadien des Projektes fehlgeschlagenen - zentralen Auslieferungen beobachtet werden.

5 Ausblick

Die Vergleichsrechnungen der Fallstudie unterstützen die Hypothese, daß die vorgestellte Strategie 3 insgesamt die erfolgversprechendste ist. Die Vergleichsrechnungen, von denen berichtet wurde, konnten allerdings nur ein erster Schritt zur Prüfung der Hypothese sein. Wünschenswert ist eine Ausweitung der Datenbasis auf möglichst viele Projekte, die verschiedene Strategien verfolgen. Die hier geprüfte Kostenwirksamkeit ist dabei noch nicht der einzige Grund, warum Strategie 3 gewählt werden sollte. An anderer Stelle wurde vorgestellt, wie Unternehmen mit dieser Vorgehensweise weitergehende Lernchancen wahrnehmen können (vgl. [ReS97]). Unserer Erfahrung nach entspricht Strategie 3 jedoch *nicht* dem Vorgehen in der Praxis, wo offenbar eine deutliche Mehrzahl von Projekten nach Strategie 2 oder Strategie 1 durchgeführt werden. Eine intensivere Beschäftigung mit diesem Thema erscheint daher in Forschung wie Praxis angezeigt.

Literatur

[Ben98] Benchmarking Partners: Realizing Business Benefits Using a Design-Phase Business Case, Benchmarking Partners, Cambridge, MA, 1998

[DGT98] S. Dischinger, J. Gallwas, O. Tomlinson (1998): Die globale SAP-Strategie der Hoechst Marion Roussel AG, in: M. Rebstock, K. Hildebrand (Hrsg.): SAP R/3 für Manager, ITP, Bonn, 1998, S. 233-249

[ReS97] M. Rebstock, J. Selig: Landesspezifische Geschäftsprozesse bei der Einführung von SAP R/3 in globalen Unternehmen, in: P. Wenzel (Hrsg.): Geschäftsprozeßoptimierung mit SAP R/3, 2. Aufl., Vieweg, Braunschweig/Wiesbaden, 1997, S. 1-20

[ReS99] M. Rebstock, J. Selig: Fallstudie: Einführungsstrategien und Projektkosten bei der Einführung von SAP R/3 in globalen Unternehmen, Arbeitspapier, Darmstadt/London, 1999

[SAP98] SAP AG: United for Success - Chemical Giant Tackles Major R/3 Project, in: *SAPInfo*, Nr. 58, 1998, S. 82-85

Entwicklung und Einführung eines "Vorgehensmodells für die Softwareentwicklung" bei der Helmut Mauell GmbH

von Andreas Frick

Abstract

Im Beitrag wird die Entwicklung, Einführung und Anwendung des Vorgehensmodells für die Softwareentwicklung der Helmut Mauell GmbH beschrieben. Nach einer Kurzdarstellung des Unternehmens werden die Grundlagen und Einflüsse der Entwicklung des Vorgehensmodells dargestellt. Anschließend werden die einzelnen Bestandteile des Vorgehensmodells erläutert. Zuletzt wird der Entstehungsprozeß beschrieben und über Erfahrungen berichtet.

1 Einleitung

Die Helmut Mauell GmbH gehört zu den weltweit führenden Unternehmen auf den Gebieten der Automatisierungstechnik für Kraftwerks- und Prozeßleittechnik, Netzleittechnik, Melde- und Registriersysteme, Mosaiksysteme und Wartentechnik sowie Seriengeräte.

In der Entwicklungsabteilung werden Projekte verschiedener Größenordnung bearbeitet (von wenigen Personenmonaten bis zu über 100 Personenjahren). Hierbei kann es sich einerseits um spezifische Kundenaufträge handeln, aber auch um umfangreiche, nicht auftragsspezifische Systementwicklungen. Der weitaus größte Teil der Entwicklungstätigkeit (> 80%) bezieht sich auf die Softwareentwicklung. Der kleinere Teil auf Hardwareentwicklung und auf Konstruktionsaufgaben.

Seitens der Softwaretechnik gilt es, verschiedene Anwendungsfelder zu beherrschen, die von den eingesetzten softwaretechnischen Mitteln und von der Methodik her unterschiedliche Anforderungen an den Entwicklungsprozeß, an die Entwick-

lungstechnologie und an die beteiligten Mitarbeiter stellen.
Diese Anwendungsfelder sind:

- Softwareentwicklung für Datenbanken
  (z.B.: Konfigurationssysteme, Protokollier- und Archivsysteme etc.)
- Softwareentwicklung für eingebettete verteilte Mikroprozessorsysteme
  (z.B.: zentrale und dezentrale Steuer- und Regeleinheiten, intelligente I/O-Karten, verteilte Bus- und Datenübertragungssysteme etc.)
- Softwareentwicklung für Bedien-, Beobachtungs- und Visualisierungssysteme

Die Helmut Mauell GmbH ist seit dem 28.02.1994 nach DIN ISO 9001 zertifiziert. Der Prozeß der Softwareentwicklung ist in einer entsprechenden Qualitätsmanagementverfahrensanweisung definiert. Über diese Verfahrensanweisung hinaus wurde es für notwendig erachtet, ein Vorgehensmodell für die Softwareentwicklung zu erstellen, das detaillierter auf den Prozeß der Softwareentwicklung eingeht. Insbesondere sollten Hilfsmittel für die Projektarbeit entwickelt und eingeführt werden, z.B. Implementierungsstandards, Strukturierungsvorschläge für Fach- und DV-Konzepte und für die Projektdokumentation, Checklisten für den Projektablauf und für die Überprüfung der Projektergebnisse sowie die Auswahl und Einführung von Standardmethoden und Werkzeugen.

2 Grundlagen und Einflüsse der Entwicklung des Vorgehensmodells

Die Grundlagen und Einflüsse der Entwicklung des Vorgehensmodells lassen sich in drei Bereichen darstellen:

(1) Fachliteratur und Erfahrungen anderenorts

Die Fachliteratur zum Themenbereich Vorgehensmodelle und Entwicklungsmethodik ist reichhaltig. Hier mangelt es auch nicht an praxisnahen und praxiserprobten Darstellungen (z.B. [Den91], [Sch92], [Fri95], [Ste95], [Bal96], [VM97], [Bal98],

[KMO98]). Die verschiedenen Modelle zur Bewertung der Prozeßreife (z.B. [HuW89], Überblick in [Bal98]) bieten ebenfalls wesentliche Denkanstöße für die Entwicklung eines Vorgehensmodells und helfen, Fehler zu vermeiden. Wichtig sind nicht zuletzt die verschiedenen Ansätze zur Softwarequalitäts-sicherung und zum Softwarequalitätsmanagement (z.B. [Wal90], [Dil95], [Wal95], [MHS98]) sowie die Literatur zur Methodik des Softwareengineering und zum allgemeinen sowie zum softwarespezifischen Projektmanagement.

Einen weiteren Fundus an Informationen stellen Normen und Standards dar sowie verschiedene Fachnormen, die je nach Anwendungsfeld vorliegen. In unserem Beispiel wurden verschiedene Standards des IEEE ([IEE93/1], [IEE93/2], [IEE96] u.a.), die Normen der ISO 9000-Familie (insbesondere die ISO 9000, Teil 3) sowie verschiedene Fachnormen ([DIN95], [DIN96] u.a.) mit in die Betrachtung einbezogen. Kritisch angemerkt sei hier, daß Modelle, die angeblich „... *organisationsneutral ... und überall einsetzbar sind* ... “ [VM97], in der Praxis nicht ungeprüft, ohne Anstrengungen und Anpassungen und vor allem nicht ohne Interpretationen übernommen werden können.

(2) Integration der Softwareentwicklung in die Gesamtabläufe des Unternehmens

Die Integration der Softwareentwicklung in die Lebenszyklen der verschiedenen Produkte des Unternehmens ist die wesentliche Perspektive, aus der heraus ein Vorgehensmodell für die Softwareentwicklung für ein spezifisches Unternehmen entwickelt werden muß.

In welcher Form laufen die Akquisitions-, Planungs- und Fertigungsprozesse ab? Wie gestaltet sich der Informationsfluß zwischen dem internen oder externen Kunden und dem Softwareentwicklungsteam? Wie werden Systemabnahmen und Übergaben durchgeführt und verantwortet? Wie wird projektspezifisch das Verfahren bei Änderungen festgelegt? Dies sind Beispiele für Fragen, die unternehmensindividuell und projektspezifisch einen unterschiedlichen Einfluß auf das Vorgehen haben. Für eine gegebene Organisation macht es somit Sinn, ein Vorgehensmodell zu entwerfen, das bezogen auf die eigene fach- und organisationsbezogene Problematik entwickelt wird.

(3) Erfahrungen im eigenen Unternehmen

Die Entwicklung eines Vorgehensmodells muß die Erfahrungen des Unternehmens berücksichtigen. Aus diesem Grund wurde der Entstehungsprozeß des Vorgehensmodells als Abstimmungsprozeß durchgeführt, mit dem Ziel, möglichst viel der vorhandenen Sachkompetenz und Erfahrungen der Mitarbeiter mit einzubeziehen. Das Konzept soll es ermöglichen, alle Mitarbeiter zu beteiligen, die qualifizierte und begründete Beiträge liefern können. Hierzu wurde ein spezifisches Konzept für die ergebnisorientierte Arbeit in Arbeitskreisen entwickelt.

Das Arbeitskreiskonzept

Die Entwicklung des Vorgehensmodells sollte von innen heraus und problembezogen erfolgen. Es wurde bewußt darauf verzichtet, eine projekt- und aufgabenfremde externe Gruppe (eine besondere, möglicherweise große Stabsgruppe oder ein externes Beratungsunternehmen) mit der Entwicklung des Vorgehensmodells zu beauftragen[1]. Des weiteren sollten die Ausgangspunkte der Arbeit immer die konkreten Probleme der Softwareentwicklung und der Projektabwicklung sein, die durch entsprechende Hilfen, Methoden, Standardisierungen, Checklisten etc. durch das Vorgehensmodell unterstützt werden sollen.

Die in die Arbeitskreise berufenen Mitarbeiter zeichneten sich durch besondere Erfahrungen und durch Engagement zum jeweiligen Themengebiet aus. Sie wurden offiziell in die Arbeitskreise berufen und galten somit im Unternehmen als Ansprechpartner mit der Aufgabe, den Informationsaustausch zum jeweiligen Themengebiet zu fördern und die informelle Diskussion zu suchen[2].

---

1 Extern entwickelte Vorgaben und Vorschriften werden von den Betroffenen oft als Besserwisserei und wenig praxisorientiert eingestuft. Verschiedene Untersuchungen weisen auf die Vorteile von Selbstorganisation und Eigenverantwortung im Zusammenhang mit der Eigengestaltung der Arbeitsabläufe und der Wahl der Arbeitsmittel hin (z.B. [PeW82] u.a.).

2 Die informelle Diskussion im Unternehmen zu den Fragen der Organisation des Entwicklungsprozesses wurde ausdrücklich gewünscht und gefördert. Hiermit wurde das Ziel verfolgt, die Etablierung von Netzwerken zu unterstützen, deren Ergebnisse faßbar zu machen und in die offiziellen Organisationskonzepte zu integrieren (vgl. [BoD98] u.a.).

Durch dieses Konzept konnte es vermieden werden, eine spezielle, dauerbesetzte Gruppe ohne Projektbezüge für die Gestaltung der Entwicklungsabläufe zu etablieren (vgl. Humphreys Software-Prozess-Engineering-Group [HuW89]). Es handelte sich also um eine „virtuelle“, „dynamische“ und stets praxisbezogene Software-Prozeß-Gruppe.

Neben kurzfristigen Arbeitskreisen, z.B. zur Entwicklung von Implementierungsstandards, wurde die Gesamtentwicklung des Vorgehensmodell vor allem durch zwei Arbeitskreise getragen:

Arbeitskreis "Vorgehen und Organisation"

Der Fokus des Arbeitskreises "Vorgehen und Organisation" lag in erster Linie in der Gestaltung des Entwicklungsprozesses und den damit verbundenen Bereichen Vorgehensmodell, Projektmanagement und Außenbeziehungen.

Im Vorgehensmodell sollten die folgenden Elemente verankert werden: Phasen der Entwicklung; Reihenfolge der Bearbeitung der einzelnen Entwicklungsschritte (Software-Lebenszyklus-Planung); Phasenergebnisse; Verantwortlichkeiten und phasenbegleitende Elemente, z.B. Kalkulationsverfahren, Berichtswesen, Versionierungsverfahren, Integration der Review-Technik etc.

Das Vorgehensmodell sollte weiter ein auf Softwareentwicklungsprojekte abgestimmtes Projektmanagement beinhalten, das die folgenden Aspekte des Projektmanagements umfaßt: Projektplanung (Software-Lebenszyklus-Planung am Vorgehensmodell), Projektziele, Projektplan, Projektberichtswesen, Änderungen des Projektverlaufs, Projektabschluß.

Die Entwicklungsabteilung der Firma Helmut Mauell hat unterschiedliche interne und externe Kunden bzw. Zulieferer. Im Arbeitskreis sollten deren Anforderungen bei der Gestaltung des Vorgehensmodells berücksichtigt werden (z.B. Zusammenarbeit mit anderen Abteilungen im Rahmen der Projektarbeit, Berücksichtigung des Qualitätsmanagementhandbuches und der zugehörigen Verfahrensanweisungen, Anforderungen bei der Vergabe von Aufträgen etc.)

In den Arbeitskreis wurden vornehmlich Mitglieder mit Erfahrung in verantwortungsvoller Position berufen, die kompetent und in der Lage sind, entsprechende Konzepte zu entwickeln und diese auch in der Praxis umzusetzen.

Arbeitskreis "Software-Technik"

Der Fokus des Arbeitskreises "Software-Technik" lag in erster Linie in der inhaltlichen, technologischen und methodischen Gestaltung des Entwicklungsprozesses. Hier galt es, den Entwicklungsprozeß mit konkreten Ergebnisstrukturen zu unterlagern sowie einzusetzende Technologien zu bewerten und praktikable Einführungsstrategien zu entwickeln.

Für die Phasen Analyse, Spezifikation, Entwurf, Implementierung, Integration und Test sollten entsprechende Methoden/Techniken ausgewählt und beschrieben werden. Da das Unternehmen für verschiedene Anwendungsklassen entwickelt (Echtzeitsysteme, Visualisierungssysteme, Konfigurationssysteme etc.), sollten gegebenenfalls verschiedene Methoden/Techniken ausgewählt werden. Im Arbeitskreis wurden daher verschiedene Spezifikations- und Entwurfsansätze verglichen und bewertet. Es wurde untersucht, welche Technologien angewendet werden können und welche Maßnahmen die Einführung dieser Technologien begleiten sollen.

In den Arbeitskreis wurden vornehmlich Spezialisten mit langjähriger Projekt- und Technologieerfahrung berufen, die kompetent und in der Lage sind, spezifische technische Fragen zu klären sowie Methodik und Technologie zu bewerten.

3 Das Vorgehensmodell für die Softwareentwicklung

Die Ergebnisse der gemeinsamen Arbeit wurden im Vorgehensmodell für die Softwareentwicklung auf insgesamt 117 Seiten in 12 Kapiteln und 7 Anhängen dokumentiert[3] [FrM97].

Das Vorgehensmodell unterstützt das Konzept des Software-Engineering als ein an ingenieurmäßige Methoden und Verfahren angelehntes Konzept zur Strukturierung der Entwicklungstätigkeiten und zur Unterlegung des Entwicklungsprozesses mit Ergebnissen. Das sind spezifische Entwicklungs- und Organisationskonzepte (z.B.

---

[3] Das Vorgehensmodell wird im Unternehmen sowohl in Papierform (Handbuch) als auch über das Intranet zur Verfügung gestellt. Die verschiedenen Checklisten, Strukturierungsvorschläge oder Berichte liegen in Form von MS-Word Dokumenten und Vorlagen vor.

die Definition eines idealtypischen Reviewverlaufes und der Reviewergebnisse), Methoden, Techniken und Hilfsmittel für die Softwareentwicklung (z.B. Strukturierungsvorschläge für Fach- und DV-Konzepte) sowie eine Festlegung der Verantwortlichkeiten für die verschiedenen Zwischen- und Endergebnisse (z.B. die Definition der Rolle des „Chef-Designers" als Hauptverantwortlicher für den Softwareentwurf, der damit verbundenen Dokumentation sowie der Planung der Systemintegration).

Das Vorgehensmodell teilt den Prozeß der Softwareentwicklung in acht Phasen (siehe Abb.1). Jede Phase beschreibt eine Kernaufgabe im Softwareentwicklungsprozeß, über deren Durchführung spezifische Ergebnisse erstellt werden. Neben dem lauffähigen Programm besteht ein Softwareprodukt somit aus den Ergebnissen aller Entwicklungsphasen, also auch aus Planungsunterlagen, Softwarespezifikation, Benutzerdokumentation etc. Abhängig vom jeweiligen Projektumfang ist es möglich, ein spezifisches Vorgehen sowie spezifische Zwischen- und Endergebnisse festzulegen.

Die Bearbeitung der einzelnen Phasen kann nicht isoliert betrachtet werden. Vielmehr bedingen und beeinflussen sich die Ergebnisse verschiedener Phasen in mehrfacher Hinsicht. Nahe beieinander liegende Phasen werden oft gleichzeitig bearbeitet, mit dem Schwerpunkt auf einer bestimmten Phase (siehe Abb. 2). Hinzu kommt, daß die Entwicklungsergebnisse i.d.R. mehrere Überarbeitungszyklen durchlaufen. Denn mit fortschreitender Entwicklung werden Erkenntnisse gewonnen, die in die Vorgaben vorlaufender Phasen eingearbeitet werden müssen. Ein Rücksprung in bereits abgeschlossene Phasen zur Überarbeitung der dort erstellten Ergebnisse läßt sich somit nicht immer vermeiden.

Der in Abb. 2 grob dargestellte zeitliche Verlauf eines typischen Projektes ist das Ergebnis eigener Beobachtungen und Bewertung. Er wird unseres Erachtens in der

Praxis am häufigsten eingesetzt[4]. Er bietet sich immer an, wenn Projekte mit einem klaren Anfang (Vertragsunterzeichnung) und Ende (Abnahmetermin) vorliegen.

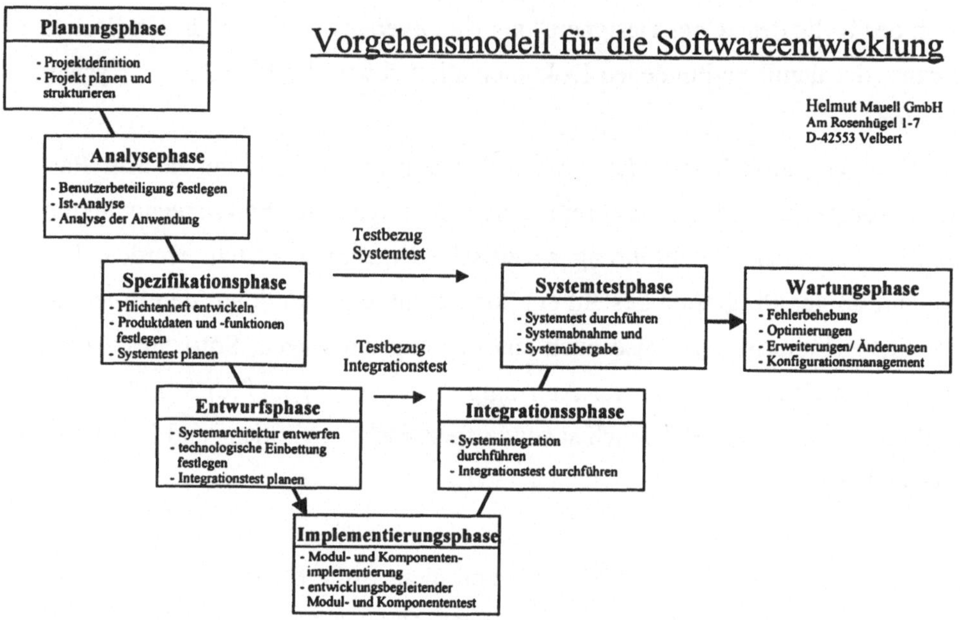

Abbildung 1: Vorgehensmodell für die Softwareentwicklung

Das bedeutet selbstverständlich nicht, daß wir auf die Vorteile inkrementeller Entwicklungsansätze verzichten. Selbst ohne den Einsatz objektorientierter Technik wird z.B. im Bereich der Systementwicklung seit vielen Jahren inkrementell entwickelt und mit jeder neuen Version neue Funktionalität zur Verfügung gestellt, was die stetige Überarbeitung vieler Entwicklungsergebnisse mit sich bringt. Der integrierte Ansatz der objektorientierten Technik vereinfacht in diesem Zusammenhang ohne Zweifel den Gesamtablauf.

4 Verschiedene Veröffentlichungen bestätigen diesen Sachverhalt (z.B. [Gro92], [PoB93], [Lit95], [Win96]). Der "unified software development process" beschreibt die Aufwandsverteilung und den typischen zeitlichen Projektverlauf in ähnlicher Weise ([JBR99]).

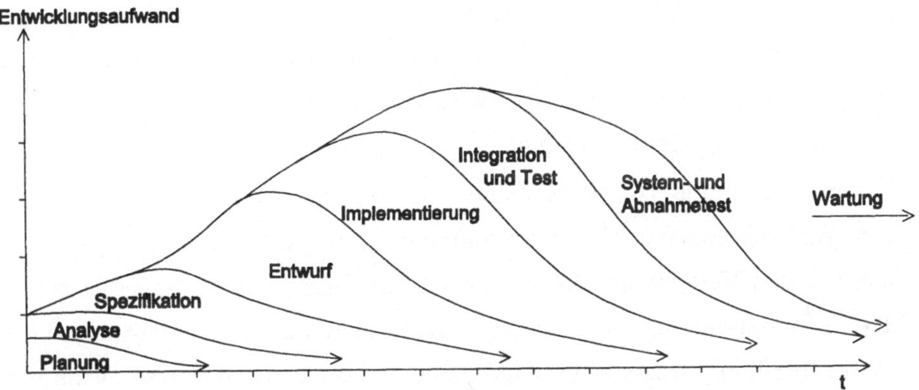

Abbildung 2: Realer Entwicklungsverlauf

Nachfolgend soll (verkürzt) dargestellt werden, welche *Aufgaben* in den einzelnen Phasen des Entwicklungsprozesses wahrgenommen werden müssen und zu welchen *Ergebnissen* sie führen.

Die Planungsphase

Im Rahmen der Planungsphase werden im Vorgehensmodell folgende Themenbereiche im einzelnen beschrieben: Anforderungen an die Projektdefinition (Festlegung der Voraussetzungen für den Projektstart); Anforderungen an die Projektstrukturierung (Projektstrukturplan, Arbeitspaketbeschreibung); Anforderungen an die Aufwands- und Terminplanung sowie an die Meilenstein- und Reviewplanung; Festlegen der Projektorganisation (wie wird sie dokumentiert, Berichtswege etc.); Anforderungen an die Vorgehens- und Ergebnisplanung, d.h. Festlegen des Vorgehens und der einzelnen Ergebnisse über den gesamten Entwicklungsprozeß (Methodenwahl, wozu kann welche Methode eingesetzt werden? etc.); Anforderungen an die Projektdokumentation (z.B. durch Strukturierungsvorschläge).

Die Analysephase

Bei jedem Softwareentwicklungsprojekt treffen i.d.R. zwei Fachgebiete aufeinander. Da ist zunächst das Gebiet der Soft- und Hardwaretechnik selbst, woraus sich die Möglichkeiten und Grenzen für das geplante System ergeben. Des weiteren ist immer ein Anwendungsgebiet beteiligt. In der Auseinandersetzung des Entwicklungsteams mit dem Anwendungsgebiet bzw. dem Auftraggeber wird das Softwaresystem kreiert. Je optimaler diese Zusammenarbeit gestaltet wird, desto besser wird das Gesamtergebnis ausfallen. Aus diesem Grund steht die Festlegung und die Gestaltung der Zusammenarbeit zwischen Auftraggeber und Entwicklungsteam in der Analysephase oben an.

Weiter werden folgende Themenbereiche für die Analysephase im einzelnen beschrieben: Anforderungen an die Organisation des Analyseprozesses (konkrete Ansprechpartner und Verantwortlichkeiten beim Auftraggeber bzw. Benutzer aufzeigen, klare Informationswege schaffen etc.); Anforderungen an die Ist-Analyse (Ist-Zustandsbeschreibung, Analyse der Altsysteme, Schwachstellenanalyse, wann wird sie eingesetzt etc.); Analyse der Anwendung (Darstellung möglicher Quellen der Informationserhebung und verschiedener Analysetechniken, z.B. Anwenderbefragungen, Anwenderberichte, Workshops, Prototyping etc.).

Die Spezifikationsphase

Die in der Analysephase zusammengetragenen Anforderungen ergeben aus der Sicht des Anwenders eine deutliche Beschreibung seiner Forderungen. Aus der Sicht derer, die daraus ein Softwaresystem zu entwickeln haben, erscheinen sie allerdings verschwommen, widersprüchlich und unvollständig. Aufgabe der Spezifikationsphase muß es also sein, die informellen Anforderungen aus der Analyse eindeutig, konsistent und vollständig in der Systemspezifikation festzuschreiben. Die Systemspezifikation ihrerseits besteht aus dem Pflichtenheft und den Produktmodellen (den Ergebnissen spezifischer Spezifikationsmethoden, z.B. einem Strukturierte-Analyse-Modell oder auch einem Klassenmodell).

Im Rahmen der Spezifikationsphase werden im Vorgehensmodell folgende Themenbereiche im einzelnen beschrieben: Aufzeigen und Festlegen der Methoden und Techniken zur Spezifikation von Daten, Funktionen, von dynamischem Verhalten, von Schnittstellen sowie Festlegung der anzuwendenden objektorientierten Methoden; Aufzeigen der Einsatzmöglichkeiten der beschriebenen Methoden; Aufzeigen der Struktur und des Inhaltes von Pflichtenheften; Verfahren zur Freigabe von Pflichtenheften; Anforderungen an die Planung der Produktdokumentation; Anforderungen an die Planung des abschließenden Systemtests und der Abnahme.

Die Entwurfsphase

In der Entwurfsphase wird das System konstruiert. Aufgabe des Entwurfes ist es, aus den in der Systemspezifikation beschriebenen Anforderungen eine Lösung im Sinne einer Softwarearchitektur zu entwickeln. Die Architektur eines Softwaresystems läßt sich als die Summe der ihr innewohnenden softwaretechnischen Konstruktionselemente (Programme, Daten, Prozesse, Objekte etc.) sowie deren Aufbau und Zusammenwirken definieren.

Im Rahmen der Entwurfsphase werden im Vorgehensmodell folgende Themenbereiche im einzelnen beschrieben: Aufzeigen des Entwurfsprozesses; Aufzeigen und Festlegen der Methoden und Techniken für den Softwareentwurf; Aufzeigen der Einsatzmöglichkeiten der beschriebenen Methoden; Aufzeigen der Struktur und des Inhaltes der Softwareentwurfsbeschreibung; Aufzeigen der Dokumentationsmöglichkeiten für den statischen sowie den dynamischen Entwurf; Anforderungen an die Planung der Systemintegration und des Integrationstestes.

Implementierungsphase

Ziel der Implementierungsphase ist es, den Programmcode zu entwickeln, der die Funktionen, Daten und ggf. die Objekte gemäß den Konstruktionsunterlagen aus der Softwareentwurfsbeschreibung implementiert. Hierbei liegt der Schwerpunkt auf der Konzeption von Algorithmen und Datenstrukturen, die die gewünschte Funktionalität zur Verfügung stellen.

Im Rahmen der Implementierungsphase werden im Vorgehensmodell folgende Themenbereiche im einzelnen beschrieben: Festlegung von Implementierungsstandards; Anforderungen an die Strukturierung des Programmsystems; Anforderungen an die Organisation der Implementierungsumgebungen.

Die Testphasen

Die Bedeutung des Tests als zentrale Qualitätssicherungsmaßnahme im Zuge der Softwareentwicklung kann gar nicht genug betont werden. Trotz aller Bemühungen im Vorfeld - präzise Spezifikation, guter Entwurf, Strukturierte Programmierung etc. - ist ein detaillierter Test unerläßlich.

Im Zuge der Systementwicklung müssen drei Testebenen unterschieden werden, die besonders bei der Realisierung von großen Projekten besonders hervortreten:

- Entwicklungsbegleitender Modul- und Komponententest
- Integrationstest
- Systemtest

Im Vorgehensmodell sind die Anforderungen an die Planung, Durchführung und Dokumentation der verschiedenen Tests dargestellt.

Betrieb und Wartung

Die Wartungsphase beginnt mit der Auslieferung der ersten Version des Systems. Mit Beginn der Wartungsphase stehen eine Reihe von zusätzlichen Aufgaben an. Diese sind: Fehlerbehebung, Optimierung sowie die Durchführung von Änderungen und Erweiterungen. Die entsprechenden Verfahren hierzu sind zum Teil im Vorgehensmodell beschrieben zu einem anderen Teil bereits durch das Qualitätsmanagementhandbuch festgelegt (z.B. Fehlerbehebung und -verfolgung).

In weiteren phasenunabhängigen Kapiteln werden die Anforderungen und Verfahren für das Konfigurationsmanagement sowie für eine auf Software bezogene Qualitätssicherung beschrieben.

4 Der Entstehungsprozeß

Entwicklung

Das Vorgehensmodell für die Softwareentwicklung ([FrM97], [Fri97]) wurde im Zeitraum von März '96 bis Juli '97 entwickelt. Mit der Entwicklung des Vorgehensmodells wurden auch die notwendigen Entscheidungen zur Entwicklungsmethodik (Spezifikations- und Entwurfsmethoden) getroffen. Ein entsprechender Auswahlprozeß für CASE-Systeme (Computer Aided Software Engineering) wurde im Zeitraum von April '96 bis Dezember '96 durchgeführt (ebenfalls im Rahmen eines Arbeitskreises).

An der Entwicklung des Vorgehensmodells waren maßgebliche Mitarbeiter des Unternehmens beteiligt. Die Arbeit in den Arbeitskreisen wurde von den Arbeitskreismitgliedern mit den Mitarbeitern des Unternehmens diskutiert und vorbereitet. Dieser Umstand führte zum einen zu einer adäquateren Lösung, zum anderen wurden dadurch die Voraussetzungen für die Akzeptanz des Vorgehensmodells und der begleitenden Maßnahmen (CASE-Einführung, Schulungen) geschaffen.

Der begleitende informelle Informations- und Diskussionsprozeß war ausdrücklich gewünscht. Durch den zuständigen Projektleiter wurde immer und uneingeschränkt eine Politik der offenen Tür betrieben. Eine zwar anstrengende, aber für den Projekterfolg wichtige Strategie war es, auch und gerade kritische Mitarbeiter anzusprechen, sie an den Diskussionen und in den Arbeitskreisen zu beteiligen. Die kritischen Anmerkungen und Einwände konnten so in der Fachdiskussion berücksichtigt werden und traten nicht in der Einführungsphase in Form von "Widerstand" auf. Nicht selten wurden dadurch die Ergebnisse der Arbeitskreise auf den notwendigen "Praxislevel" zurückgeholt. Die Entwicklung des Vorgehensmodells war somit ein wesentlicher Bestandteil der Einführung.

Einführung

Die Einführung des Vorgehensmodells wurde durch innerbetriebliche Fortbildungsveranstaltungen zu den Themen "Vorgehensmodell für die Softwareentwicklung", "Spezifikationstechnik" und "Entwurfstechnik" begleitet und wurde im Zeitraum von Juli '97 bis November '97 durchgeführt. Die CASE-Einführung wurde mit einem dreistufigen Konzept über einen Zeitraum von drei Jahren geplant und bereits im Dezember '96 gestartet. Im Rahmen der CASE-Einführung wurden die Mitarbeiter in den ausgewählten Methoden und Werkzeuge systematisch geschult.

Während der Einführung hatten die Arbeitskreismitglieder ausdrücklich die Aufgabe, die Anwendung des Vorgehensmodells zu unterstützen, indem sie als Ansprechpartner zur Verfügung standen (es waren auch ihre eigenen Arbeitsergebnisse, die nun den Praxistest bestehen mußten). Mit der Einführung des Vorgehensmodells stand auch die Review-Technik zur Verfügung. Gerade in der frühen Phase der Nutzung des Vorgehensmodells wurden die Mitarbeiter aus den Arbeitskreisen verstärkt als Reviewer, Moderator und Protokollführer in Reviewsitzungen eingesetzt. Durch den gemeinsamen Gestaltungsprozeß und die breite

Diskussion der einzelnen Themenbereiche sind bei der Einführung nur vereinzelt Widerstände aufgetreten.

Anwendung

Für die Abwicklung von neuen Projekten ist die Anwendung des Vorgehensmodells vorgeschrieben. Bei Erweiterungen und Veränderungen an bestehenden Projekten ist das Vorgehensmodell situativ anzuwenden. In laufenden Projekten erfolgen selbstverständlich keine Restrukturierungsmaßnahmen bezüglich der verwendeten Konzepte zur Strukturierung von Informationen. Hinter dem Konzept des Software-Engineering steckt ja "nichts weiter" als die Darstellung von sinnvollen Konzepten zur Strukturierung von Informationen auf den verschiedenen Ebenen des Entwicklungsprozesses. In laufenden Projekten existieren immer bestimmte Verfahren zur Strukturierung von Informationen (wie sinnvoll sie auch immer sein mögen). Diese aber neu zu strukturieren, würde einer Neuentwicklung gleichkommen, was im Regelfall nicht in Betracht gezogen werden kann.

Erfahrungen

Die bis zum jetzigen Zeitpunkt gesammelten Erfahrungen lassen sich wie folgt beschreiben:

- Einführung ist unverzichtbar
  Die Einführung eines Vorgehensmodells für die Softwareentwicklung wird als unverzichtbar angesehen. Ohne z.B. eine genaue Abgrenzung zwischen Spezifikation und Entwurf ist auch der Einsatz moderner Softwaretechnik (CASE) wenig erfolgversprechend; das gilt auch für den Bereich der Objektorientierung.
- Beteiligung
  Die Beteiligung der Mitarbeiter an der Entwicklung des Vorgehensmodells wird für das Ergebnis als positiv und für die Einführung als notwendig erachtet.
- Begriffsbildung
  Trotz aller Bemühungen ist das Fachgebiet der Informatik nach wie vor durch eine fast beliebig scheinende Sinnbelegung und Interpretation von allgemeinen

Begriffen und von Fachbegriffen gekennzeichnet. Durch das Vorgehensmodell werden Kommunikationshemmnisse abgebaut und Reibungsverluste minimiert.

- Checklisten und Strukturierungsvorschläge
  Für die Arbeit in der Praxis sind Checklisten und Strukturierungsvorschläge z.B. für den Aufbau und Inhalt von Pflichtenheften wichtig und werden oft nachgefragt. Dies veranlaßt zu der Annahme, daß nicht schlüssig ausgefeilte, theoretisch fundierte und umfangreiche Software-Engineering-Modelle benötigt werden, sondern eher Hilfsmittel für Teilschritte und Teilaufgaben der täglichen Arbeit. Die in den Strukturierungsvorschlägen gezeigten Beispiele (wie sieht z.B. ein Projektstrukturplan aus) müssen praxisrelevant und aussagekräftig sein. Die in Studienbüchern und Fortbildungen dargestellten "Schulbeispiele" sind für die Arbeit in der Praxis weniger geeignet; sie werden auch nicht nachgefragt.
- Randbedingungen
  In der Praxis kann i.d.R. niemand "auf der grünen Wiese" anfangen. Viele Projekte bauen auf bereits bestehenden Systemen und Ergebnissen auf. Es ist somit notwendig, Vorgehensmodelle so zu formulieren, daß sie auch zum Teil anwendbar sind und Nutzen bringen, z.B. darf die Anwendung einer Methode nicht zwingend vorgeschrieben sein, sondern es sollten lediglich die Voraussetzungen für die Anwendung einer Methode aufgezeigt werden und die Möglichkeiten für die Anwendung einer Methode geschaffen werden. Die Entscheidung für oder gegen die Anwendung bleibt im Projekt. Auch sollte es möglich sein, Teile des Vorgehensmodells zu nutzen und auf andere Teile zu verzichten, wenn bestimmte Bedingungen (z.B. Kundenwünsche) dazu zwingen.
- Informatik und Wirtschaft
  Die Software-Engineering-Modelle dürfen nicht nur aus der informatikfachlichen Perspektive heraus gestaltet werden, sondern benötigen weitere Perspektiven. Aus der Informatik heraus lassen sich recht leicht viele Argumente für ein "optimales" Vorgehen aufzählen. In der Praxis liegen i.d.R. spezifische

wirtschaftliche Rahmenbedingungen vor, die nur bedingt variabel sind. So stehen oft Kostenziele und Termine frühzeitig fest und auch die Randbedingungen für die Gestaltung der Analysetätigkeiten (z.B. Art und Umfang der Zusammenarbeit mit dem Kunden und Qualität der Vorgaben). Das in der Praxis schon einmal "nicht informatik-optimal" vorgegangen wird, liegt nicht, wie so oft zu lesen, am Unwillen oder Unverständnis des Managements, sondern ganz einfach an den teilweise sehr harten Bedingungen des Marktes.

- Psychosoziale Aspekte
  Der Praktiker weiß, daß ein Großteil der Probleme der Softwareentwicklung nicht technischer Natur sind, sondern 3K-Probleme (Kommunikation, Kooperation, Koordination). Viel zu leichtfertig werden diese Probleme von den Informatikern unter der Bezeichnung "Politik" beiseite geschoben und somit aus der Betrachtung entlassen. Sollte doch gerade der Informatiker wissen, daß Information nicht mit Kommunikation gleichzusetzen ist (er hat das Wort Information immerhin in seiner Berufsbezeichnung stehen). Der Informatiker darf den Schwerpunkt seiner Aufgaben nicht nur in der Softwareentwicklung suchen, vielmehr muß er sich heute als Informations- und Kommunikationsdienstleister verstehen, und sich in die Lage versetzen, andere Menschen (Kunden wie Mitarbeiter) bei ihren Problemen und Erfahrungen abzuholen, um mit ihnen zusammen einen Gestaltungsprozeß in Gang zu setzen.
  Wie man Kommunikationsprozesse unterstützen und effektiv gestalten kann, haben andere Fachbereiche (Kommunikationswissenschaften, Psychologie, Soziologie) bereits gründlich erforscht. Die zukünftige Methodenentwicklung und die Entwicklung von Vorgehens- und Managementmodellen für die Softwareentwicklung muß diese Ergebnisse stärker als bisher berücksichtigen und in ihre Arbeiten integrieren. Echte Integrationsansätze hierzu finden sich heute nur vereinzelt (z.B. [Pas94]) und haben in der Praxis keine nennenswerte Verbreitung gefunden. Dabei lassen sich deutliche Bezüge zwischen den phasenbezogenen Aufgaben in der Softwareentwicklung und den zugehörigen psychosozialen Prozessen in der Entwicklung herstellen (z.B. [KnK98]).

5 Zusammenfassung

Die Entwicklung und Einführung von Vorgehensmodellen in der hier beschriebenen Weise durchzuführen hat sich zumindest in unserem Unternehmen als sehr nützlich und effektiv erwiesen. Wir vertreten die Auffassung, daß es das „allgemeingültige und überall einsetzbare Vorgehensmodell von der Stange“ nicht gibt. Das konkrete Vorgehen in einem Unternehmen ist von sehr vielen Faktoren abhängig. Die Modelle, die für sich in Anspruch nehmen, überall anwendbar zu sein, haben einen so großen Allgemeinheitsgrad, daß die Mitarbeiter nicht mehr bei ihren konkreten Problemen abgeholt werden (dies war einer unserer wesentlichen Ausgangspunkte).

Die positiven Erfahrungen mit der Entwicklung des Vorgehensmodells für die Softwareentwicklung haben zu weiteren Projekten dieser Art geführt. Erst kürzlich haben wir die Entwicklung eines Vorgehensmodells für die Hardwareentwicklung abgeschlossen. Und seit einiger Zeit läuft ein Projekt mit dem Ziel, das Projektmanagement grundsätzlich neu zu gestalten.

Abschließend möchte ich feststellen, daß jedes Unternehmen seinen individuellen Mittelweg finden muß zwischen Standardisierung durch Vorgehensmodelle, Richtlinien etc. einerseits und Offenheit für kreatives und situatives Problemlösen andererseits. Zu viel Freiraum ist ebenso schädlich für den Projekt- bzw. Unternehmenserfolg wie zu wenig Freiraum und Entwicklungsbürokratie.

Literatur

[Bal96] Balzert H., Lehrbuch der Software-Technik, Band 1, Software-Entwicklung, Spektrum Akademischer Verlag, Heidelberg, Berlin, Oxford, 1996

[Bal98] Balzert H., Lehrbuch der Software-Technik, Band 2, Software-Management, Software-Qualitätssicherung, Unternehmensmodellierung, Spektrum Akademischer Verlag, Heidelberg, Berlin, Oxford, 1998

[BoD98] Boos Frank, Doujak Alexander, Komplexe Projekte, in Komplexität managen, Strategien, Konzepte und Fallbeispiele, Heinrich W. Ahlemeyer,

Roswita Königswieser, FAZ GmbH, Frankfurt am Main, 1998, Gabler, 1998

[Den91] Denert Ernst, Software-Engineering, Springer-Verlag, Berlin, Heidelberg, 1991

[Dil95] Dilg P., Praktisches Qualitätsmanagement in der Informationstechnologie, Von der ISO 9000 zum TQM, Carl Hanser-Verlag, 1995

[DIN95] DIN IEC 65A/180/CD, Funktionale Sicherheit, Sicherheitssysteme, Teil 2: Anforderungen an programmierbar elektronische Systeme, 10/95

[DIN96] DIN IEC 65A/181/CDV, Funktionale Sicherheit, Sicherheitssysteme, Teil 3: Anforderungen an Software, 02/96

[Fri95] Frick Andreas, Der Software-Entwicklungs-Prozeß - Ganzheitliche Sicht, Carl Hanser Verlag, München, Wien, 1995

[Fri97] Frick Andreas, Softwareentwicklung bei der Helmut Mauell GmbH, Artikel in der Firmenzeitschrift Mosaik 2 / 97 der Helmut Mauell GmbH

[Fri99] Frick Andreas, Vortrag: Entwicklung und Einführung eines Vorgehensmodells für die Softwareentwicklung bei der Helmut Mauell GmbH, Fraunhofer IRB Verlag, Vorgehensmodelle, Prozeßverbesserung und Qualitätsmanagement, 6. Workshop der GI-Fachgruppe 5.1.1 Vorgehensmodelle für die betriebliche Anwendungsentwicklung, Universität Kaiserslautern, 19. und 20. April 1999

[FrM97] Frick Andreas, Helmut Mauell GmbH (Hrsg.), Vorgehensmodell für die Softwareentwicklung, Helmut Mauell GmbH, 1997

[Gro92] Großjohann Rolf, Management der Anwendungsentwicklung bei Volkswagen, in: German Chapter of the ACM, Bericht 36, Wirtschaftlichkeit von Software-Entwicklung und –Einsatz, S.78 ff., Schweiggert Franz (Hrsg.), 21.-22. September 1992, Teubner, Stuttgart 1992

[HuW89] Humphrey, Watts S.: Managing the Software Process, Addison Wesley, 1989

[IEE93/1] IEEE Std. 1016.1-1993, Guide to Software Design Descriptions

[IEE93/2] IEEE Std. 1058.1-1984, Standard for Software Project Management Plans (Revision 1993)

[IEE96] IEEE Std. 1233-1996, Guide for Developing System Requirement Specification

[JBR99] Jacobson Ivar, Booch Grady, Rumbaugh James, The Unified Software Development Process, Addison Wesley, 1999

[KMO98] Kneuper, R.; Müller-Luschnat, G.; Oberweis, A. (Hrsg.), Vorgehensmodelle für die betriebliche Anwendungsentwicklung, Teubner, 1998

[KnK98] Knoell H.D., Kraan J., Der Mensch im Software-Projektmanagement - ein unterschätzter Erfolgsfaktor, Schriftenreihe des IAW, Nr. 10, 1998

[Lit95] Litke Hans P., Projektmanagement, Methoden, Techniken, Verhaltensweisen, Carl Hanser Verlag, 1995

[MHS98] Mellis W., Herzwurm G., Stelzer D., TQM der Softwareentwicklung, Mit Prozeßverbesserung und Change Management zu erfolgreicher Software, Vieweg, 1998

[Pas94] Pasch Jürgen, Softwareentwicklung im Team, Mehr Qualität durch das dialogische Prinzip bei der Projektarbeit, Springer Verlag, Berlin, Heidelberg, 1994

[PeW82] Thomas J. Peters, Robert H. Waterman, Auf der Suche nach Spitzenleistung, Was man von den bestgeführten US-Unternehmen lernen kann, 1982, 7. Auflage, mvg-Verlag, 1998

[PoB93] Pomberger Gustav, Blaschek Günther, Software Engineering, Prototyping und objektorientierte Softwareentwicklung, Carl Hanser Verlag, 1993

[Sch92] Schach Stephen R., Practical Software Engeneering, 1992

[Ste95] Steinweg Carl, Praxis der Anwendungsentwicklung, Wegweiser erfolgreicher Gestaltung von IV-Projekten, Vieweg, 1995

[VM97] V-Modell der Koordinierungs- und Beratungsstelle der Bundesregierung für Informationstechnik in der Bundesverwaltung (im Internet immer aktuell)

[Wal90] Wallmüller Ernst, Software-Qualitätssicherung in der Praxis, Carl Hanser-Verlag, 1990

[Wal95] Wallmüller Ernst, Ganzheitliches Qualitätsmanagement in der Informationsverarbeitung, Carl Hanser-Verlag, 1995

Erfahrungen und Empfehlungen aus dem Management eines Euro-Projektes einer Großbank

Florian Harrer

Abstract

Die "Euro-Umstellung" ist ein außergewöhnliches *Wartungs-* und *Entwicklungsprojekt*. Es werden einschlägige Erfahrungen aus dem Finanzdienstleistungssektor dargestellt und Empfehlungen abgeleitet.

Zunächst wird die strategische Positionierung des Euro seitens der Geschäftsführung und der Fachabteilungen erörtert einschließlich der Fragestellungen des Einsatzes von (bzw. einer Migration auf) Standard-Software sowie der anzustrebenden Umstellungs-Termine und -Verfahren. Dann werden aufbau- und ablauforganisatorische Aspekte des Projektes diskutiert und Vorschläge für die operative Projekt-Abwicklung unterbreitet. Zentrale Themen in der Diskussion der Euro-Umstellungen und deren Anforderungen an die Software-Wartung sind die Fachkonzepte, die Teststrategie und die Berücksichtigung einer möglicherweise erforderlichen Rückumstellung auf die DM. Schließlich werden als konkrete technische Einzelthemen die Datenhaltung und das Problem der Rundungsdifferenzen erörtert.

1 Einleitung

Auf den ersten Blick - und vermutlich den Blick eines kostenbewußten Top-Managements - stellt sich die Euro-Umstellung als ein nahezu ***triviales Problem*** dar, bei dem mit einem ein für allemal festgeschriebenen Umrechnungskurs an jeder Systemeingabe- und -ausgabeschnittstelle wunschgemäß entweder DM oder Euro akzeptiert und alle Eingaben intern 'richtig' weiterverarbeitet werden.

Mit *Fremdwährungen* wie dem Dollar hat das bislang doch bestens funktioniert, und das bei täglich veränderten Wechselkursen - was soll jetzt schon anders sein?

Aber so einfach ist es nicht! Neben den aktuellen Jahr-2000-Projekten handelt es sich bei Euro-Projekten um die komplexesten Problemstellungen, denen sich die betriebliche Datenverarbeitung in den letzten Jahren ausgesetzt sah. (für Finanzdienstleister vgl. auch [1]) Darüber hinaus sind die Themenstellungen interdependent und nur im Zusammenhang zu lösen. Dies sollen die im folgenden diskutierten Themen und Erfahrungen einerseits bestätigen, andererseits aber durch klare Empfehlungen die bestehende Komplexität lindern helfen. Es wird im folgenden auch ein Hinweis dafür gegeben, welche Fragestellungen bei der Projektarbeit und für die anstehenden Entscheidungen Priorität erlangen sollten.

Aus diesen Gründen ist gerade bei Euro-Projekten der Einsatz von etablierten Verfahren des ***Software-Engineering*** unabdingbar, Verfahren also, zu denen das Unternehmen eigene Erfahrungen hat.

Ein Scheitern des Euro-Projektes hätte auch gravierende Auswirkungen auf die Überlebensfähigkeit des Unternehmens, die zwar (außer bei Banken) nicht so prompt zutage treten mögen wie etwaige Jahr-2000-Probleme, aber sicherlich ähnlich nachhaltigen Charakter haben.

Der Autor war seit Projektbeginn Anfang 1997 bis zum Beginn der Testphase im Sommer 1998 Projektleiter eines konzernweiten Projektes ‘EWWU und Jahr-2000’ bei einer deutschen Großbank und hat danach mit den Erfahrungen aus dem Euro-Projekt das Projekt "Jahr-2000" als eigenständiges Großprojekt aufgesetzt.

2 Strategische Aspekte der Euro-Umstellung

Die Euro-Einführung ist bei weitem nicht nur ein software-technisches Projekt. Vielmehr wird die gemeinsame Europäische Währung den Wettbewerb in Europa zwar fairer, gleichzeitig aber auch bedeutend härter machen. (vgl. [2]) Der dabei seitens der Unternehmensleitung und der Fachbereiche gewünschte Marktauftritt (z.B. hinsichtlich der Produktpolitik, der Preisgestaltung und -auszeichnung, dem

Einkauf und dem Absatz sowie dem Marketing; vgl. [3]) sowie möglicherweise eine Anpassung von Kommunikations- und Organisationsstrukturen bei international operierenden Unternehmen haben zum Teil erhebliche Rückwirkungen auf und damit fachliche Anforderungen an die eingesetzte Datenverarbeitung.

2.1 Standard-Software

Ein Lösungsansatz für die bevorstehenden Euro- und Jahr-2000-Umstellungen war (bei rechtzeitiger Entscheidung, die vor 1998 gelegen haben dürfte) sicherlich die Migration auf die Standard-Plattform eines zuverlässigen Herstellers.

Allerdings ist auch das nicht das Allheilmittel gegen alle möglichen Probleme und kein Schutz vor eigener Projektarbeit. Vielmehr ist gerade für die Nutzer von Standard-Software die frühzeitige Kenntnis über die vom Hersteller gewählten Lösungen oder Lösungsalternativen zu allen relevanten Fragen erforderlich, insb. hinsichtlich der Parametrisierung, der Schnittstellen zu Eigenanwendungen und für Entscheidungen zu den Themen der Abschnitte 2.2, 4.1, 4.2 und 5.2!

Der Entscheidungsspielraum eines Anwenders von Standardsoftware ist eingeschränkt und es bleibt bis zur Information durch den Software-Anbieter weitgehend offen, welche Möglichkeiten man hat. Dies kann Auswirkungen auf, d.h. Einschränkungen für die einzuschlagende Geschäftsstrategie haben und muß deshalb frühest möglich bekannt sein und erkannt werden.

Empfehlungen:

- *Migrationen sind rechtzeitig zu planen und durchzuführen - heute ist es dafür im allgemeinen (außer wenn z.B. ein 1:1-Datentransfer möglich wäre) zu spät.*
- *Unterstützung des Herstellers (zumindest für die Umstellung der Datenbestände) zusichern lassen!*
- *Vertragliche Vereinbarungen zur Wartung und deren Relevanz für die Euro-Umstellung prüfen!*
- *Frühzeitig eigene Ressourcen bündeln und bei Bedarf an externer Unterstützung: Pauschalangebote ausarbeiten lassen und Fixkostenverträge anstreben!*

- *Funktionale Anforderungen frühzeitig formulieren und ggf. gemeinsam mit gleichgesinnten anderen Anwendern eskalieren!*
- *Erfahrungen anderer Anwender zunutze machen; Vorsicht: Es ist durchaus riskant, als 'Pilot-Umsteller' aufzutreten (nur weil dies billiger erscheinen mag und es damit möglich sein könnte, in den zu entwickelnden Standard noch individuelle Anforderungen einfließen zu lassen)!*

2.2 Umstellungstermin und -verfahren

Als Entscheidungskriterien für die Frage nach dem 'richtigen Umstellungstermin' sind neben den traditionellen Themen der DV, nämlich Programmier- und hier insb. Testaufwand, Laufzeit und Speicherplatzbedarf (die sich je nach verfolgter Alternative durchaus unterscheiden können) vor allem das *Umstellungsrisiko* (insb. an den Schnittstellen) und die *betriebswirtschaftlichen Fragestellungen* zu betrachten, die sich aus der Unternehmens*branche*, der *Internationalität* und dabei vor allem den *Geschäfts- und Zulieferbeziehungen* des Unternehmens ergeben.

Damit in unmittelbarem Zusammenhang steht die Frage nach dem Verfahren der Umstellung, nämlich den beiden grundsätzlichen Alternativen, entweder zunächst Euro und DM in den Rechensystemen parallel zu verarbeiten oder zu einem bestimmten Datum, d.h. auf den Punkt, von DM auf Euro umzustellen (und folglich etwaige erforderliche Umrechnungen vorgelagert z.B. per Taschenrechner durchzuführen). Diese Thematik scheint in der Praxis vereinzelt verkannt worden zu sein - einige Unternehmen außerhalb des Finanzdienstleistungssektors haben den Euro als weitere Fremdwährung betrachtet - und hat dann zu teilweise erheblichen Nacharbeiten für die Umstellung der internen Rechnungslegung geführt. (vgl. [4])

Bereits 1996 wurde allerdings auch das „duale Rechnungswesen" diskutiert und in Projekten umgesetzt, bei dem (laufzeit-erhöhend) in allen Basisdatenbeständen die Werte sowohl in DM als auch in Euro gespeichert werden. (vgl. [5])

2.2.1 Parallelität von Euro und DM

Werden beide Denominationen parallel zugelassen, so empfiehlt sich jedenfalls die

Festlegung einer "Hauswährung", vorzugsweise dem Euro, die den Standard angibt; die andere ist erlaubt, jeder, der sie nutzen will, muß dann aber selbst die erforderlichen Umrechnungen durchführen (vgl. dazu auch Abschnitt 5.1).

Zu beachten ist: Unter ***'Mehrwährungsfähigkeit'*** ist die Fähigkeit einer Software zu verstehen, Ein- und Ausgaben von Beträgen *in Fremdwährung* abzuwickeln. Dabei werden in der Finanzbuchhaltung und allen internen Berechnungen alle Werte *in eigener Währung*, bislang der DM, umgerechnet und ausgewiesen.

Beim Euro handelt es sich aber um eine zweite "Denomination" für die eigene Währung. Es könnte gewünscht und ggf. sogar erforderlich sein, im internen Rechnungswesen und in der Rechnungslegung beide, also DM und Euro, auszuweisen. Jedenfalls wird nach Ende der Umstellungsphase im ersten Halbjahr 2002 die DM auch für das Rechnungswesen ihre Gültigkeit verlieren und damit eine Darstellung in Euro erforderlich sein.

Der Euro ist (auch heute bereits) *keine Fremdwährung*!

Empfehlung:

- *Sollen DM und Euro parallel zugelassen sein, so ist eine frühestmögliche Umstellung naheliegend, denn der Umstellungsaufwand ist davon unabhängig und es wird manueller Umrechnungsaufwand für jetzt bereits anfallende Euro-Vorgänge erspart.*
- *Erforderlich ist dies nur für Finanzdienstleister. Günstig scheint es aber jedenfalls für alle international operierenden Unternehmen.*

2.2.2 Bester Termin für eine Punktumstellung

Im wesentlichen gibt es hier (aus heutiger Sicht, denn der 1.1.1999 als Termin der Einführung des Euro als Zahlungsverkehrsmittel ist bereits vorüber) drei Alternativen:

⇒ im Rahmen einer Euro- und Jahr-2000-Umstellung noch in 1999 (vgl. 2.3)

⇒ nach dem Jahresabschluß 2000

⇒ mit Ende der DM und alleiniger Verwendung des Euro als Zahlungsmittel im ersten Halbjahr 2002 bzw. nach dem Jahresabschluß 2001

Zu beachten sind dabei die Monats-, Quartals-, Halbjahres- und Jahresabschlüsse, die mit Ende der DM als betriebsintern alleinigem Zahlungsmittel (in Abhängigkeit von der eingesetzten Software meist) noch in DM durchzuführen sind. Damit wäre eine Umstellung nach dem Jahresabschluß 2001 zu präferieren, da nur so *zusätzlicher Aufwand* verhindert werden kann, der entstehen würde, wenn der Jahresabschluß auf Perioden zurückgreifen müßte, die unterschiedlich in DM und in Euro abgeschlossen sind. Zu berücksichtigen ist, daß eine *'Punkt'umstellung* sicherlich nicht in einer "logischen Sekunde" stattfindet, sondern daß ggf. umfangreiche Umstellungs- und Umrechnungsprogramme auszuführen sind und dazu jedenfalls die "Produktion" unterbrochen werden muß.

Empfehlungen:

- *Banken und Finanzdienstleister: ab 1.1.1999 DM/Euro parallel bis Mitte 2002*
- *national operierender Mittelstand: spät; parallel nur bei hoher Anzahl von Transaktionen in betroffenen Geschäftsprozessen in Euro*
- *Einzelhandel / Kleingewerbe: nach Jahresabschluß 2001 rückwirkend zum 1.1.2002 bzw. erst, sobald Euro-Bargeld überwiegt, jedenfalls Punktumstellung*
- *Der Euro ist keine Fremdwährung. Ihn jetzt und vorübergehend als solche zu betrachten, hilft wenig bzw. greift zu kurz und verursacht später, d.h. für die dann per 1.1.2002 erforderliche zusätzliche Anpassung, erneute Umstellungskosten in beträchtlichem Ausmaß!*

2.3 Gemeinsames Euro- und Jahr-2000-Projekt

Bei Projektbeginn im Jahre 1996 oder zu Beginn des Jahres 1997 war dies die geeignete Vorgehensweise, da zu diesem Zeitpunkt noch Synergien in der Vorgehensweise (Inventuren, Programmierung, Teststrategie) erkannt und genutzt werden konnten.

Allerdings beschränken sich dabei die erzielbaren Vorteile auf die Synergien in der Software-Wartung (vgl. [6]). Bereits bei den Tests ist in Erwägung zu ziehen, ob die beiden Aspekte nicht in getrennten Projekten weiterverfolgt werden sollen:

Beim *Euro* ist nämlich die korrekte technische Umsetzung der fachlichen Anforderungen zu verifizieren, während bei *Jahr-2000* die Funktionsfähigkeit von Hardware, Betriebssystemen, Netzen und Software sowie die Interpretation von Daten geprüft werden muß. Dazu sind unterschiedliche Testfälle erforderlich! Auch sind die Fachbereiche mangels fachlicher Anforderungen zur Jahr-2000-Fähigkeit von Informations-Technologie kaum in die Software-Umstellung für *Jahr-2000* eingebunden, während sie beim *Euro* federführend sein sollten.

Außerdem befaßt sich das *Euro-Projekt* (neben der DV-Umstellung) mit Produktpolitik, den technischen und juristischen Einzelheiten sowie insb. auch Übergangsvorschriften für die Einführung des Euro an den verschiedenen Märkten (vgl. [7]), während sich das *Jahr-2000-Projekt* mit technischen Themen auch im Facility Management, betriebswirtschaftlichen Fragen wie dem möglichen Ausfall von Krediten oder Lieferketten und mit der Bargeldversorgung bei einem möglicherweise durch Massenhysterie verursachten Run beschäftigt.

Nicht zuletzt unterscheiden sich beide Projekte auch durch ihren Termin: 'am Markt' erfolgt die Euro-Umstellung fließend, während das Jahr-2000-Problem (abgesehen von speziellen Daten wie dem 9.9.99 und dem 29.2.2000) im wesentlichen am 1.1.2000 auftreten wird.

Dennoch lassen sich aus den Erfahrungen abgeschlossener Euro-Projekte einige wertvolle Erfahrungen auch für die laufenden Jahr-2000-Projekte ziehen. (vgl. [8])

Empfehlung:

- *Bei laufenden Jahr-2000-Projekten und jetzt zu startenden Euro-Umstellungen sollte ein gemeinsames Projekt nicht mehr in Erwägung gezogen werden, da*
    - *ein unterschiedlicher Fokus gegeben ist, bei der Euro-Umstellung: betriebswirtschaftlich bis strategisch und*

- *eine negative Beeinträchtigung des zeitkritischen Jahr-2000-Projektes auf keinen Fall riskiert werden darf.*

3 Projektabwicklung

3.1 Aufbau- und Ablauf-Organisation des Projektes

Ein Euro-Projekt kann gewaltige Ausmaße annehmen und weite Teile des 'Tagesgeschäftes' ganzer Organisations-Bereiche überdecken bzw. vorübergehend lahmlegen. Aus diesem Grunde ist es erforderlich, sich über das Projekt als solches Gedanken zu machen. Dabei sollten die Erfahrungen aus anderen Projekten im Hause, z.B. der Jahr-2000-Thematik, Migrationen, Fusionen o.ä. und aus Euro-Projekten anderer Häuser einbezogen und individuelle Schlüsse gezogen werden.

Empfehlungen:

- *Org/DV/IT- und Finanz-Vorstand sollten 'Sponsoren' des Projektes sein.*
- *Die operative Projektleitung über alle relevanten Themen sollte in einer Hand, vorzugsweise der des Org/DV-Leiters liegen.*
- *Ein Projektbüro zur Koordination aller Aktivitäten ist erforderlich.*
- *Für jede Sparte (bei Banken: Dienstleistungen/Produkte; in der Industrie: Geschäftsprozesse) sollte es ein Projektteam geben.*
- *Methodisches Vorgehen ist erforderlich; dies sollte sich an etablierten Verfahren für Entwicklungs- und Wartungsprojekte anlehnen und stringent eingehalten werden.*
- *Restriktives Anforderungs- und Change-Management (gegenüber den Fachkonzepten) installieren und einhalten (wenngleich für bereits durchgeführte Euro-Umstellungen aufgrund der späten gesetzlichen Vorgaben einige Änderungen unvermeidlich gewesen sein dürften)!*
- *Ein aussagefähiges periodisches, mindestens monatliches Berichtswesen über und an alle betroffenen Bereiche ist unabdingbar.*

- *Die Gremienstruktur sollte übersichtlich gehalten sein, die Gremien jedoch regelmäßig tagen und deren Entscheidungskompetenz verbindlich geregelt sein. Erforderlich sind:*
    - *Projektausschuß mit Vorständen und den Entscheidungsträgern (monatlich)*
    - *Projektleitungsrunde mit allen Fachteams (wöchentlich)*
    - *DV/IT-Runde zu den technischen Themen der EWWU-Umstellung (wö.)*
- *Frühzeitige Reviews und Diskussionen von Zwischenergebnissen sind nützlich!*

3.2 Grundsatzthemen für das Management

Neben den o.a. Ausführungen und Empfehlungen zu organisatorischen Themen von Euro-Projekten gibt es einige Punkte von grundsätzlicher Bedeutung, die hier ohne detaillierte Erläuterungen als Empfehlungen zusammengestellt sind:

Empfehlungen:

- *Projekt "schlank" halten! (Es wird sowieso 'aus den Fugen platzen'.)*
- *Priorität für Entscheidungen liegt bei den Themen in Abschnitten 2.2 und 4.2!*
- *Notfallplanungen für Fehlfunktionen bei oder nach Umstellung sind erforderlich! (Die Risiken für unvorhersehbares "Fehlverhalten" der Systeme reichen deutlich über den Umstellungstermin hinaus, vgl. [9])*
- *Unternehmensübergreifende bi- und multilaterale Tests sollten trotz hoher Aufwände genutzt werden, um das Umstellungsrisiko zu verringern! (z.B. branchenweite Schnittstellen oder Standards, outgesourcte Fakturierung, Geschäftsprozesse in der Kette: Kunde/Lieferant - Unternehmen - Bank)*
- *Professionelles Projekt-Management ist unerläßlich, wobei hier insbesondere*
    - *Berichtsstrukturen (aussagefähige Statusberichte an die Geschäftsleitung) aufgebaut und*
    - *operatives Krisen-Management bei der Umstellung betrieben werden soll.*
- *Die Euro-Fähigkeit kann im Marktauftritt als Wettbewerbsfaktor genutzt werden!*

- *Mit dem Euro ist die Preistransparenz erhöht bzw. Europaweit gegeben.*
- *Vereinfachungen und damit Schaffung von Rationalisierungspotentialen in der Abwicklung und/oder Fakturierung.*

4 Überlegungen im Rahmen der Software-Wartung

Die meisten Aspekte der Software-Wartung gelten für Euro-Projekte unverändert. Hier handelt es sich um adaptive Wartung und so gewinnen Überlegungen aus der Software-Entwicklung größeres Gewicht. Besonders relevant sind dabei:

4.1 Funktionale Anforderungen

Datenverarbeitung dient immer bzw. sollte immer dienen der Unterstützung von **Geschäftsprozessen**. Durch die Einführung des Euro und gerade in der Übergangszeit mit zwei parallel gültigen "Denominationen" unseres Zahlungsmittels, dem Euro und der DM, verändern sich manche dieser Geschäftsprozesse in Teilen erheblich.

Es zeigt sich jedoch, daß sich hinsichtlich der Spezifikation fachlicher Änderungen tendenziell niemand zuständig fühlt:

Die einen argumentieren, es handle sich "nur" um eine "technische 1:1-Umstellung" und funktionale Anforderungen gäbe es nicht bzw. diese seien so trivial, daß man auch darauf verzichten könnte, sie niederzuschreiben.

Die anderen sehen sich bei der programm-technischen Umsetzung mit einer breiten Palette von Fachfragen und alternativen Lösungsmöglichkeiten konfrontiert und sind überfordert (jedenfalls nicht mit der erforderlichen Entscheidungskompetenz ausgestattet), diese Problemstellungen sachgerecht zu entscheiden, wenn sie nicht eine fachliche Spezifikation bekommen, was genau gewollt ist oder sogar aus existentiellen Gründen gefordert sein mag.

Es gibt zweifelsohne eine Reihe von fachlichen Anforderungen, die sich erst nach Ausformulierung der Geschäftsstrategie und Analyse der betroffenen Geschäftsprozesse ableiten lassen (z.B. Zentralisierung von Verwaltungsaufgaben, Anpassung von Planungs- und Controlling-Verfahren, veränderte Kompetenzregelungen).

Gerade bei Finanzdienstleistern sind die fachlichen Anforderungen sehr umfangreich. Bleiben sie aus, so kann das zu extrem umfangreichen technischen Spezifikationen (bei einer Bank über alle Anwendungen zu mehr als 20.000 Seiten DV-Konzept) führen.

Empfehlungen:

- *Zur sachgemäßen Festschreibung der fachlichen Anforderungen für die Euro-Umstellung ist die Existenz einer* **Geschäftsstrategie** *erforderlich!*
- *Ein Bestehen auf* **funktionalen Anforderungen** *der Fachbereiche ist geboten.*
- *Funktionale Meta-Anforderungen in Form von (für eine Bank ca. 100)* **"Leitlinien"** *zur Standardisierung in den verschiedenen Anwendungssystemen bzw. Fachgebieten sind dabei hilfreich.*
- *Die Fachbereiche sind gut beraten, ihre Vorstellungen einzubringen und sich nicht von technisch orientierten Lösungen überrollen zu lassen.*
- *In einer frühzeitigen Diskussion sind dv-technische Implikationen dieser Anforderungen abzustimmen und fachliche Anforderungen zu hinterfragen.*
- *Zur Priorisierung und Entscheidung zwischen Alternativen kann sich eine* **Kosten-/Nutzen-Analyse** *als erforderlich erweisen!*

4.2 Teststrategie

Eine angemessene Teststrategie ist in erster Linie abhängig von der eingesetzten Informationstechnologie, also den Fragen, wie die unterstützten Geschäftsprozesse technisch abgebildet sind oder welche Infrastruktur und Anwendungsarchitektur besteht. Erst nachrangig relevant sind fachliche Einzelheiten und umgesetzte Euro-Anforderungen der zu untersuchenden Geschäftsprozesse bzw. -vorfälle.

Bei Parametrisierung, die in Standard-Software häufig angewandt wird, mag eine Veränderung des Parameters, der den Umstellungszeitpunkt festlegt, auf ein Datum in der Vergangenheit ausreichen, um alle Euro-Pfade der Software zu aktivieren und umfangreiche Tests durchführen zu können.

Auch Zeitreisen (von der DM-Welt in die Euro-Welt) á la Jahr-2000-Tests können helfen, insbesondere wenn nach erfolgreichem Jahr-2000-Projekt dazu einschlägige Erfahrungen und die erforderliche technische Infrastruktur, wie z.B. ein dediziertes Testsystem, vorliegen.

Jedenfalls ist ein **separates Testsystem** empfehlenswert, insbesondere da dies aufgrund der Jahr-2000-Problematik sowieso angezeigt ist und davor bzw. danach im Euro-Projekt kostengünstig genutzt werden kann!

Besondere Aufmerksamkeit verdienen bei den Tests die Finanzbuchhaltung bzw. das Rechnungswesen und alle nachgelagerten Auswertungssysteme (z.B. des Controllings oder bei Banken des Meldewesens). Umfassend auszutesten sind natürlich auch alle Systeme mit Kunden-/Lieferanten-Schnittstellen.

Dabei ist jeweils zu testen:

- die bisherige DM-Funktionalität bei Eingabe bzw. Ausgabe in Euro sowie in DM (denn die Systeme wurden verändert und sollen je nach Umstellungsverfahren zumindest vorübergehend noch die alte Funktionalität gewährleisten)
- sowie die Umstellung von DM auf Euro (vgl. auch Abschnitt 2.2) und
- insbesondere alle geänderten und neuen Geschäftsprozesse in Euro.

Empfehlungen:

- *Euro-Tests sind umfangreicher als erwartet und erhalten einen höheren Anteil am Gesamtprojektaufwand als typische/durchschnittliche Wartungsprojekte.*
- *Ein separates Testsystem ist erforderlich, da weder ein Wochenende noch ein abgeschotteter Systemteil (z.B. eine LPAR) für die Tests ausreichen wird.*
- *Die Tests sind detailliert zu planen und dabei ist ein strukturiertes Vorgehen mit Modul-, System-, Schnittstellen-, Integrations- und Geschäftsprozeß-Tests anzu-*

wenden. Neben den Online- sind insb. auch die Batch-Prozesse vollständig auszutesten.

- *Die Einbeziehung der Anwender in die Testfallbeschreibung und Testauswertung ist hilfreich und empfehlenswert, insb. wenn diese kaum funktionale Anforderungen spezifiziert hatten. Jedoch müssen neue funktionale Anforderungen zum Testzeitpunkt kategorisch abgelehnt werden.*

4.3 Möglichkeit einer Rückumstellung aufgrund einer Abschaffung des Euro

Je später im konkreten Einzelfall umgestellt wird, desto weniger relevant ist es, sich mit diesem Thema zu beschäftigen, da dann das weitere Vorgehen der Politik in und für Europa klar sein wird, d.h. weniger Zweifel am gemeinsamen Willen zur tatsächlichen Abschaffung der nationalen Währungen bestehen können.

Bei Projektbeginn vor zwei Jahren war es jedenfalls ein Thema. Klar war auch damals, daß dieses Szenario nur erforderlich bzw. relevant sein würde, wenn politisch, also außerhalb der Einflußmöglichkeiten eines Unternehmens, entschieden werden sollte, daß der *Euro als Gemeinschaftswährung keinen Bestand* haben soll. (In der Vergangenheit Europas waren Versuche zur Einführung einer einheitlichen Währung bereits mehrfach nach kurzer Zeit gescheitert. (Vgl. [3]))

Dies kann aber, wenn überhaupt, nur in der EWU einstimmig und vor Bargeldeinführung geschehen! Auch wären dazu bestehende Verträge wieder zu lösen.

Zu beachten sind hierbei jedoch folgende (kritischen!) Rahmenszenarien:

- Der Euro hat stark begonnen und eine kurze Börsenhausse nach sich gezogen; er ist aber *im Verlauf schwach, hat z.B. ggü. dem $ von 1,1789 um über 10% verloren.* (vgl. z.B. [10])
- Die Harmonisierung europäischer Finanz- und Sozialpolitik kommt kaum voran; *'flankierende' politische Maßnahmen zur Festigung des Euro greifen nicht*!

– Der Kosovo-Konflikt und das Jahr-2000 hatten zuletzt in der Öffentlichkeit hohe Aufmerksamkeit erhalten. Sind beide Probleme gelöst, so wird der Euro als Streitthema wiederentdeckt werden.

Empfehlungen:

- *Der Euro wird Bestand haben; eine Rückumstellung kommt nicht in Betracht!*
- *Ggf. könnte aber (bei Zweifeln an einem Szenario dauerhafter Konvergenz oder anhaltenden politischen Willens) zur Minimierung dieses Risikos in der innerbetrieblichen Datenverarbeitung zunächst doch der* ***Euro nur als zusätzliche Fremdwährung*** *betrachtet werden. Davon ist jedenfalls abzuraten.*
- *Als angemessenes Mittel zur Minderung des Risikos können*
  - *eine* ***Standardisierung*** *(u.a. mittels einer Verpflichtung, Module aus einer Programmbibliothek zu nutzen) der E/A-Schnittstellen gelten, sowie*
  - *klare, verbindliche Festlegungen zu den Themen unter Abschnitt 5.1.*
- *Als Frage bliebe dann noch zu klären, ob bis 2002 die* **Wartung**, *d.h. Weiterentwicklung der alten* <u>*und*</u> *der auf Euro umgestellten Versionen (genauer: von DM-* <u>*und*</u> *DM/Euro-Version) parallel durchgeführt werden soll, um bei der zweiten Umstellung, nämlich der endgültigen Abschaffung der DM, wieder auf DV-Systeme mit nur einer Denomination der nationalen Währung zurückkehren zu können. (In diesem Falle würde also die Parallel-Phase als vorübergehende Lösung betrachtet werden.) Dies ist nicht unbedingt abzulehnen, stellt jedoch sehr hohe Anforderungen an das Konfigurations-Management und erfordert während der drei "Übergangsjahre" eine sehr restriktive Release-Politik, da etwaige Änderungen doppelt eingepflegt werden müßten.*

5 Technische Einzelthemen

Bei einem großen Wartungsprojekt treten natürlich eine Reihe von technischen Problemstellungen auf. (vgl. auch [6]) Diese sind jedoch häufig plattformabhängig und entziehen sich somit einer allgemeinen Diskussion.

Die beiden folgenden Themen jedoch sind von allgemeinem Interesse:

5.1 Datenhaltung

Jedenfalls sollte hier eine unternehmensweit einheitliche Regelung getroffen und Ausnahmeregelungen sehr restriktiv gehandhabt werden. Beide im folgenden diskutierten Alternativen haben Vorteile; die Entscheidung für eine der beiden ist in Zusammenhang mit den in Abschnitt 2.2 behandelten Fragestellungen und den diesbezüglichen Anforderungen aus der Geschäftsstrategie zu treffen. Als weitere Variante wird auch ein "duales Rechnungswesen" diskutiert. (vgl. 2.2 und [5])

5.1.1 Währungssensitive Datenhaltung

Diese Alternative ist grundsätzlich *nicht nur* für den Fall der Parallelität von DM und Euro anwendbar; bei Entscheidung für Parallelität (vgl. 2.2.1) ist sie aber unbedingt im Detail zu diskutieren.

Bei währungssensitiver Daten<u>haltung</u> wird jeder Betrag explizit mit Angabe der anzuwendenden "Denomination" abgespeichert (und sollte deshalb von der "DM/Euro-flexiblen" Software auch entsprechend behandelt werden). Dabei wird üblicherweise mehr Programmcode (insb. in den Zugriffs- bzw. Datenbankabfrage-Modulen) erforderlich sein als bei währungsneutraler Datenhaltung, denn für jeden Betrag sind pro Berechnungs-/Verarbeitungsschritt beide Alternativen explizit zu unterscheiden und es ist jeweils unterschiedlich weiter zu verfahren.

5.1.2 Währungsneutrale Datenhaltung

Hier erhält jeder Betrag nur eine implizite "Denomination", das heißt: die Software interpretiert gespeicherte Beträge immer gleich, also immer DM- oder immer Euro-Werte. Dazu ist bei Verwendung verschiedener Währungen bzw. Denominationen in den Ein-/Ausgabe- und Schnittstellen-Modulen wegen der erforderlichen Umrechnungen offensichtlich eine komplexere Programmlogik erforderlich.

Diese Alternative ist *auch* möglich bei Parallelität von DM und Euro (an den Eingabe-/Ausgabe-Schittstellen)!

Euro-Emulation von DM-Daten

In diesem Falle verstehen sich alle gespeicherten Beträge also als DM; ggf. erforderliche Umrechnungen finden in den Ein-/Ausgabe-Modulen statt.

Dies ist zunächst vorteilhaft, wenn und solange wenige Euro-Vorgänge anfallen. Langfristig, d.h. ab Mitte 2002 werden aber keine DM-Vorgänge mehr stattfinden.

Datenkonvertierung in Euro-Daten

Aus diesem Grunde, da die DM eben "aussterben" wird, erscheint es naheliegend und besser, alle Beträge implizit in Euro anzugeben.

Dies hat jedoch zur Folge, daß alle bestehende Daten bei der Umstellung (und vor der weiteren Nutzung der DV, was dadurch für einige Stunden ausgeschlossen werden müßte; vgl. auch Abschnitt 2.2.2) umgerechnet und als Euro-Werte "zurückgespeichert" werden müssen. Dies ist eine nicht-triviale Aufgabe und erfordert speziell für diesen Zweck angefertigte "Einmal-Datenpflege"-Software.

Empfehlungen:

- *Eine etwaige Umstellung von währungsneutraler auf währungssensitive Datenhaltung (oder umgekehrt) wäre ein umfangreiches und aufwendiges Projekt für sich; im Rahmen der Euro-Umstellung sollte eine Umstellung des Datenhaltungs-Konzeptes sorgfältig geprüft (und vermieden) werden.*
- *Die vorliegende Datenhaltungspraxis ist beizubehalten!*

5.2 Rundungsdifferenzen

Rundungsdifferenzen sind nicht vermeidbar, u.a. da sich die jeweils kleinsten Einheiten in ihrem Wert unterscheiden, der Euro-Cent (bei einem Umrechnungsverhältnis von ca. 1:2) **"grobkörniger"** ist als der Pfennig:

⇒ *Es gibt keinen Euro-Betrag, der bei Umrechnung 3 Pfennige ergeben würde!*

In Erkenntnis dieser Tatsache und den Konsequenzen daraus erscheint es *gefährlich, einfach nichts zu tun und abzuwarten*, wie die Systeme dies meistern werden, wie "fehlertolerant" sie sind.

Eine Analyse der abgebildeten Geschäftsprozesse ist dringend erforderlich!

Rundungsdifferenzen könnten sich ggf. aufsummieren und bei "Überlauf" an unvorhersehbarer Stelle zu unvorhersehbaren Auswirkungen (Abweisung von Zahlungseingängen und automatischer Versand von Mahnungen, Fehler in Konto- oder Vertrags-Abschlüssen, ...) führen.

Ein Abgleich von erwarteten mit tatsächlich eingegangenen Zahlungen ggf. mittels Fuzzy-Logik ist allerdings *konzeptionell schwierig* und sollte nicht als Unterprojekt der Euro-Umstellung betrieben werden. Ggf. sollten (mit vertretbarem Aufwand und Risiko) pro Transaktion **Ein-Pfennig-Toleranzen** eingebaut werden, eingehende Zahlungen also dann als 'richtig' erkannt werden, wenn sie sich von den erwarteten Beträgen um höchstens einen Pfennig unterscheiden.

Hier ist allerdings zu beachten, daß sich dadurch *Betrugsmöglichkeiten* auftun, denen es frühzeitig und sachgemäß entgegenzutreten gilt.

Empfehlungen:

- *Rundungsdifferenzen bergen (je nach Geschäftsprozeß) ein erhebliches Gefahrenpotential; derartige Fehler können ggf. erst spät erkannt werden und dann schon betriebswirtschaftliche Auswirkungen verursacht haben!*
- *Bei Rechnungsstellung ist darauf zu achten, daß bereits die Basisgrößen, z.B. der Kilowatt-Preis für Strom mit allen erforderlichen Nachkommastellen umgerechnet wird (und nicht etwa erst das Endergebnis der Berechnungen).*
- *Die Funktionalität der eigenen Finanzbuchhaltung ist im Detail zu überprüfen.*
- *In der Gewinn- und Verlustrechnung sind die wirtschaftlichen Konsequenzen der Rundungsdifferenzen auszuweisen.*
- *Auch die Funktionalität der Dienstleistung der kontoführenden Bank ist zu hinterfragen und ggf. sind aus mangelnder 'Euro-Fähigkeit' der Bank Konsequenzen zu ergreifen.*
- *Unter bewußter Akzeptanz von Betrugsmöglichkeiten sollten (zumindest in Industrie- und Handelsunternehmen) Ein-Pfennig-Toleranzen eingebaut werden.*

6 Nicht in den Projektumfang einbezogene Themenstellungen

Aus verschiedenen Gründen können nicht alle relevanten bzw. interessanten Themen in den Projektumfang einer Euro-Umstellung aufgenommen und auch nicht hier diskutiert werden, u.a.:

- **Europäische Zinsharmonisierung** "act/act", da dies nur bei/für Banken relevant ist und bereits zum 1.1.1999 stattgefunden hat.
- **Zwangsumstellungen** auf Euro wg. Gültigkeit der DM nur bis Ende 2001 (die DM ist danach kein offizielles/amtliches Zahlungsmittel mehr; beachte: für Finanzdienstleister ist dies besonders relevant, da nicht alle Kunden selbständig den Auftrag erteilen werden, ihre Konten auf Euro umzustellen).
- Geeignete **Wartungsansätze** bzw. Vorgehensweisen für beide Umstellungsschritte (erstens auf DM/Euro parallel bzw. auf Euro mit DM als "gültiger Währung", zweitens auf Euro ohne DM) bereits zu Projektbeginn (vgl. dazu auch Abschnitt 4.3).
- **Programmiertechniken** für die Umstellung (da diese je nach Programmiersprache, Betriebssystem und insb. Datenbank unterschiedlich sind).
- Jedes Unternehmen nutzt Bankverbindungen/-konten und ggf. weitere Dienstleistungsangebote von Banken: Diese sind zu untersuchen; sie unterscheiden sich z.T. erheblich, u.a. hinsichtlich:
  - **Rundungsdifferenzen** (vgl. dazu aber Abschnitt 5.2)
  - automatischer **Kontenkompensation** über alle DM- und Euro-Konten (d.h. Überziehungszinsen nur auf die Gesamtposition, nicht auf Soll-Positionen einzelner Unterkonten) *oder* nur über DM-Konten sowie davon getrennt über Euro-Konten

7 Zusammenfassung

Die Euro-Umstellung ist eine große Herausforderung für Geschäftsleitungen und Projektleiter. Es besteht aber die Gefahr, daß aufgrund einer akuten Unterschätzung des Problems und vieler anderer wichtiger Themen im Tagesgeschäft keine professionelle Vorgehensweise eingeschlagen wird, sondern man glaubt, auch dieses Thema "en passent" erledigen zu können. Aus den Erfahrungen "erfolgreicher" Umstellungen sollten jedoch die einschlägigen Erfahrungen gesammelt und umgesetzt werden. Dazu ist es je nach Branche und Positionierung des Unternehmens vielleicht gerade noch nicht zu spät.

Literatur

[1] European Commission, Directorate General XV, Internal Market and Financial Services: Exposure Draft - Preparing Information Systems for the Euro, Brüssel, 25.9.1997

[2] Francesco Caio, Menfrad Gentz, L.M. de Kool, Alan Spall, Richard Sykes, Jacques-Etienne de T'Serclaes: Topmanager über Strategien im künftigen Euroland, in: Harvard BusinessManger 4/99, Manager Magazin Hamburg

[3] Ute Hirschberger, Hans-Jürgen Zahorka: Der Euro - So reagieren Unternehmen und Verbraucher auf die Europäische Währungsunion, 2., erweiterte und aktualisierte Auflage, AußenWirtschaftHandbuch, Deutscher Sparkassenverlag GmbH, Stuttgart, 1996

[4] Herbert Kunisch: Aufwendige IT-Umstellung für die gemeinsame Währung - Die Euro-Einführung fängt jetzt erst an in InformationWeek 8/99, 1. April 1999

[5] Jürgen Ewald: "Der 'Euro' - eine Herausforderung für die Software", in: Wirtschaftsinformatik Heft 6, Dezember 1996

[6] Hans-Peter Möller: Die Umstellung auf den Euro und das Jahr-2000-Problem: Konsequenzen für Organisation und Management der Softwarewartung, in: Rundbrief 1/1999 des Fachbereiches 5 Wirtschaftsinformatik der Gesellschaft für Informatik e.V., April 1999

[7] Gesetz zur Einführung des Euro (EuroEG), in Kraft gesetzt zum 1.1.1999

[8] Global 2000 Co-Ordinating Group: Lessons Learned from the Euro, 4. Februar 1999

[9] Computer-Zeitung, Nr. 15 vom 15. April 1999: Euro-Umstellung - Bankcomputer bucht 7 Billionen falsch

[10] Handelsblatt vom 28./29.5.1999, S. 1: Einheitswährung sinkt auf 1,04 Dollar - Währungshüter setzen auf Kurserholung - Euro setzt Talfahrt fort

Projektstrukturierung und Informationsfluß aus Sicht des Vertragsmanagements

Frank Wolff

Abstract

Dieser Kurzbeitrag hat das Ziel, eine Verbindung zwischen einer strukturierten Projektdurchführung und dem Management eines zugrundeliegenden Vertrags darzustellen. Dabei wird besonderer Wert auf die Projektstrukturierung im Zusammenhang mit bekannten Vorgehensmodellen der Softwareentwicklung gelegt. Es wird für eine dem Projekt angemessene Mischung verschiedener Modelle argumentiert, dies wird mit Hilfe eines Beispiels verdeutlicht.

1 Einleitung

Vertragsmanagement ist ein Bestandteil des Projektmanagements. Es wird benötigt, wenn neben der eigenen Organisation auch andere an der Durchführung eines Projektes beteiligt sind, mit denen ein Vertrag über die Zusammenarbeit geschlossen wurde. Dies ist in unserer arbeitsteiligen und spezialisierten Wirtschaft sehr häufig der Fall, und sicherlich mit weiter steigender Tendenz.

Das Vertragsmanagement hat rechtliche und fachliche Aspekte. Auf die "rein" rechtlichen Dinge (hierzu [Zah99]), wie Formulierungen oder die Art der Verträge wird im folgenden nicht eingegangen, sondern auf fachlichen, für die Abwicklung eines Softwareentwicklungprojektes relevanten, Inhalte.

Wird dabei der Vertrag nur als Versicherung im Schadensfall gesehen, kann er kaum zur produktiven Entwicklungsarbeit beitragen. Wird er hingegen als "besondere Form" eines Teils des Projektplans betrachtet, dann kann er zu einem sicheren und klaren Leitfaden für die Zusammenarbeit im Projektverlauf werden. Ein solches "bewußtes" Vertragsmanagement verhindert sehr häufig das Entstehen eines Streites, bzw. trägt zu seiner schnelleren Klärung bei.

Der Autor arbeitet derzeit bei einem DV-Anwender an einem internen Projekt zu diesem Thema und untersuchte früher die Vertragsabwicklung in einem großen Softwarehaus. In diesem Artikel versucht er, die Erfahrungen aus beiden Bereichen zusammenzubringen. Interessant fand der Autor, daß sich die Ansätze für das Vertragsmanagement aus der Sicht des Auftraggebers und des Auftragnehmers kaum unterscheiden.

2 Grundlagen

Bei einem Vertragsabschluß gibt es implizit Voraussetzungen, die die spätere Abwicklung dominieren können. Die Ausgangslage zwischen Auftragnehmer und Auftraggeber ist häufig durch folgende Ungleichgewichte beeinflußt:

- relative Stärke:
  z. B., wenn ein Partner vom Gelingen des Projektes abhängig ist.
- Informationsvorsprung:
  z.B., ein Partner ist Spezialist im Gebiet, der andere hat kein relevantes Know-How, er möchte es erst im Laufe des Projektes erwerben.

Zur Handhabung der hier aufgeführten möglichen Ungleichgewichte gibt es keine Patentrezepte. Wenn sie bewußt sind und bei der Projekt-/Vertragsgestaltung beachtet werden, können jedoch Lösungen gefunden werden. Sie fließen dann als Regeln, Konventionalstrafen oder in Form einer geplanten Einbeziehung dritter Sachverständiger in den Vertrag ein.

Doch nun zu einem Kernpunkt: Wer muß Vertragsmanagement betreiben, der Auftragnehmer oder der Auftraggeber? - Ganz klar beide Vertragspartner! Sie haben einen Vertrag abgeschlossen, und üblicherweise enthält er Rechte und Pflichten für beide Seiten. Diese müssen überwacht werden. Damit der Auftraggeber das von ihm gewünschte System erhält, muß er während des Projektverlaufs die Zwischenergebnisse überprüfen. Es hilft ihm meist wenig, wenn er am Ende das Recht hat, die Abnahme zu verweigern, jedoch ein komplett neues Projekt mit entsprechendem Zeitverzug notwendig ist.

Das Vertragsmanagement beim Auftragnehmer richtet sich u.a. auf das Sicherstellen einer ausreichenden Mitwirkung des Auftraggebers bei der Klärung von Details und der Qualitätssicherung von Zwischenergebnissen und ggf. weiterer Pflichten. Das Vertragsmanagement beinhaltet auch die Dokumentation über im Projektverlauf getroffene Absprachen, die je nach rechtlicher Gestaltung des Vertrags neue Vertragsbestandteile, Zusätze oder neue Verträge werden können [Zah99].

3 Informationsaustausch als Basis

Die Vertragsgestaltung selber ist nach Ansicht des Autors nur <u>ein</u> Erfolgs-/Mißerfolgsfaktor für gemeinsame Projekte. Ganz wesentlich sind die <u>fachlichen</u> und <u>sozialen</u> Fähigkeiten der beiden Vertragspartner. Diese Fähigkeiten helfen auch beim Vertragsmanagement, da beim aktiven Vertragsmanagement Informationen ausgetauscht und bewertet werden: Eine Bewertung ist nur bei einer guten fachlichen Qualifikation möglich. Ein ausreichender Informationsaustausch basiert neben der richtigen Projektstrukturierung und den getroffenen Absprachen auf den sozialen Fähigkeiten der beteiligten Mitarbeiter [Wol94].

Größere Softwareentwicklungsprojekte dauern mindestens einige Monate, manchmal einige Jahre. Viele Dinge werden erst im Projektverlauf geklärt. Vertragsmanagement heißt, Möglichkeiten schaffen für das Fällen von zeitnahen Entscheidungen im Vertragsverlauf. Grundsätzlich ist es hier, wie bei allen Entscheidungen; man sollte möglichst früh reagieren können. Die Kommunikations- und Informationswege ausreichend kurz und effektiv zu gestalten, gehört daher auch zum Vertragsmanagement.

4 Projektgestaltung - Vertragsgestaltung

Klare Strukturen zur Ordnung des Projektverlaufs vereinfachen das Vertragsmanagement. Das Vertragsmanagement sollte dabei auf einer Gliederung des Entwicklungsablaufes, einer Gliederung des geplanten Systems in Module[1] mit zu liefernden Zwischenergebnissen, und dem Management der Informationsflüsse zwischen den Vertragspartnern basieren.

In der Softwareentwicklung gibt es verschiedene Modelle zum Ablauf des Entwicklungsprozesses, u.a.:

- das Wasserfall-Modell
- die Inkrementelle Softwareentwicklung
- parallele Softwareentwicklung

Die Methoden sind mit ihren jeweiligen Vor- und Nachteilen ausführlich diskutiert worden (u.a. [Mey94]). Für das Vertragsmanagement ist wichtig, daß anhand eines für das Projekt passenden geplanten Ablaufs im Vertrag die Arbeits- und Verantwortungsübergänge festgelegt werden. Der erste Hauptverantwortungsübergang bei Softwareprojekten findet üblicherweise nach der Voruntersuchung statt. Selbst wenn diese mit Hilfe eines Dienstleisters durchgeführt wird, sollte klar bleiben, daß die Verantwortung für die Vollständigkeit und Klarheit der Anforderungen beim Auftraggeber liegt.

Im Folgenden wird eine beispielhafte Aufgliederung erläutert. Dabei steht die wesentliche Erkenntnis aus der Praxis im Mittelpunkt, daß bei größeren Projekten eine Mischung der Prinzipien aus den Vorgehensmodellen sehr sinnvoll ist. Durch eine kluge Auswahl können die Stärken einzelner Modelle genutzt und ihre Schwächen vermieden werden. Eine explizite Aufgliederung fließt in den Projektplan ein. Manchmal wird sie vorgegeben, meist jedoch gemeinsam mit dem Auftragnehmer festgelegt.

Bei inkrementellem und parallelem Vorgehen muß neben der Gliederung des Ablaufs auch das geplante System in Module gegliedert werden. Damit mit Hilfe von inkrementellem Vorgehen Risiken für Fehlentwicklungen minimiert werden kön-

---

1 Der Begriff "Modul" ist hier nicht technisch zu verstehen, sondern meint eher ein "Sachgebiet" oder "Thema". Als Untergliederung für "Module" wird später noch der Begriff "Komponente" benutzt.

nen, sollte man sich, bei der ersten modularen Gliederung an einigen Leitfragen orientieren [Jac99][Mey94]:

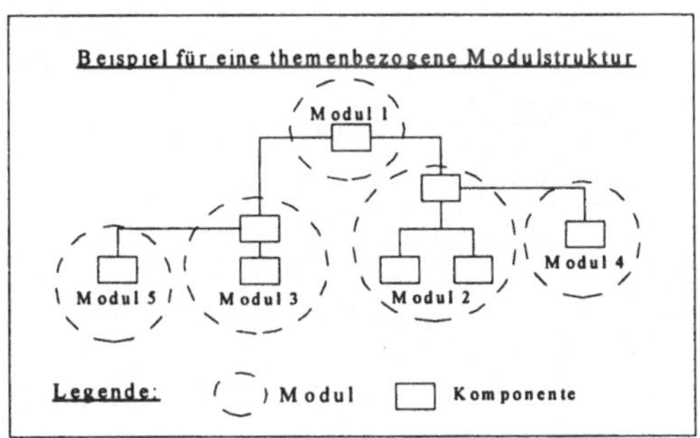

- Was ist am wichtigsten?
- Was scheint am schwersten?
- Wo ist das Risiko am größten / fehlen Informationen / was ist neu?
- Wo sind die Abhängigkeiten am geringsten? / Was kann sich ändern?

Die "modulare" Gliederung legt noch nicht die softwaretechnische Gliederung fest, sondern strukturiert das Vorgehen, das Abarbeiten der Themenkomplexe. Falls hier Auftragnehmer und Auftraggeber unterschiedliche Vorstellungen haben, muß man sich einigen. Diese Einigung ist für die Durchführung des Projektes wichtig, weil es hilft, die essentiellen Themen vorzubereiten, auf die im Verlauf des Projektes besonderes Augenmerk gelegt werden soll.

Dem folgenden Beispiel wird die obige Modulstruktur zugrundegelegt. So wird deutlich, wie die unterschiedlichen Vorgehensmodelle zusammenspielen können und welche Gründe für die Auswahl welches Modells sprechen. Im Beispielablauf kommen die Prinzipien von Wasserfall, inkrementellem, und parallelem Vorgehen vor. Die Voruntersuchung für die Module 1-4 wird zusammen wasserfallmäßig durchgeführt. Wegen dem Übergang der wesentlichen Arbeitslast und dem Entscheidungscharakter des Voruntersuchungsergebnisses wird dort wie beim Wasserfallmodell alles auf einmal betrachtet. Ausnahme ist das Modul 5, das beispielsweise die Nutzung einer unkritischen Standardfunktionalität beinhaltet, und deshalb in der Voruntersuchung nur grob skizziert wird.

Im Anschluß an die Voruntersuchung werden das *Architekturmodul (1)* und das komplexe neue *Anwendungsmodul (2)* inkrementell entwickelt, um wesentliche Er-

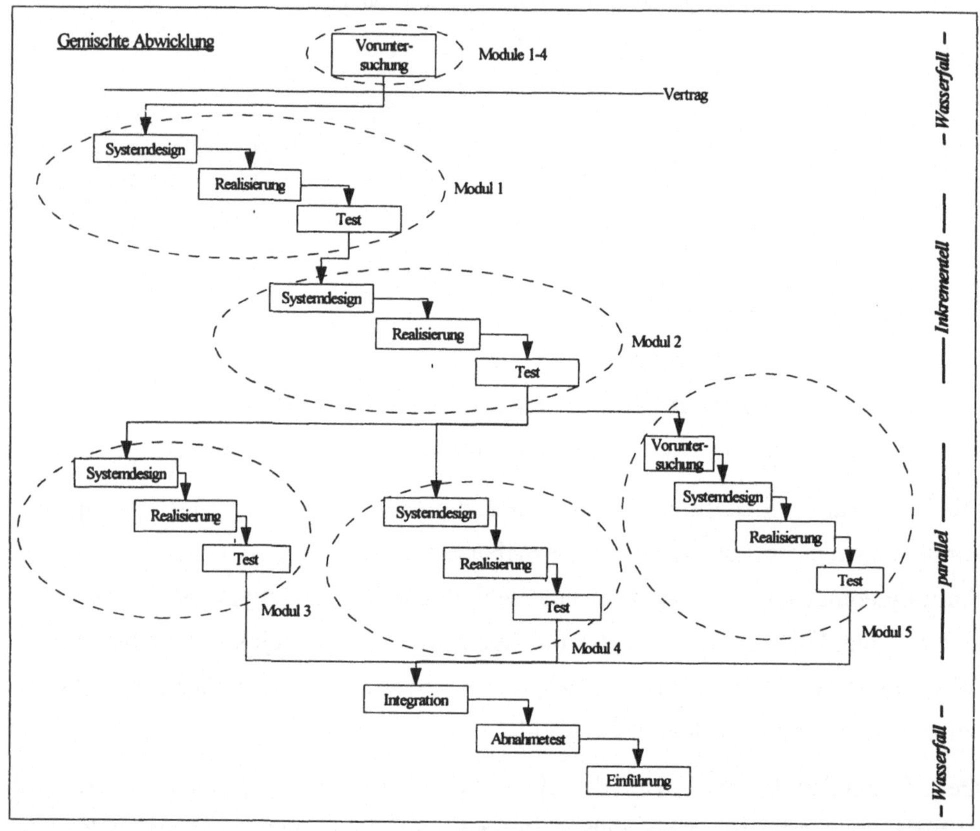

kenntnisse über bestehende Abhängigkeiten zu gewinnen. Sind sie fertiggestellt, und haben ihre Tauglichkeit in Tests bewiesen, werden nun die anderen "einfachereren" Module parallel entwickelt, um Zeit zu sparen. Um die fachlichen Details festzulegen wird dabei vom Auftragnehmer für Modul 5 noch eine "kleine" Voruntersuchung durchgeführt.

5 Nützliche Vertragsbestandteile

Die oben geschilderte Projektstrukturierung ist eine Basis um im Vertrag die Leistungen des Auftragnehmers und die Pflichten des Auftraggebers zu spezifizieren. U.a. wird festgelegt:

- Mitwirkungspflichten des Auftraggebers, um dem Auftragnehmer Detailinformationen zu geben
- Berichtsinformationen vom Auftragnehmer zum Arbeitsfortschritt u.ä.
- Liefertermine für Zwischenergebnisse und Systeme insbesondere für vom Auftragnehmer zu prüfende Zwischenergebnisse (Meilensteine)

In den Vertrag gehören für ein effektives Management nicht nur die Ergebnisplanung, sondern auch Regeln für das Vorgehen in Konfliktfällen. Nur so können erkannte Schwierigkeiten in einer geregelten Form angegangen werden. Ungeklärte Punkte wirken sich leicht negativ auf das ganze Projekt aus und lähmen die Arbeit.

Neben den Anforderungen aus dem Pflichtenheft gibt es im Projektverlauf immer wieder *neue* Erkenntnisse und Ideen. Diese müssen bewertet werden und gehören, wenn sie in den Umfang passen bzw. Ergebnis der Detaillierungsarbeit sind, nach der normalen Projektabstimmung zum Vertrag. Gehen sie jedoch über den vereinbarten Umfang hinaus, sollten sie als Änderungswünsche/ Zusätze gesondert behandelt werden. Nur so erreicht man eine hohe Klarheit, um später langwierige Diskussionen zu vermeiden.

Ziel dieses Beitrages ist es, Sensibilität für wichtige Themen dcs Vertragsmanagements zu schaffen. Der Autor möchte deutlich machen, daß Vertragsmanagement für ein Projekt ein integraler Bestandteil des Projektmanagements ist und nur teilweise an die Rechtsabteilung abgegeben werden kann.

Literatur

[Die79] C. J. Diederichs: Vertragsbedingungen für die Ablaufplanung und -steuerung (VAS), in :M. Saynisch (Hrsg.): Projektmanagement: Konzepte Verfahren, Anwendungen, Oldenbourg Verlag, München, 1979

[Jac99] I. Jacobsen: Towards a Unified Method, Rational Worldwide Software Symposium, Bonn, 1999

[Mey94] B. Meyer: Erfolgsschlüssel Objekttechnologie, Verlag Carl Hanser und Prentice-Hall, München und London, 1994

[Wol94] F. Wolff: Ein Total Quality Modell für die Softwareentwicklung, *Softwaretechnik-Trends*: Band 14, Heft 1, GI-Fachgruppe 'Software-Engineering', München, 1994, S. 38-46

[Zah99] C. Zahrnt, Vertragsrecht für DV-Fachleute, Hüthig Verlag, Heidelberg, 4. Auflage, 1999

Vertrags-Controlling in Softwareprojekten

Swen Schneider

Abstract

Im nachfolgenden Beitrag wird eine Empfehlung für die organisatorische Gestaltung des Vertrags-Controlling bei Softwareprojekten gegeben. Neben organisatorischen Implementierungsvorschlägen wird auf die Inhalte und den Prozeß von Änderungsvereinbarungen eingegangen, bevor am Ende ein Ausblick auf neue Formen des Vertragsmanagements mittels Internet gegeben wird. Dieser Beitrag soll neben einem allgemeinen Überblick ein Bild aus der Praxis des Vertrags-Controllings bei großen Softwareprojekten im Servicebereich vermitteln.

1 Das Vertragsmanagement

Abbildung 1: Phasen des Vertragsmanagement

Eine stetig steigende Komplexität von Softwareprojekten sowie die sich verkürzenden Lebenszyklen von Softwareprodukten haben zur Konsequenz, daß die den Projekten zugrundeliegenden formulierten Rahmenbedingungen – in Form von Verträgen – gleichermaßen einen dynamischen Charakter erhalten müssen, um den sich permanent ändernden Anforderungen gerecht zu werden. Besonders vor diesem Hintergrund sich ändernder Wettbewerbssituationen und der Entwicklung der Unternehmen zu virtuellen Organisationen, die sich durch eine kleine Kernmannschaft unterstützt von externen Dienstleistern und Freelancern auszeichnen, wird eine ständige Anpassung von Verträgen notwendig. Dieser Beitrag soll dazu dienen, vorrangig die Vertragsdurchführung und das Vertrags-Controlling beim

Auftragnehmer zu beschreiben. Das Vertrags-Contolling kann im Rahmen dessen nur als ein Teil des Vertragsmanagements (siehe Abbildung 1) betrachtet werden, welches die Planung und das Design des Vertrages, die Verhandlungsführung vor dem Vertragsabschluß und die sich anschließende Vertragsdurchführung umfaßt (vgl. [Heu97]).

2 Gründe von Vertragsänderungen

Die Änderung der Projektzielsetzung bei Softwareprojekten insbesondere mit Werkleistungsverträgen kann zum einen durch den Auftraggeber initiiert werden, weil neue bzw. geänderte Anforderungen auftreten, oder der Auftraggeber seine Mitwirkungspflichten nicht erfüllen kann. Änderungen können aber auch seitens des Auftragnehmers initiiert werden, weil z.B. technische Lösungen geändert werden müssen, oder zeitliche Verschiebungen notwendig sind. Ein weiterer Grund für Vertragsänderungen entsteht, wenn vom Auftraggeber und Auftragnehmer einvernehmlich bessere Lösungen gefunden werden. Dies ist möglich, da beide Parteien einem gegenseitigen Lernprozeß unterliegen, durch den die Kompetenz bzgl. Organisationsfragen beim Auftragnehmer bzw. bzgl. systemtechnischer Lösungen beim Auftraggeber erhöht wird (vgl. [MüW94], S.64f.). Aber auch externe Gegebenheiten, wie z.B. Gesetzesänderungen oder Merger & Acquisitions, können Auslöser von Veränderungen sein.

3 Vertrags-Controlling des Auftragnehmers

Es sinnvoll, mit dem Auftraggeber einvernehmlich einen Prozeß für Vertragsänderungen zu vereinbaren, denn nur so kann sichergestellt werden, daß Änderungen gezielt und geplant verlaufen, Änderungen konsistent durchgeführt und nachvollziehbar dokumentiert werden. Das Vertrags-Controlling eines Auftragnehmers (siehe Abb. 2) bei Softwareprojekten gliedert sich in die Bereiche Negotiation, Change-Management und Subcontract-Management.

Vertrags-Controlling des Auftragnehmers		
Sub-Contractmanagement	Negotiation	Change Management

Abbildung 2: Organisation des Vertrags-Controlling beim Auftragnehmer Quelle: Eigene Erstellung

3.1 Negotiation

Beim Negotiation ist es wichtig, Umfang und Zeitpunkt vereinbarter (Teil-) Lieferungen im Laufe des Projektes mit dem Auftraggeber abzustimmen und ggf. neu zu vereinbaren. Im Rahmen des Negotiation sollten daher frühzeitig vertragliche Probleme, wie Zahlungsschwierigkeiten des Auftraggebers, Verzugsprobleme etc., kommuniziert werden. Die Aufgabe des Negotiation ist daher, in regelmäßigen Gesprächen mit dem Vertragspartner die gegenseitigen Erwartungen realistisch darzustellen und eine ständige Verifizierung der im Vertrag versprochenen Leistungen und Termine durchzuführen, um ggf. aktive Maßnahmen einzuleiten. Das Negotiation beschäftigt sich demnach mit der Pflege des Basisvertrages und der Vertragsverhandlung bei neuen bzw. geänderten Anforderungen, die im Rahmen des Change Management zu Lösungen ausgearbeitet werden.

3.2 Change Management

Beim Change Management von Softwareprojekten werden die veränderten Anforderungen zwischen Auftraggeber und Auftragnehmer abgestimmt und auf der Grundlage dessen dem Auftraggeber neue Angebote unterbreitet. Eine Anpassung von komplexen Projektverträgen ist nur sehr eingeschränkt unter den Bedingungen von Treu und Glauben (§242 BGB) möglich. Daher sollte ein Änderungsverfahren (Change Request-Verfahren), bei dem die Parteien ihre Änderungswünsche einbringen, bereits im Ursprungsvertrag berücksichtigt werden, da prinzipiell der Auftragnehmer nicht verpflichtet ist, Änderungen durchzuführen ("pacta sunt

servanda", vgl. [Zah97] S.168).
Bei einem Änderungsverfahren handelt es sich formal zunächst um einen Change Request (Anfrage), der durch ein Change Proposal (Antrag) beantwortet wird und nach Unterschrift beider Parteien in ein Change Agreement (Annahme) übergeht. Es bleibt zu berücksichtigen, daß auch nach einem Change Proposal nochmals Änderungswünsche des Auftraggebers integriert werden können. Im Rahmen eines Change Requests sollten Projektreferenznummer, Datum und Antragsteller vermerkt sein. Auch eine Numerierung der Change Requests ist zu empfehlen. Change Management betrifft sowohl technische als auch kommerzielle Aspekte. Im kommerziellen Teil einer solchen Änderungsvereinbarung sollten die vertragliche Basis, die Bezeichnung der Änderung und eine kurze Auflistung der Leistungen mit Referenz auf die technische Beschreibung enthalten sein. Auch sollte an dieser Stelle auf die zusätzlichen Mitwirkungspflichten des Auftraggebers, den Liefertermin, den Zeitplan, die Vergütung, den Zahlungsplan, die Angebotsgültigkeit eingegangen werden, sowie eine detaillierte Leistungsbeschreibung aufgeführt werden. Es empfiehlt sich, diese Leistungsbeschreibung in einem weiteren technischen Dokument ausführlich darzustellen, das sich in die folgenden Teilelemente gliedert: funktionale Beschreibung der Änderung, genaue Beschreibung des Leistungsumfangs (Services, Einweisung/Schulung, etc.), Lieferumfang (Standard/Individual Hard- und Software, Dokumentation, etc.), Abgrenzung des Leistungsumfangs, Auswirkungen auf das Gesamtsystem, Abhängigkeiten zu anderen Change Requests und eventuell externen Systemen. Eine Teilung der Dokumente in einen technischen und einen kommerziellen Teil hat sich in der Praxis bewährt, da die technische Beschreibung z.B. per elektronischer Post an verschiedene Mitarbeiter (ggf. auch externe) gesendet werden kann, die kommerziellen Bedingungen dagegen oftmals nur wenigen Mitarbeitern bekannt gemacht werden. Im technischen Teil wird weiterhin, neben der eigentlichen Änderung, Einfluß auf die Gestaltung von Teillieferungen (Releases) genommen, bei denen die fertig erstellte Software in Teile gegliedert (thematisch, zeitlich) wird, und die einzelnen Teillieferungen gebündelt dem Kunden ausgeliefert werden. Besonders beim Change Management tritt, wie auch am Projektanfang, das Problem einer eindeutigen Spezifikation der Änderung auf, so daß oftmals mehrere abstimmende Iterationen notwendig sind.

Hierbei können Groupware-Produkte wie Lotus Notes eingesetzt werden, um online diese Spezifikationen zu verifizieren und zwischen den Beteiligten zu versenden. Basierend auf einer Mail-Datenbank können Änderungsformulare zwischen Auftraggeber und Auftragnehmer verwendet werden, die durch Ihre Strukturierung eine Verständigung - hinsichtlich der technisch realisierbaren Lösung aus der Sicht des Auftragnehmers und der funktionalen Anforderungen des Auftraggebers - fördern und die daraus resultierenden Spezifikationen einvernehmlich und rechtsverbindlich durch beidseitige elektronische Unterschriften festlegen. Besonders bei Großprojekten, bei der die Spezifikation oft von mehreren Personen durchgeführt werden muß, ergeben sich Schwierigkeiten beim Requirements Engineering (Festlegen der Spezifikationen). Bei funktionalen Änderungen, insbesondere wenn diese in einer späten Projektphase durchgeführt wurden, entstehen bis zu 500 mal höhere Kosten, als wenn die Anforderung zu Projektbeginn berücksichtigt worden wären (vgl. [CrK98] S. 229).

3.3 Sub-Contractmanagement

Im Rahmen des Sub-Contractmanagements erfolgt sowohl der Einkauf, die Abrechnungsprüfung und die zeitliche Überwachung von Freelancern als auch von externen Dienstleistern. Bei Änderungen des Basisvertrages müssen mit den Sub-Contractern ebenfalls Vertragsänderungen durchgeführt werden. Das Verfahren verläuft analog zu dem oben beschriebenen.

4 Vertrags-Controlling des Auftraggebers

Beim Auftraggeber sollte eine spiegelbildliche Organisation vorhanden sein (siehe Abb. 3).

Ein Negotiation zwecks Verhandlungsführung und Vertragsprüfung, ein Change Management zur Überprüfung der Angebote und ein Requirements Engineering zwecks Spezifikation der notwendigen Änderungen. Besonders beim Requirements

Engineering muß eine koordinierende Instanz beim Auftraggeber implementiert werden, die organisatorisch i.d.R. in die IT-Abteilung eingegliedert ist, und die Abstimmung der Änderungswünsche mit den Fachabteilungen vornimmt. Diese Instanz dient als eine Art Filter, welche die Änderungswünsche der Fachabteilungen aufnimmt, kanalisiert, priorisiert und im Rahmen eines Change Request Boards (bestehend aus Mitarbeitern der Fachabteilungen als auch der IT-Abteilung und aus Vertretern des Lenkungsausschuß) bestimmt, welche Änderungswünsche als Change Request dem Auftragnehmer überreicht werden.

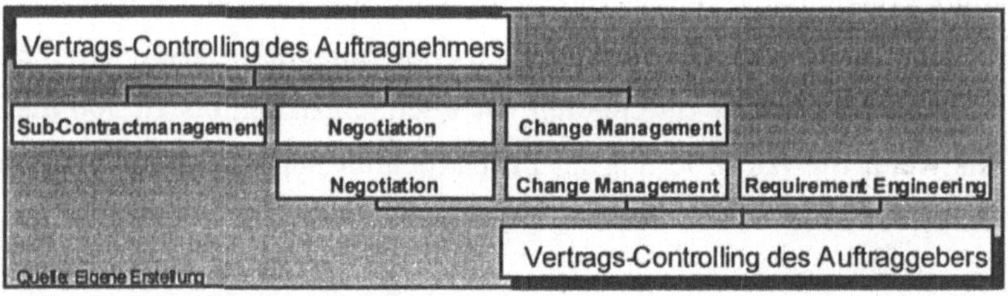

Abbildung 3: Organisation des Vertrags-Controlling beim Auftraggeber

5 Ausblick

Durch die zunehmende Vernetzung und Dezentralisierung von Softwareprojekten muß das Vertrags-Controlling vermehrt online durchgeführt werden. Zusätzliche Medien, wie Bildtelefone, Desktop-Vidoeconferencing-Systeme, Joint-Editing-Tools, etc., müssen zur Verhandlungsvorbereitung integriert werden. Beim Austausch von Vertragsdokumenten spielt auch die aktuelle Diskussion um elektronische Signaturen sowie die Einrichtung von Trust Centers für Verträge, die die Funktion von Notaren übernehmen und somit Transaktionskosten senken, eine Rolle. Neue Standards und Derivate von XML (eXtensible Markup Language), wie z.B. XMI, werden die Diskussion um online contracting verstärken. Diese online contracting Tools unterstützen mit Hilfe von Historiendatenbanken und der Möglichkeit des Editierens von Webseiten eine verschlüsselte und paßwortgeschütztes Management von Verträgen über das Internet/Intranet [WhW98].

Auch Softwareagenten unterstützen den vertraglichen Abstimmungsprozeß im Internet, indem sie für die Verhandlungspartner vorher definierte Aufgaben erledigen (vgl.[BZW98] S. 22f.). Diese Softwareprogramme benötigen zur Ausführung eine gewisse Intelligenz, um Teilaufgaben selbständig auszuführen, und mit der Umwelt im Sinne des Auftraggebers zu interagieren. Hierzu werden den Softwareagenten dedizierte Daten und Regeln mitgegeben, um so dem Benutzer Routineaufgaben, wie das Einsammeln von Informationen und weitere zeitaufwendige Aufgaben, zu übernehmen. Durch Kontraktnetz-Systeme können Vertragsbeziehungen effektiver vereinbart werden, indem eine Vielzahl von Agenten in einem marktähnlichen Verfahren interagieren und Teilaufgaben selbständig erledigen; z.B. im Internet veröffentlichte Ausschreibungen werden von eventuell vorher zugelassenen Agenten beworben. Die Aufgabenverteilung ist ein interaktiver Prozeß, bei dem jeder Agent zwar sein Ziel verfolgt, jedoch im Rahmen seiner Vorgaben Kompromisse eingehen kann, und somit vor anderen (Mitbewerber-) Agenten den Zuschlag erhält. Dieses Verfahren ähnelt dem menschlichen Verhandeln sehr stark, wobei die Befugnisse von Agenten bisher restriktiv eingegrenzt, die Verhandlung dafür aber wesentlicher schneller durchgeführt werden (vgl. [BZW98] S.111). Es entsteht ein Schichtenmodell der Verhandlung, bei der Agenten Routineaufgaben wahrnehmen, moderne Informations- und Kommunikationstechnologien (z.B. Videokonferenzen) die Verhandlungsvorbereitungen unterstützen und Reisezeiten vermindern, und auf oberster Ebene die traditionelle face-to-face Verhandlung stattfindet (Abb. 4).

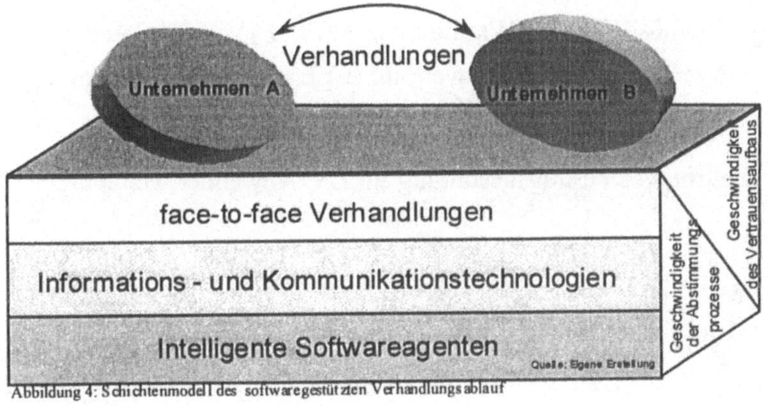

Abbildung 4: Schichtenmodell des softwaregestützten Verhandlungsablauf

Zusammenfassend kann konstatiert werden, daß es nicht möglich ist, alle Eventualitäten in einem Vertrag festzuhalten. Aus dieser Tatsache resultiert, daß es unabdingbar ist, ein Vertrauensverhältnis zwischen den Vertragspartnern aufzubauen, da durch die gegenseitigen Abhängigkeiten, ein symbiotisches Vertragsverhältnis entsteht. Ein Vertrags-Controlling fördert dabei einen kooperativen Weg zur einvernehmlichen Lösungsfindung und vermittelt den Vertragspartnern Sicherheit, da sowohl auf technischer als auch auf kommerzieller Seite keine offenen Fragen und/oder strittigen Punkte über einen längeren Zeitraum hinweg bestehen bleiben, und somit Probleme gelöst werden, bevor sie eskalieren.

Literatur

[BZW98] Brenner, W.; Zarnekow, R.; Wittig, H.: Intelligente Softwareagenten; Berlin; 1998

[CrK98] Crowston, K.; Kammerer, E.E.: Coordination and collective mind in software requirements development; in: IBM Systems Journal; Vol.37; Nr. 2; 1998; S.227-245

[Heu97] Heussen, B.: Einführung; in: Heussen, B. (Hrsg.); Handbuch Vertragsverhandlung und Vertragsmanagement; Köln; 1997; S.1-27

[MüW94] Müller-Hengstenberg, C.D.; Von Westphalen, F.: DV-Projektrecht – technische und rechtliche Aspekte zur Systemintegration; Berlin; 1994

[WhW98] Whitehead, E.J. jr.; Wiggins, M.: WEBDAV:IETF Standard for Collaborative Authoring on the web; in: IEEE Internet Computing; Vol.2; Nr. 5; 1998; S.34-40

[Zah97] Zahrnt, C.: Vertragsgestaltung für DV-Anwender; Heidelberg; 1997

Autorenverzeichnis

RA Prof. Dr. Michael Bartsch
Kanzlei Bartsch und Partner
Bahnhofstraße 10
76137 Karlsruhe
Tel.: 0721-9317441
Fax: 0721-9317588
E-Mail: mb@bartsch-partner.de
http://www.bartsch-partner.de/

Michael Brandt
adesso GmbH
Joseph-von-Fraunhofer-Str. 20
44227 Dortmund
E-Mail: brandt@adesso-gmbh.de

Andreas Frick
Helmut Mauell GmbH
Abt. Entwicklung
Am Rosenhügel 1-7
42553 Velbert
Tel.: 0205-313-307
Fax: 0205-313-301
E-Mail: afr@mauell.com
http://www.mauell.com

Prof. Dr. Volker Gruhn
Universität Dortmund
Lehrstuhl für Software-Technologie
44221 Dortmund
E-Mail: gruhn@cs.uni-dortmund.de

Florian Harrer
Unternehmensberater
Sandkoppel 19
22889 Tangstedt
Tel.: 040-6072507
E-Mail: FlHarrer@aol.com

Dipl.-Volksw. Michael Hau
Forschungsgruppe Wirtschaftsinformatik
Bayerisches Forschungszentrum für Wissensbasierte Systeme (FORWISS)
Am Weichselgarten 7
91058 Erlangen-Tennenlohe
Tel.: 0911-5302270
Fax: 0911-536634
E-Mail: hau@forrwiss.de
http://www.wi1.uni-erlangen.de/personen/hau

Dr. Wolfgang Heilmann
Präsident des Kuratoriums Integrata-Stiftung für humane Nutzung der Informationstechnologie i.G.
Schleifmühlweg 68
72070 Tübingen
Tel.: 07071-409220
E-Mail: heilmann@integrate-stiftung.de
http://www.integrate-stiftung.de

o. Univ.-Professor Dipl.-Ing. Dr. rer. pol.
Lutz J. Heinrich
Institut für Wirtschaftsinformatik /
Information Engineering der
Universität Linz
Altenberger Str. 69
A-4040 Linz
E-Mail: heinrich@winie.uni-linz.ac.at
http://www.winie.uni-linz.ac.at

Dipl.-Wirtsch.-Inf. Thomas Kaufmann
Forschungsgruppe Wirtschaftsinformatik
Bayerisches Forschungszentrum für Wissensbasierte Systeme (FORWISS)
Am Weichselgarten 7
91058 Erlangen-Tennenlohe
Tel.: 0911-5302270
Fax: 0911-536634
E-Mail: kaufmann@forwiss.de
http://www.wi1.uni-erlangen.de/personen/kaufmann

Dipl. Betriebw. (FH) Dipl.-Inf.-Wiss.
Klaus-Peter Lang
Quark Deutschland GmbH
Email: klang@quark.de

Dipl.-Betriebw. Dipl.-Inf.-Wiss.
Jörg Kalkmann
Axa Colonia
Email: kalkmann@compuserve.com

Dr. Ralf Kneuper
TLC Transport-, Informatik- und Logistik-Consulting GmbH
Kleyerstraße 27
60326 Frankfurt
E-Mail: ralf.kneuper@bku.db.de

Jürgen Krüll
Universität Bielefeld
Fakultät für Wirtschaftswissenschaften
Postfach 10 01 31
33501 Bielefeld
E-Mail: JKkruell@wiwi.uni-bielefeld.de

Prof. Dr. Werner Mellis
Universität zu Köln
LS für Wirtschaftsinformatik
Albertus-Magnus-Platz
50923 Köln
Tel.: 0221-470-5368
Fax: 0221-470-5386
E-Mail: mellis@informatik.uni-koeln.de
http://www.informatik.uni-koeln.de/winfo/prof.mellis/welcome.htm

Thomas Müller
ExperTeam AG
Emil-Figge-Str. 85
44227 Dortmund
Tel.: 0231-9704260
Fax: 0231-9704288
E-Mail: TM@ExperTeam.de
http://www.ExperTeam.de

Gunter Müller-Ettrich
IABG mbH, Dept. IS23
Einsteinstr. 20
85521 Ottobrunn
Tel.: 089-6088 2502
Fax: 089-6088 3418
E-Mail: ettrich@iabg.de

Jörg Noack
Informatikzentrum der Sparkassenorganisation GmbH (SIZ)
Königswinterer Straße 552
53227 Bonn
E-Mail: joerg.noack@siz.de

Bernd Oestereich
Kottwitzstraße 28
20253 Hamburg
Tel.: 040-422 09 30
Fax: 040-422 52 12
E-Mail: boe@oose.de

Prof. Dr. Erich Ortner
Wirtschaftsinformatik I
Entwicklung von Anwendungssystemen
Technische Universität Darmstadt
Hochschulstr. 1
64289 Darmstadt
Email: ortner@bwl.tu-darmstadt.de

o. Univ.-Professor Dipl.-Ing. Dr. techn.
Gustav Pomberger
Institut für Wirtschaftsinformatik /
Software Engineering der Universität Linz
Altenberger Str. 69
A-4040 Linz
E-Mail: pomberger@swe.uni-linz.ac.at
http://www.swe.uni-linz.ac.at

Prof. Dr. Michael Rebstock
Fachhochschule Darmstadt University of Applied Sciences,
Economics Faculty
Haardtring 100
64295 Darmstadt
Tel.: 06151-168392
Fax: 06151-168399
E-Mail: rebstock@fh-darmstadt.de

Bruno Schienmann
Informatikzentrum der Sparkassenorganisation GmbH (SIZ)
Königswinterer Straße 552
53227 Bonn
E-Mail: bruno.schienmann@siz.de

Swen Schneider
IBM Global Services
Solution Design Center
Lyoner Strasse 13
60528 Frankfurt/Main
Tel.: 069 - 66453485
E-Mail: Swen-Schneider@de.ibm.com

Dipl.-Kfm. Johannes Selig
Shell Services International Ltd.,
Shell Mex House, The Strand
London WC2R 0DX
United Kingdom
E-Mail: johannes.j.selig@is.shell.com

Harry M. Sneed
Prellerweg 5
82054 Arget/Sauerlach
E-Mail: Harry.Sneed@t-online.de

Prof. Dr. Torsten Spitta
Universität Bielefeld
Fakultät für Wirtschaftswissenschaften
Postfach 10 01 31
33501 Bielefeld
E-Mail: ThSpitta@wiwi.uni-bielefeld.de

Rüdiger Striemer
Fraunhofer ISST
Joseph-von-Fraunhofer-Str. 20
44227 Dortmund
E-Mail: striemer@do.isst.fhg.de

Dipl.-Inform. Lothar Thanheiser
Information Services Management
Eckermannweg 27
27753 Delmenhorst
Tel.: 04221-53134
Fax: 04221-589256
E-Mail: lothar.thanheiser@t-online.de

Dr. Reinhold Thurner
Sunnhaldenstr. 59
8704 Herrliberg
Tel. 0041-19150579
E-Mail: rthurner@csi.com

Dipl.-Wirt. Inf. Ralph Trittmann
Universität zu Köln
LS für Wirtschaftsinformatik
Albertus-Magnus-Platz
50923 Köln
Tel.: 0221-470-5374
Fax: 0221-470-5386
E-Mail: trittmann@informatik.uni-koeln.de
http://www.informatik.uni-koeln.de/winfo/prof.mellis/welcome.htm

Frank Wolff
WGZ-Bank eG
Sentmaringer Weg 1
48153 Münster
E-Mail: wolff.wgz-bank@e-mail.com